普通高等教育"十二五"规划教材

智能控制技术

修春波　夏琳琳　等 编著

中国水利水电出版社
www.waterpub.com.cn

内 容 提 要

本书介绍了智能控制的发展历史及其主要形式与特点、模糊推理与模糊控制技术、专家系统及专家控制、混沌概念及混沌控制、神经网络理论及神经网络控制、仿人控制、智能优化算法等内容。

本书可作为高等院校自动化、电气工程、计算机以及电子信息等专业学生的本科生、研究生教材，也可供从事智能控制研究与应用的科技工作者学习参考。

图书在版编目（CIP）数据

智能控制技术 / 修春波等编著. -- 北京 : 中国水利水电出版社, 2013.11(2022.1重印)
普通高等教育“十二五”规划教材
ISBN 978-7-5170-1387-7

Ⅰ. ①智… Ⅱ. ①修… Ⅲ. ①智能控制－高等学校－教材 Ⅳ. ①TP273

中国版本图书馆CIP数据核字(2013)第265169号

书　　名	普通高等教育“十二五”规划教材 **智能控制技术**
作　　者	修春波　夏琳琳　等　编著
出版发行	中国水利水电出版社 （北京市海淀区玉渊潭南路1号D座　100038） 网址：www.waterpub.com.cn E-mail：sales@waterpub.com.cn 电话：（010）68367658（营销中心）
经　　售	北京科水图书销售中心（零售） 电话：（010）88383994、63202643、68545874 全国各地新华书店和相关出版物销售网点
排　　版	北京时代澄宇科技有限公司
印　　刷	北京市密东印刷有限公司
规　　格	184mm×260mm　16开本　14.75印张　350千字
版　　次	2013年11月第1版　2022年1月第2次印刷
印　　数	3001—3600册
定　　价	**42.00**元

凡购买我社图书，如有缺页、倒页、脱页的，本社营销中心负责调换

编写人员

修春波　夏琳琳　王　娜

陈奕梅　成　怡　田慧欣

罗　菁　张继德

前 言

智能控制的思想最早是由美国的 K. S. Fu 教授在 20 世纪 60 年代中期提出的。智能控制从二元论（人工智能与控制论）开始，经历了三元论（人工智能、运筹学和控制论），发展到四元论（人工智能、模糊集理论、运筹学和控制论），取得了丰硕的研究成果。

智能控制作为多学科交叉的前沿学科，其理论的完善和发展得益于人工智能、认知科学、模糊集理论和生物控制论等许多学科的发展，同时也促进了相关学科的发展。

在历经了 50 多年的坎坷发展后，今天的智能控制终于发展成为目前相对比较完善的学科，无数的志士仁人为智能控制的发展作出了大量不可磨灭的贡献。在此，我们怀着崇敬的心情对智能控制的先驱者们表示由衷的敬佩。

本书是作者在多年教学和科研实践的基础上，参阅了国内外现有教材和相关文献后编写的。全书注重理论与实践的结合，注重算法的实际应用与实现方法，注重创新思维的训练与培养。

本书内容着重于基本理论与实际应用相结合，强调内容的新颖性、先进性、实用性和可读性。特别注重算法的编程实现和实际问题的分析与解决。为易于读者理解相关的理论知识，书中简化了相关理论证明，并给出了大量的应用实例，增加了学习的趣味性和直观性。

本书的编写过程注重学生创新思维的培养与训练。在介绍基本理论知识后，给出了应用实例，一方面可加深学生对基本理论知识的理解，另一方面可培养学生独立思考与分析的能力，有利于学生寻找创新点，训练学生的创新思维。

本书共分为 9 章，第 1 章简述了智能控制的发展历史、主要特点和形式、应用领域；第 2 章介绍了模糊理论的基础知识；第 3 章介绍了模糊控制技术与应用；第 4 章介绍了专家系统及专家控制技术；第 5 章介绍了混沌理论的基本概念和混沌控制；第 6 章介绍了神经网络的基础理论知识；第 7 章介绍了神经网络控制技术；第 8 章介绍了仿人智能控制及应用；第 9 章介绍了智能优化算法。其中第 1 章由修春波和罗菁合作编写，第 2 章由陈奕梅编写，第 3 章由陈奕梅和王娜合作编写，第 4 章由成怡编写，第 5 章由修春波编写，第 6 章、第 7 章由夏琳琳、修春波合作编写，第 8 章由田慧欣、修春波合作编写。全书由修春波统稿。

本书的编写得到了中国水利水电出版社的大力帮助和支持，在此深表感谢。

由于编者能力和水平有限，书中不妥与错误之处在所难免，恳请各位专家和读者不吝指导和帮助。对此，我们深表感谢。

编著者

2013 年 9 月

目录

第1章　绪　　论

智能控制技术是控制理论发展的新阶段，主要用来解决那些用传统控制方法难以解决的复杂系统的控制问题。智能控制也是一门新兴的交叉前沿学科，它的发展得益于人工智能、模糊集理论、认知科学和生物控制论等许多学科的发展，同时对相关学科的发展也起到了积极的促进作用。智能控制也是发展十分快速的学科，尽管理论体系还不够成熟和完善，但智能控制理论和应用研究所取得的成果已深入到众多领域中，例如，航天航空、军事、工业、家居及服务行业等，显示出其旺盛的生命力，所涉及的各个研究领域受到了相关学者和工程技术人员的关注。

1.1　智能控制的发展史

随着人工智能和计算机技术的发展，智能控制已经有可能把自动控制、人工智能、系统论（如系统工程、系统学及运筹学）、信息论、神经生理学、进化计算和计算机等多种学科结合起来，建立一种适用于复杂系统的控制理论和技术。智能控制是自动控制技术的最新发展阶段，也是用计算机模拟人类智能进行控制的研究领域，并被许多国家确认为提高国家竞争力的核心技术。

从20世纪60年代开始，智能控制的概念逐渐形成、发展、成熟起来，其发展过程大致可划分为3个阶段。

1. 智能控制的发展早期（1960—1979年）

20世纪60年代，由于计算机的飞速发展，空间技术得以发展。数学家们在这一时期提出了状态空间法，即将高阶微分方程转化为一阶微分方程，用以描述系统的动态过程，从而诞生了以空间法为代表的“现代控制理论”。这一阶段的控制系统具有初步的智能和一定的自适应性，如PID控制和模型参考自适应控制。

1965年，美国加利福尼亚大学伯克利分校的扎得（L. A. Zadeh）教授提出了模糊集合理论，奠定了模糊控制的数学基础。同年，美国的费根鲍姆着手研制世界上的第一个专家系统，美国普渡大学的傅京孙（K. S. Fu）教授首先提出把人工智能的直觉推理方法用于机器人控制和学习控制系统中，并将智能控制概括为自动控制和人工智能的结合。傅京孙等人从控制理论的角度总结了人工智能技术与自适应、自学习和自组织控制的关系，正式提出了建立智能控制理论的构想。

1966年，Mendel在空间飞行器的学习控制中应用了人工智能技术，并提出了“人工智能”的新概念。

1967 年，Leondes 和 Mendel 首次正式使用“智能控制”一词，并在学习控制系统中引入记忆、目标分解等技术，提高了系统处理不确定性问题的能力。

1971 年，傅京孙教授提出了智能控制“二元论”思想，及智能控制是人工智能和自动控制相交叉的学科。

1974 年，英国伦敦大学玛丽皇后分校的 Mamdani 教授利用模糊逻辑，开发了世界上第一台模糊控制的蒸汽机，从而开创了模糊控制的新方法。

1977 年，萨里迪斯（Saridis）提出了智能控制“三元论”思想，即智能控制是人工智能、运筹学和自动控制相交叉的学科。

20 世纪 70 年代后期，将规则型模糊推理用于控制领域的研究成为热点，1979 年，Mamdani 教授又研制出自组织模糊控制器，使得模糊控制的研究取得了新的进展。

2. 智能控制的快速发展时期（1980—1991 年）

20 世纪 80 年代，随着专家系统技术的成熟和神经网络理论研究取得的重大突破，智能控制的研究和应用领域迅速扩大，智能控制的研究也进入了飞速发展的阶段。

1982 年，Fox 等人采用启发式技术与约束制导的方法完成了一个称为 ISIS 的加工车间调度的专家系统，在生产中获得成功应用。同年，Hopfield 提出了 Hopfield 神经网络，通过引入能量函数的方法对网络的稳定性进行了有效证明，采用简单的模拟电路元件构造了 Hopfield 网络的硬件电路，并成功应用于 TSP 问题（旅行商问题）的求解中。

1983 年，萨里迪斯将智能控制应用于机器人的控制中。同年，美国西海岸 AI（人工智能）风险企业发表了名为 Reveal 的模糊决策支援系统，在计算机的运行管理和饭店经营管理方面取得了许多成绩。日本富士电机开创了模糊控制在日本的第一项应用——水净化处理，标志着智能控制已由研制、开发阶段转向应用阶段。

1985 年，IEEE 在美国纽约首次召开了智能控制学术讨论会。从此，智能控制作为一个新的学科分支正式被学术界接受。

1985 年起，遗传算法逐渐被广泛应用于许多实际问题，成为用来解决高度复杂问题的新思路和新方法。遗传算法可用于模糊控制规则的优化和神经网络参数及权值的学习，在智能控制领域中有着广泛的应用。

1986 年，美国的 PDP 研究小组提出了 BP 神经网络，实现了有导师指导下的网络学习，将人工神经网络再次引入到控制领域，并迅速得到了广泛应用，BP 神经网络也成为应用最为广泛的神经网络之一。

1987 年，富士电机在仙台地铁线上采用了模糊控制技术，并在随后的两年将模糊控制消费品推向高潮。

1987 年，在美国费城召开了智能控制的首届国际学术会议。此后，全球智能控制研讨会每年举行一次，形成了智能控制的研究热潮。

3. 智能控制的新阶段（1991 年至今）

进入 20 世纪 90 年代，智能控制的研究势头异常迅速，智能控制进入实际应用阶段，在工业过程控制、国防军事、航空航天以及家居家电等各领域得到了广泛的应用。各种模糊控制商品也进入到寻常百姓家，如模糊洗衣机、模糊空调等。

另外，智能控制在中国也受到广泛重视，1993 年 8 月，中国自动化学会召开了全球华人智能控制与智能自动化大会。中国自动化学会智能自动化专业委员会成立于1994年，挂靠在清华大学。该委员会提倡实事求是的科学态度，执行“经济建设必须依靠科学技术，科学技术工作必须面向经济建设”的方针，团结全国智能自动化领域的广大科技工作者，通过组织各种形式的国内外学术交流，推动智能自动化科学与技术的进步，为促进我国科学技术的发展和现代化建设作出贡献。

该专业委员会涉及智能自动化理论与应用的前沿领域与研究热点，包括：人工神经网络、模糊系统、进化计算、智能自动化技术及其应用等，涵盖了这些领域的最新进展和重要成果。

该专业委员会的创建人为戴汝为院士、李衍达院士、张钹院士及涂序彦教授等著名专家。

“中国智能自动化会议”是该专委会主办的全国性学术会议例会，自1995年以来开始每年举行一次，1997年起每两年举行一次。

智能控制在我国的研究虽然起步较晚，但是发展却十分迅速，目前的研究水平已经得到国际学术界的认可。

1.2 智能控制的特点

作为一种新兴的控制理论，智能控制理论是为了解决被控对象和环境存在严重不确定性的控制问题而提出的一种控制理论。

作为一类控制方法，智能控制与传统的或常规的控制在本质上没有太大差异，它们之间是密切相关、互相补充的。它们可以很好地有机结合，扩充常规控制方法并建立一系列新的理论与方法来解决更具有挑战性的复杂控制问题。与传统的自动控制相比，智能控制求解的任务一般具有如下的特点。

1. 被控对象的不确定性

传统的自动控制一般是建立在确定的模型基础上的，模型是已知的或者是经过辨识可以得到的，而智能控制的模型往往是未知的或者知道的很少，被控对象存在模型严重的不确定性，例如，工业过程的病态结构问题、存在无法预测的随机干扰、或者被控模型的参数在很大范围内发生变化等。在这种情况下，传统的控制方法有时显得无能为力，这也是智能控制诞生的原因之一。

2. 被控对象的非线性

对于线性被控对象，由于传统的控制理论具有较成熟的理论，能够很好地进行求解。而对于非线性的被控对象，有一些非线性控制理论可以解决部分问题，但存在算法复杂等缺点。而智能控制为解决这类复杂的非线性问题找到了一个出路，成为解决这类问题行之有效的途径之一。

3. 被控对象时变的复杂性

在传统的控制中，被控对象的参数往往是固定不变的或者其工作环境是相对不变的。而在现代智能控制中，被控对象的参数往往随着环境的改变而改变，其模型具有时变性。这就要求控制系统针对这些改变，自适应的改变控制策略。

4. 控制任务的多样性

传统的自动控制系统的控制任务一般比较单一，例如要求输出量为定值（调节系统），或者使输出量跟随期望的运动轨迹（跟随系统）。而智能控制系统的控制任务具有多样性和复杂性的特点，例如在智能机器人控制系统中，要求系统具有自动规划和决策的能力、有自动避障和自动寻迹的能力等。对于这类具有复杂任务的系统，更适合采用智能控制进行求解。

为了能够有效求解具有上述特点的控制系统的任务，与传统控制相比，智能控制一般具有如下特点：

（1）具有足够的关于人的控制策略、被控对象及环境的有关知识以及运用这些知识的能力。

（2）具有变结构特点，以及自适应、自组织、自学习和自协调的能力，达到系统总体的自寻优控制目的。

（3）具有自补偿、自修复能力和判断决策能力，可在熟悉或不熟悉的环境中自动地或人机交互地完成拟人任务。

1.3　智能控制的主要形式

为了实现规划、决策和学习等智能功能。智能控制将认知系统的研究成果和常规的控制方法有效地结合起来。常规的智能控制方法有模糊逻辑控制、分层递阶智能控制、神经网络控制、专家控制和仿人智能控制等很多种形式。

1. 分层递阶智能控制

分层递阶是智能控制的最早理论之一，是在早期学习控制系统的基础上，总结人工智能与自适应、自学习和自组织控制的关系后逐渐形成的。

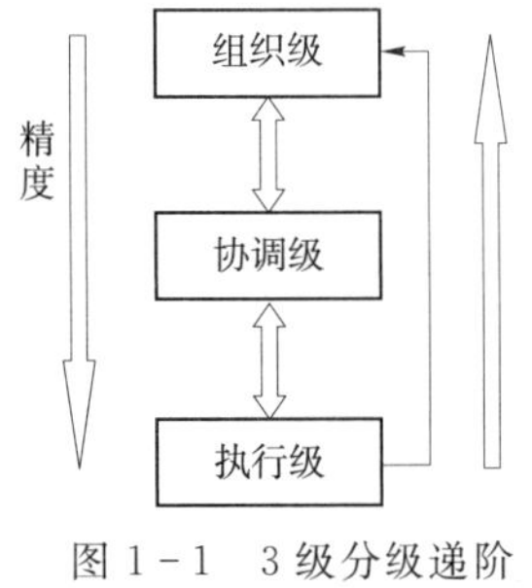

图 1－1　3 级分级递阶智能控制系统

在对人类思维活动的有关研究中发现，人类神经系统至少可以分为 7 个层次，它们以一种递阶的形式来协调控制人体的各种日常活动。G. N. Salidis 等人在研究智能控制的有关理论中，提出智能系统应采取一种分层递阶的组织形式。Salidis 提出了如图1－1所示分层递阶的智能控制系统结构：将一个智能控制系统分为组织级、协调级和执行级 3 个层次，3 个层次以递阶形式连接起来，构成一个智能控制系统。各层的任务和分工如下：

（1）执行级。作为智能控制系统的最底层，执行级通常由一些经典的反馈控制器组成。这些控制器接收并执行由上层产生的各种控制命令。传统的各种控制理论是构建执行层的有力工具。

（2）组织级。组织级由一系列的人工智能中的推理决策算法组成，负责对系统的当前状况作出合理的判断，并利用有关的知识产生一个合理的问题解决办法。这层向下一层发出的通常为离散的指令。

（3）协调级。协调级是连接执行级和组织级的中间环节。它负责将组织级的离散指令解释为执行级各控制器能够接受的控制输入，并对矛盾的控制输入进行仲裁。

在分层递阶的控制系统中，智能随着阶数的增加呈增长趋势；而控制精度随智能的增加而降低。也就是说，最底层的执行级具有最低的智能，但具有最高的控制精度。这种分层递阶的智能控制系统结构目前被认为是提高控制系统自主性的一种有效的结构。

2. 模糊逻辑控制

1965 年，美国加利福尼亚大学的 L. A. Zadeh 首先提出了“模糊集合”的概念。基于模糊逻辑推理，模糊控制应运而生。

模糊控制是智能控制的早期发展形式，模糊控制是基于模糊逻辑推理和模仿人类思维具有模糊性的特点，对难以建立精确数学模型的对象实施的一种规则性控制，模糊控制不需要精确的数学模型，其基本的控制规则形式为“IF（条件）THEN（作用）”。

模糊控制器是模糊控制系统设计的关键，一般由模糊化、知识库、模糊推理以及去模糊化等 4 部分组成，其结构如图 1-2 所示。

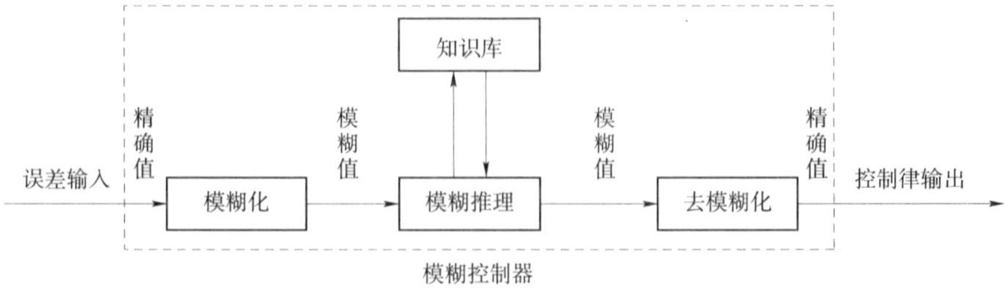

图 1-2 模糊控制器的组成

模糊逻辑控制的主要特点有：①控制系统设计依据专家（操作人员）控制经验和操作数据，不需要精确的数学模型；②具有较强的鲁棒性，可解决传统控制难以解决的非线性、时变及时滞系统的控制；③应用语言变量而不是数学变量，易于构造形成专家系统；④推理过程模仿人的思维过程，采用不精确推理，能够处理复杂的非线性系统和病态系统的控制问题；⑤采用离线推理，在线查表的方式实施控制，能够很好地满足控制系统的实时性要求。

模糊控制作为一种较新的控制方法在许多领域取得了很好的研究和应用成果，许多模糊控制的家电产品更是普遍地出现在日常生活中，模糊控制已经成为目前应用最为广泛的智能控制方法之一。但是模糊控制系统还有许多理论和设计问题亟待解决，例如：①模糊控制的稳定性和鲁棒性等性质的理论分析与数学证明问题；②信息简单的模糊处理会导致系统的控制精度降低和动态品质变差；③模糊控制的设计尚缺乏系统性。

另外，模糊控制的关键技术问题之一是隶属度函数的选取和隶属规则的确定。而隶属度函数和隶属规则往往根据大量的经验预先确定完成，在控制过程中是不能改变的。因此，经典的模糊控制一般不具备自适应和学习的能力。为此，许多学者将模糊控制与其他理论方法相结合，提出了许多改进方法，如模糊自适应控制、模糊神经网络控制等。目前，模糊控制仍然是智能控制领域最活跃的研究内容之一。

3. 神经网络控制

近年来，人工神经网络以其独特的优点引起了人们的极大关注。其基本思想是从仿生学的角度对人脑的神经系统进行模拟，使机器具有人脑那样的感知、学习和推理等智能。

对于控制界，神经网络的吸引力在于：①能够充分通过任意复杂的非线性关系；②能够学习与适应严重不确定性系统的动态特性；③所有定量或定性的信息都等势分布储存于网络内的各神经元，故有很强的鲁棒性和容错性；④采用并行分布处理方法，使得快速进行大量运算成为可能。这些特点显示了神经网络在解决高度非线性和严重不确定性系统的控制方面的巨大潜力。

神经网络在控制中的作用可分为 3 类：①用于基于模型的各种控制结构，如在内模控制、模型参考自适应控制、预测控制等控制中充当对象的模型；②神经网络本身用作控制器；③在控制系统中起优化计算的作用。

常见的神经网络控制方法有监督控制、间接自校正控制、直接自适应控制、模型参考自适应控制、内模控制以及神经网络预测控制等。这些控制方法都已在实际系统中取得良好的应用效果。

尽管神经网络控制器具有良好的发展和应用潜力，但目前还存在一些难题尚未完全解决：例如：①神经网络的稳定性与收敛性的证明比较困难，需要寻求更有效的分析手段；②神经网络的学习速度一般比较慢，在有些情况下，这与实时控制的计算速度存在一定的矛盾，成为自适应神经网络控制在实际控制系统中推广应用的主要障碍之一；③在神经网络结构拓扑方面还有待进一步深入开展理论研究，尤其需要研究构建适合于控制领域的神经网络结构；④基于神经网络的控制系统在稳定性、鲁棒性与收敛性的分析上存在较大的困难，需要开展深入的理论研究；⑤将神经网络与模糊控制相结合构造模糊神经网络，在控制领域取得了良好的应用效果，两者都是无模型的估计器，学习和推理功能非常类似于人脑，而且易于硬件实现。如何进一步提高其控制精度将是今后研究的重点内容之一。

4. 基于知识工程的专家控制

20 世纪 80 年代初，正当人工智能中的专家系统技术方兴未艾之时，自动控制领域的学者开始在控制系统中引入专家系统的思想，试图解决仅仅依靠传统的自动控制方法难以解决的种种实际控制问题，从而推进自动控制理论和技术的发展，由此产生了专家控制这种新颖的控制方法。

专家控制的实质是以智能的方式来利用控制对象和控制规律的各种知识，从而达到受控系统的优化和实用化。

专家系统有知识库和推理机制两个主要要素。知识库用于存储按某种格式表示的某个专门领域中的专家知识条目；推理机制通过调用知识库中的条目进行推理、判断和决策，实现类似专家推理的问题求解。

专家系统的知识库与推理机在组织结构上分离建造，而在运行过程中又相互作用，这使得系统具有极大的灵活性，知识的增删、修正和更新独立于推理机制，同时又具有很好的透明性，推理的结论和根据可以与系统外部交互。

总之，专家系统将专门领域中的问题求解思路、经验、方式组织成一个实际运行的形式系统，表现出一种拟人的智能性，它与传统的自动控制理论和方法结合，形成了专家系统控制的基本思想。

为了实现专家控制，必须把控制系统看作是一个基于知识的系统，而控制器则要体现知识推理的机制和机构。

一般可以把控制系统涉及的知识分为两类。

(1) 受控对象或过程的知识。其中的一部分属于先验知识，例如控制问题类型（受控变量等），以及定性的过程信息（开环特性等）；另一部分属于系统运行时的动态知识（对象或过程的参数变化和中间控制结果等）。

(2) 控制、辨识、监督的知识。其中一部分属于定量知识，即各种有关的解析算法，另一部分属于定性知识，即各种有关的经验原则。

控制器的推理机制可以表示为如下模型：

$$U=f\ (E,\ K,\ I)$$

式中：$E=\{e_1,\ e_2,\ \cdots,\ e_m\}$ 为控制器的输入集；$K=\{k_1,\ k_2,\ \cdots,\ k_n\}$ 为系统的知识项集；$I=\{i_1,\ i_2,\ \cdots,\ i_p\}$ 为某种推理机构的输出集；$U=\{u_1,\ u_2,\ \cdots,\ u_q\}$ 为控制器的输出集。

而 f 为一种智能算子，其基本形式为：

IFE AND K THEN <IF I THEN U>

即根据输入信息 E 和系统中的知识 K 进行推理，然后根据推理结果 I 输出相应的控制行为 U。

类似于专家系统，整个控制问题领域的知识库和一个体现知识决策的推理机就构成了专家控制的主体。

知识库可采用人工智能中的各种知识表示方法构建其内部的组织结构。其中，知识包括数据和规则两部分，如事实（先验知识）、证据（动态信息）、假设（由事实、证据推得的中间状态）和目标（离线设定的或在线建立的性能目标）都属于数据，数据常常用一种框架（Frame）结构组织在一起，形成数据库。而定性的推理知识则属于规则，它们往往表示为产生式规则（Production rule），组成规则库。

推理机的基本功能在于按某种策略选用推理规则实现推理，对于专家控制，同样可采用人工智能中的前向推理或后向推理等策略实现推理。

专家控制为传统控制技术的发展开辟了新的思路，实现了解析规律与启发式逻辑的结合，从而使控制作用的描述得以完整化，尤其对复杂的受控对象或过程表现出了良好的控制性能和广泛的应用前景。

由于各种控制知识具有复杂性和多样性的特点，如何有效地实现知识的获取和组织是专家控制应用的关键问题之一，而如何有效地实现实时推理是专家控制应用的另一个关键问题。目前，专家控制尚未形成较为系统的理论体系，控制的稳定性、鲁棒性等问题都有待于深入的研究。

5. 混沌控制

混沌控制由 1963 年美国气象学家 Lorenz 首先提出。1963 年，Lorenz 研究两无限平面间的流体的运动，在用计算机求数值解时发现，在参数取适当值时，解是非周期的，而且具有随机性。这是最先明确地从决定性方程得到随机性结果。随后 Henon 和 Rossler 等人也得到了类似的结果，Ruelle、May、Feigendaum 和 Couette 等人也对这类随机运动的一些特性进行了研究，开创了一种新的运动形态——混沌的发现和研究。

混沌和混沌控制是非线性动力系统的新理论、新方法和新概念，是智能控制的重要组成部分。

混沌控制是指混沌的控制与诱导。研究这一题目的科研人员来自工程、数学、物理、化学、生物、医学、经济以至社会科学的众多领域。已提出了多种控制（或诱导）混沌的方法，诸如参数扰动方法、纳入轨道和强迫迁徙方法以及工程反馈控制方法等。

由于混沌控制在工程技术上的重大研究价值和极其诱人的应用前景，近几年，混沌控制问题引起了国际上非线性动力系统和工程控制专家的极大关注，成为了非线性科学研究的热点之一。混沌系统和混沌现象的控制是一个全新的科学前沿，很多系统的理论和有效的方法尚待开发。

1.4 智能控制的应用

智能控制在自然科学和社会科学的各个领域中有着广泛的应用前景，其工程应用现状日益成熟。为了便于智能控制的研究和应用，大量的研究人员还开发设计了各种软硬件技术。例如，Math works 公司推出的高性能数值计算可视化软件 Matlab 中含有神经网络、模糊逻辑等多个智能控制领域的工具箱或函数模块等，便于工程人员进行仿真开发研究。随着嵌入式系统的发展，如 DSP 技术、ARM 技术的普及应用，为智能控制的推广应用提供了基本的硬件保障。下面简单介绍智能控制的工程应用现状。

1. 军事应用

主要的应用是进行目标的探测、跟踪和识别，包括 C3I 系统、自动识别、自主式运载制导、遥感、战场监视和自动威胁识别系统等。迄今为止，美、英、法、意、日、俄等国家已研制出了上百种军事数据融合与控制系统，智能控制技术在这些系统展现出了优良的应用性能。

2. 机器人智能控制

机器人经常工作在动态、不确定与非结构化的环境中，这些高度不确定的环境要求机器人具有高度的自制能力和对环境的感知能力。机器人研究领域所涉及的各种基本问题，如定位、环境建模、检测、控制和规划等，均可采用人工神经网络、模糊控制和专家系统技术进行解决，这方面的研究已经日趋成熟，在实际产品中已经得到实际验证和应用。利用神经网络强大的自学习和非线性映射能力能够实现机器人领域所涉及的多耦合、非线性系统的控制。利用模糊控制可提高机器人控制系统的鲁棒性和自适应能力，遗传算法和进化计算为机器人系统中的参数优化提供了高效的求解方法。智能控制技术也广泛应用于机器人传感器信息融合和视觉处理等方面。此外，水下自主运载器、水下无人机车、无人自主驾驶机动车在未知或复杂危险环境下完成探索、通信、合作等功能也需要智能控制的协助实现。

3. 机械制造中的智能控制

在现代先进制造系统中，经常需要利用不够完备或不够精确的数据来求解机械制造中的技术问题，人工智能技术为解决这些难题提供了一条有效的解决途径。随后，智能控制技术也被广泛地应用于机械制造行业中。采用智能控制技术可实现对制造过程的动态环境建模、信息的预处理和综合、在线模式识别等。

4. 电力电子研究领域中的智能控制

电力系统中发电机、变压器、电动机等电机电气设备的设计、生产、运行、控制是一个复杂的过程，国内外的电气工作者将智能控制技术引入到电气设备的优化设计、故障诊断及控制中取得了良好的应用效果。采用智能控制方法实现电气设备的优化设计能够有效降低成本、缩短计算时间、提高产品的质量和生产效率。专家系统等技术成为求解电气设备故障诊断的主要方法。另外，智能控制在电流控制 PWM 技术中的应用是具有代表性的应用方向之一，也是目前研究的新热点之一。

5. 工业过程中的智能控制

生产过程的智能控制主要包括两个方面：局部级和全局级。局部级的智能控制是指将智能引入工艺过程中的某一单元进行控制器设计，例如智能 PID 控制器、专家控制器、神经元网络控制器等。全局级的智能控制主要针对整个生产过程的自动化，包括整个操作工艺的控制、过程的故障诊断、规划过程操作处理异常等。

6. 智能控制在广义控制领域中的应用

从广义上理解，可以认为自动控制系统是指不通过人工干预而对被控对象进行自动操作、控制或调节的系统。系统中的被控对象可以是上述的那些有形的机械或机电设备，也可以是抽象的复杂系统，如经济系统、股市行情、气象信息、城市交通和地震火灾预报等。这类被控对象的特点是以知识表示的非数学广义模型，或者含有不完全性、模糊性、不确定性的数字过程。通常传统的控制方法对这类系统无法实现有效控制，只能采用智能控制理论进行推理和决策。

除上述所提到的领域外，智能控制在智能交通管理系统、遥感技术、太阳能发电等领域也有着广泛的应用。作为一门新兴的学科，智能控制虽然出现时间不长，但在诸多领域中所取得的成果和进展是有目共睹的。随着基础理论不断创新和实际应用方法日益成熟，智能控制在控制领域将产生更大的飞跃，必然会被更广泛地应用于工业、农业、军事等多个领域中。

第2章 模 糊 理 论

人类的语言非常丰富，语言是人类相互沟通的主要渠道。经典集合是非常好的，因为有许多对象可以被准确地划分，例如：到今年9月1日年满7岁的儿童可以入学。其中“到今年9月1日年满7岁的儿童”是个经典集合，它清晰地给出了儿童上学的年龄限制，对于这个集合，所有儿童只有属于或不属于两种情况。

在现实生活中，存在着大量的不能精确定义的事物。古希腊有一个著名的秃头悖论，它产生的关键在于秃与不秃是不能用精确的语言加以定义的。其实，在日常语言中，经常会用到一些概念模糊的词汇，但人们听起来却心领神会。比如，从书上看到一个“榨菜肉片粥”的食谱：

瘦肉洗净切片，用**少量**水、淀粉抓匀，入沸水**微微**汆烫后捞出，沥干水分；榨菜洗净切片；芹菜洗净切碎。

粳米淘洗净，与**适量**清水一同放入锅中，以**大火**煮滚，再改**小火**煮至熟。

锅置火上，放**少许**油烧热，爆香葱末和榨菜片，加入高汤煮滚，放入瘦肉片、盐、味精、葱末、芹菜末，然后倒入粥中，以**中火**煮沸，拌匀即可。

在食谱中，黑体所标的词汇都是非常含糊的描述，没有精确的概念，然而人们对这样的词汇却心领神会，相信自己依据这样的菜谱能做出一道好菜。

上面所提到的边界划分不清，难以精确地判断与推理的概念统称为模糊概念。

2.1 模糊理论的产生与发展

20世纪50年代后，计算机技术开始发展，特别是其计算速度与存储能力的发展更加迅猛。它不仅可以解决复杂的数学问题，还可以参与控制复杂的系统，然而其判断与推理能力方面却常常不如人脑。一般来说，人脑具有处理模糊信息的能力，善于判断和处理模糊现象。但计算机对模糊现象识别能力较差，为了提高计算机识别模糊现象的能力，就需要把人们常用的模糊概念设计成机器能接受的指令和程序，以便机器能像人脑那样简洁灵活地做出相应的判断，从而提高自动识别和控制模糊现象的效率。为此，需要寻找一种描述和加工模糊信息的数学工具，这就推动了数学家深入研究模糊数学。所以，模糊数学的产生是有其科学技术与数学发展的必然性。

1965年，美国加利福尼亚大学的著名教授查德（L. A. Zadeh）在他的《Fuzzy Sets》和《Fuzzy Algorithm》等论著中提出了模糊集合与模糊算法的概念，同时，第一次用数学方法成功的描述了模糊概念，宣告了模糊数学的诞生。

模糊数学的诞生，解决了清晰数值与模糊概念之间的映射问题。以模糊集合论为基础的模糊数学，为经典数学与充满模糊的现实世界架起了一座桥梁。

模糊数学产生后，客观事物的确定性和不确定性在量的方面的表现，可作如下划分：

$$量\begin{cases}确定性——经典数学\\ 不确定性\begin{cases}随机性——统计数学\\ 模糊性——模糊数学\end{cases}\end{cases}$$

这里应该指出，随机性和模糊性尽管都是对事物不确定性的描述，但两者是不能混淆的。统计数学研究随机现象，所研究的事物本身有着明确的含义，只是由于条件不充分，使得在条件与事件之间不能出现决定性的因果关系，这种在事件的出现与否上表现出的不确定性称为随机性。模糊数学是研究和处理模糊现象的，所研究的事物的概念本身是模糊的，即一个对象是否符合这个概念难以确定，这种由于概念的外延的模糊而造成的不确定性称为模糊性。

在随后的几十年中，模糊数学在理论上不断发展与完善，应用也日益广泛。它在模糊系统与模糊控制、模式识别、专家系统、信号处理、机器人以及决策分析等多个领域都得到了应用。

在模糊控制方面，1974 年英国的 E. H. Mamdani 首次用模糊逻辑和模糊推理实现了世界上第一个实验性的蒸汽机控制，并取得了比传统的直接数字控制算法更好的效果，从而宣告模糊控制的诞生。

1980 年丹麦的 L. P. Holmblad 和 Ostergard 在水泥窑炉中采用模糊控制并取得了成功，这是第一个商业化的有实际意义的模糊控制器。

自 20 世纪 80 年代后，一方面，模糊控制的应用技术逐渐趋于成熟、应用范围也越来越广，目前已经扩展到大众化产品中，例如洗衣机、电冰箱、空调、吸尘器等；另一方面，各芯片公司也纷纷推出了具有模糊运算、模糊推理功能的专用芯片，从而使模糊控制技术更好地用于各种产品的开发与研究。

2.2 模糊理论的数学基础

2.2.1 经典集合论的基本概念

1. 集合的定义

集合是数学的一个基本分支，在数学中占据着一个及其独特的地位，其基本概念已经渗透到数学的所有领域。对于集合的概念，集合论的创立者德国数学家康托（George Contor）是这样定义的：把若干确定的、有区别的（不论是具体的或抽象的）事物合并起来，看作一个整体，这个整体就称为集合；其中的每个事物称为该集合中的元素。

2. 集合的基本术语

（1）论域。把要考虑的事物（对象）的全体称为论域，通常以英文大写字母如 U、V、X、Y、Z 等表示。

（2）元素。论域中的每个成员称为元素，通常以英文小写字母 a、b、c 等表示。

（3）空集。不包含任何元素的集合称为空集。

（4）有限集和无限集。若组成一个集合的元素是有限的，则称为有限集；否则称为无限集。

（5）子集。若集合 A 中的一部分元素组成集合 B，并且 B 的所有元素都属于 A，则称集合 B 是集合 A 的子集。

3. 经典集合的运算

经典集合最基本的运算有并、交、差、补 4 种。

（1）并集：设有论域 U 上的 3 个集合 A、B 和 C，若 C 中的所有元素不属于 A 就属于 B，则称 C 为 A 和 B 的并集，记为 $A\cup B$，即：

$$C=A\cup B=\{x \mid x\in A \text{ 或 } x\in B\}$$

（2）交集：设有论域 U 上的 3 个集合 A、B 和 C，若 C 中的所有元素即属于 A 又属于 B，则称 C 为 A 和 B 的交集，记为 $A\cap B$，即：

$$C=A\cap B=\{x \mid x\in A \text{ 且 } x\in B\}$$

（3）差集：设有论域 U 上的 3 个集合 A、B 和 C，若 C 中的所有元素是由属于 A 但不属于 B 的元素所构成的集合，则称 C 为 A 和 B 的差集，记为 $A\setminus B$ 或 $A-B$，即：

$$C=A-B=\{x \mid x\in A \text{ 且 } x\notin B\}$$

（4）补集：设有论域 U 上的集合 A，则称 U 中不属于 A 的所有元素组成的集合 B 为 A 的补集，记为 A^C，即：

$$B=A^C=U-A=\{x \mid x\notin A \text{ 且 } x\in U\}$$

上面的经典集合运算可以用如图 2－1 所示中的阴影来表示。

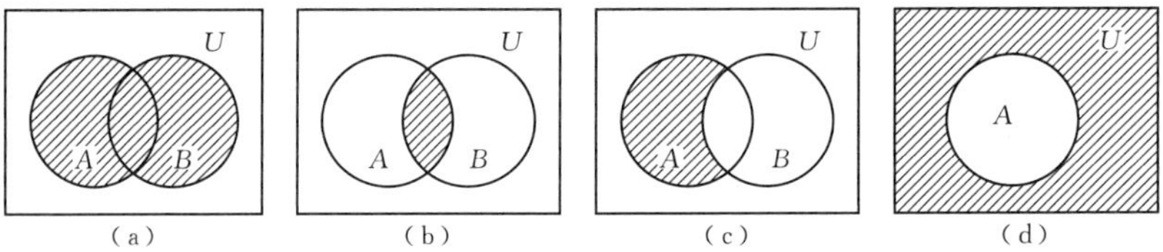

图 2－1　经典集合运算图例

(a) $A\cup B$；(b) $A\cap B$；(c) $A-B$；(d) A^C

4. 经典集合运算的性质

设 A、B、C 为论域 U 上的 3 个经典集合，则其运算具有如下性质：

（1）交换律：$A\cup B=B\cup A$，$A\cap B=B\cap A$。

（2）结合律：$(A\cup B)\cup C=A\cup(B\cup C)$，$(A\cap B)\cap C=A\cap(B\cap C)$。

（3）分配律：$A\cap(B\cup C)=(A\cap B)\cup(A\cap C)$，$(A\cap B)\cap C=A\cap(B\cap C)$。

（4）同一律：$A\cup U=U$，$A\cap U=A$。

（5）对偶律（德·摩根律）：$(A\cup B)^C=A^C\cap B^C$，$(A\cap B)^C=A^C\cup B^C$。

（6）双重否定律：$(A^C)^C=A$。

（7）互补律：$A\cup A^C=U$，$A\cap A^C=\varnothing$。

2.2.2　模糊集合的基本概念

经典集合具有两条最基本的性质。其一是元素之间界限分明、概念清晰；其二是元素与集合之间的关系也很清晰，要么是“属于”，要么是“不属于”，非此即彼。如果用“隶属度”这个概念来表示集合中的某一个元素 x 隶属于集合 A 的程度，那么经典集合中，隶属度只有两个值：“1”或“0”，即：

$$\mu_A(x)=\begin{cases}1, & x\in A\\ 0, & x\notin A\end{cases}$$

1. 模糊集合的定义

如果将隶属度的值域推广到闭区间 [0，1]，在此区间中，$\mu_A(x)$ 越大表明 x 隶属于集合 A 的程度越高；反之，x 隶属于集合 A 的程度越低。这样就有了模糊集合的定义。

【定义 2-1】 已知论域 U，U 到 [0，1] 闭区间的任一映射 μ_A

$$\mu_A: U\rightarrow [0,1]$$

$$u\rightarrow \mu_A(u)$$

都确定 U 的一个模糊子集 A，μ_A 称为模糊子集的隶属函数，$\mu_A(u)$ 称为 u 对于 A 的隶属度。

显然，当 $\mu_A(u)$ 的值域为 {0，1} 时，模糊集合已经蜕变为经典集合了。

2. 模糊集合的表示方法

对于论域 U 上的模糊集合 A，常用的表示方法有如下几种。

当 U 为离散有限域 $\{x_1, x_2, \cdots, x_n\}$ 时，常用 Zadeh 表示法、序偶表示法以及向量表示法来表示模糊集合。

（1）Zadeh 表示法：

$$A=\frac{\mu_A(x_1)}{x_1}+\frac{\mu_A(x_2)}{x_2}+\cdots+\frac{\mu_A(x_n)}{x_n}=\sum_{i=1}^{n}\frac{\mu_A(x_i)}{x_i}$$

（2）序偶表示法：

$$A=\{[x_1, \mu_A(x_1)], [x_2, \mu_A(x_2)], \cdots, [x_n, \mu_A(x_n)]\}$$

（3）向量表示法：

$$A=\{\mu_A(x_1), \mu_A(x_2), \cdots, \mu_A(x_n)\}$$

该方法中隶属度必须按照元素的顺序排列。

【例 2-1】 已知论域 $U=$ {语文，数学，体育，音乐，美术，英语}，模糊集合 $A=$“王对功课的爱好”可分别表示为：

（1）Zadeh 法：

$$A=\frac{0.5}{\text{语文}}+\frac{0.8}{\text{数学}}+\frac{0.6}{\text{体育}}+\frac{0.9}{\text{音乐}}+\frac{0.3}{\text{美术}}+\frac{0.2}{\text{英语}}$$

（2）序偶表示法：

$A=${(语文，0.5)，(数学，0.8)，(体育，0.6)，(音乐，0.9)，(美术，0.3)，(英语，0.2)}

（3）向量表示法：

$$A=(0.5\quad 0.8\quad 0.6\quad 0.9\quad 0.3\quad 0.2)$$

虽然 A 是模糊集合，但从上述 3 种表示方法中可以很明确地看到：王同学非常喜欢美术，最不喜欢英语，其他各门功课的喜爱程度也是一目了然。

（4）解析表示法。当U为连续域时，通常采用隶属函数的解析式表示法来表示。

【例2-2】　设论域$U=[0, 100]$，模糊集合$B=$“数值在50左右”，可以用解析表达式来表示论域上任何一个元素x对于集合B的隶属度为：

$$\mu_B(x)=\frac{1}{1+\left(\frac{x-50}{10}\right)^4}\quad x\in U$$

从解析表达式中，可以求出论域中任何一个数值对于模糊集合B的隶属度，例如$\mu_B(10)=0.0039$，$\mu_B(50)=1$，$\mu_B(55.5)=0.916$，显然55.5比10属于“数值在50左右”这一集合的程度更高。

3. 常用的隶属度函数

为了满足实际工作的需要，同时兼顾运算与处理方便，常用以下隶属函数来表示模糊集合。

（1）三角形：

$$f(x, a, b, c)=\begin{cases}0 & x\leqslant a\\ \frac{x-a}{b-a} & a<x\leqslant b\\ \frac{c-x}{c-b} & b<x\leqslant c\\ 0 & x>c\end{cases}$$

（2）钟形：

$$f(x, a, b, c)=\frac{1}{1+\left(\frac{x-c}{a}\right)^{2b}}$$

其中，c决定函数的中心位置，a、b决定函数的形式。

（3）高斯形：

$$f(x, \sigma, c)=e^{-\frac{(x-c)^2}{2\sigma^2}}$$

其中，c决定函数的中心位置，σ决定函数曲线的高度。

（4）梯型：

$$f(x, a, b, c, d)=\begin{cases}0 & x\leqslant a\\ \frac{x-a}{b-a} & a<x\leqslant b\\ 1 & b<x\leqslant c\\ \frac{d-x}{d-c} & c<x\leqslant d\\ 0 & x>d\end{cases}$$

（5）Sigmoid型：

$$f(x, a, c)=\frac{1}{1+e^{-a(x-c)}}$$

其中，a、c决定函数的形状。

正确地确定隶属函数，是运用模糊集合理论解决实际问题的基础。隶属函数在确定的过程中，本质上说是客观的，但每一个人对于同一个模糊概念的认识和理解又有差异，因此，隶属函数的确定又带有主观性。一般是根据经验或统计来选取初步的隶属函数，再通过不同的学习与校正将其逐步完善；也可以由专家、权威给出。事实上，模糊集合是依赖于主观来描述客观事物的概念外延的模糊性，尽管不同人给出的隶属函数的形式不完全相同，只要能反映同一个模糊概念，在解决和处理实际模糊信息的问题中仍然殊途同归。可以设想，如果对任一模糊集合都有准确的隶属函数的确定方法，那么所谓的“模糊性”也就不存在了。

4. 模糊集合的运算

设 A、B 为论域 U 上的两个模糊集合，则模糊集合的基本运算定义如下：

(1) 包含：若对于 U 中的每一个元素 u，都有 $\mu_A(u) \geqslant \mu_B(u)$，则称 A 包含 B，记作 $A \supseteq B$。

(2) 相等：如果 $A \supseteq B$ 且 $B \supseteq A$，则称 A 与 B 相等，记作 $A=B$，即对于论域 U 中的每一个元素 u 都有 $\mu_A(u)=\mu_B(u)$。

(3) 并运算 ($A \cup B$)：对于论域 U 中的每一个元素 u，都有 $\mu_{A\cup B}(u)=\mu_A(u) \vee \mu_B(u)$，式中“$\vee$”表示取大运算。

(4) 交运算 ($A \cap B$)：对于论域 U 中的每一个元素 u，都有 $\mu_{A\cap B}(u)=\mu_A(u) \wedge \mu_B(u)$，式中“$\wedge$”表示取小运算。

(5) 补运算 (A^C)：$\mu_{A^C}(u)=1-\mu_A(u)$。

【例 2-3】　设 A 与 B 是论域 Y 上的两个模糊集合，已知 $A=\{0.4,\ 0.6,\ 0.8,\ 0.5,\ 0.3\}$，$B=\{0.7,\ 0.2,\ 0.6,\ 0.9,\ 0.1\}$，则通过模糊集合的运算可以得到：

$$A \cup B=\{0.4 \vee 0.7,\ 0.6 \vee 0.2,\ 0.8 \vee 0.6,\ 0.5 \vee 0.9,\ 0.3 \vee 0.1\}=\{0.7,\ 0.6,\ 0.8,\ 0.9,\ 0.3\}$$

$$A \cap B=\{0.4 \wedge 0.7,\ 0.6 \wedge 0.2,\ 0.8 \wedge 0.6,\ 0.5 \wedge 0.9,\ 0.3 \wedge 0.1\}=\{0.4,\ 0.2,\ 0.6,\ 0.5,\ 0.1\}$$

$$A^C=\{0.6,\ 0.4,\ 0.2,\ 0.5,\ 0.7\}$$

2.2.3　模糊关系与复合运算

1. 模糊矩阵与模糊关系

客观事物之间往往都有一定的联系，描述这种联系的数学模型称为关系。经典关系用来表示两个或两个以上集合元素之间是否有关联、交互、互连等关系存在，它只有“有”或“无”两种状态，因此特征函数只能取“0”或“1”两个值。而模糊关系用来表示两个或两个以上集合元素之间关联、交互、互连等关系的程度，其特征函数可以取 [0，1] 之间的任意值。

【定义 2-2】　设 A、B 为论域 U 上的任意两个集合，若从 A、B 中各取一个元素 $x \in A$，$y \in B$，按照先 A 后 B 的顺序搭配成元素对 $(x,\ y)$，称为序偶或序对。所有以序偶构成的集合，称为集合 A 到集合 B 的直积（或笛卡尔积），记为：

$$A \times B=\{(x,\ y) \mid x \in A,\ y \in B\}$$

直积不满足交换率，即一般情况下，$A \times B \neq B \times A$。

【例 2-4】　设集合 $A=\{1,\ 2,\ 3,\ 4\}$、$B=\{x,\ y\}$，求 $A \times B$，$B \times A$。

$$A\times B=\{(1,x),(1,y),(2,x),(2,y),(3,x),(3,y),(4,x),(4,y)\}$$
$$B\times A=\{(x,1),(x,2),(x,3),(x,4),(y,1),(y,2),(y,3),(y,4)\}$$

【定义2-3】 两个非空集合U与V之间的直积，即：

$$U\times V=\{(u,v)\mid u\in U,v\in V\}$$

式中，一个模糊子集R被称为是U到V的模糊关系。模糊关系R可以由下面的隶属函数来表示：

$$\mu_R:U\times V\rightarrow[0,1]$$

模糊关系R可以用矩阵的形式来表示，这样的矩阵称为模糊矩阵。

【例2-5】 设$U=\{a_1,a_2,\cdots,a_m\}$表示m个工厂的集合，$V=\{b_1,b_2,\cdots,b_n\}$表示n种化学原料的集合，对于每个$a_i\in U$ $(i=1,2,\cdots,m)$，$b_j\in V$ $(j=1,2,\cdots,n)$，用$\mu_R(a_i,b_j)\in[0,1]$来表示工厂a_i对原料b_j的依赖关系，则模糊矩阵：

$$R=\begin{bmatrix}\mu_R(a_1,b_1) & \mu_R(a_1,b_2) & \cdots & \mu_R(a_1,b_n)\\ \mu_R(a_2,b_1) & \mu_R(a_2,b_2) & \cdots & \mu_R(a_2,b_n)\\ \vdots & \vdots & \vdots & \vdots\\ \mu_R(a_m,b_1) & \mu_R(a_m,b_2) & \cdots & \mu_R(a_m,b_n)\end{bmatrix}$$

就表示从U到V的一个模糊关系。如果$m=3$，$n=4$，模糊关系为：

$$R=\begin{bmatrix}0.2 & 0.8 & 0.6 & 0.7\\ 0.8 & 0.1 & 0.7 & 0.5\\ 0.6 & 0.4 & 0.3 & 0.9\end{bmatrix}$$

那么可以看出，工厂a_1对于原料b_2的依赖程度最高，而对b_1的依赖程度最低；对于原料b_4而言，工厂a_3对其依赖度最高，而a_2对其依赖度最低。

2. 模糊矩阵的运算

模糊矩阵是一个模糊关系R的表示，其并、交、补有相应的运算方法。设R、Q为两个模糊矩阵，$R=(r_{ij})_{m\times n}$，$Q=(q_{ij})_{m\times n}$。

（1）并运算：$R\cup Q=(r_{ij}\vee q_{ij})_{m\times n}$，即两个相应的元素都做取大运算。

（2）交运算：$R\cap Q=(r_{ij}\wedge q_{ij})_{m\times n}$，即两个相应的元素都做取小运算。

（3）补运算：$R^C=(1-r_{ij})_{m\times n}$。

【例2-6】 已知$\boldsymbol{P}$、$\boldsymbol{S}$两个模糊矩阵关系分别为：

$$P=\begin{pmatrix}0.8 & 1 & 0.1 & 0.7\\ 0 & 0.8 & 0 & 0\\ 0.9 & 1 & 0.7 & 0.8\end{pmatrix},\quad S=\begin{pmatrix}0.4 & 0 & 0.9 & 0.6\\ 0.9 & 0.4 & 0.5 & 0.7\\ 0.3 & 0 & 0.8 & 0.5\end{pmatrix}$$

求$P\cup S$、$P\cap S$以及P^C。

由模糊矩阵的运算方法可知：

$$P\cup S=\begin{pmatrix}0.8\vee 0.4 & 1\vee 0 & 0.1\vee 0.9 & 0.7\vee 0.6\\ 0\vee 0.9 & 0.8\vee 0.4 & 0\vee 0.5 & 0\vee 0.7\\ 0.9\vee 0.3 & 1\vee 0 & 0.7\vee 0.8 & 0.8\vee 0.5\end{pmatrix}=\begin{pmatrix}0.8 & 1 & 0.9 & 0.7\\ 0.9 & 0.8 & 0.5 & 0.7\\ 0.9 & 1 & 0.8 & 0.8\end{pmatrix}$$

$$P\cap S=\begin{pmatrix}0.8\wedge 0.4 & 1\wedge 0 & 0.1\wedge 0.9 & 0.7\wedge 0.6\\ 0\wedge 0.9 & 0.8\wedge 0.4 & 0\wedge 0.5 & 0\wedge 0.7\\ 0.9\wedge 0.3 & 1\wedge 0 & 0.7\wedge 0.8 & 0.8\wedge 0.5\end{pmatrix}=\begin{pmatrix}0.4 & 0 & 0.1 & 0.6\\ 0 & 0.4 & 0 & 0\\ 0.3 & 0 & 0.7 & 0.5\end{pmatrix}$$

$$P^C=\begin{pmatrix}1-0.8 & 1-1 & 1-0.1 & 1-0.7\\ 1-0 & 1-0.8 & 1-0 & 1-0\\ 1-0.9 & 1-1 & 1-0.7 & 1-0.8\end{pmatrix}=\begin{pmatrix}0.2 & 0 & 0.9 & 0.3\\ 1 & 0.2 & 1 & 1\\ 0.1 & 0 & 0.3 & 0.2\end{pmatrix}$$

3. 模糊关系的合成运算

【定义 2-4】 若 R 和 S 分别为 $U\times V$ 和 $V\times W$ 中的模糊关系，则 R 和 S 的合成是一个从 U 到 W 的模糊关系，记为 $R\circ S$，其隶属度为：

$$\mu_{R\circ S}(u,w)=\bigvee_{v\in V}[\mu_R(u,v)\wedge\mu_S(v,w)],\ \forall u\in U,w\in W$$

式中，$\vee$ 和 $\wedge$ 分别是“取大”和“取小”运算，通常把这种运算称为取大——取小合成法。

模糊关系的合成运算与矩阵的乘法非常类似，只不过将矩阵乘法中的“相乘”改为“取小”，将矩阵乘法中的“相加”改为“取大”。

【例 2-7】 令 $X=\{1,2,3\}$ 代表公司中的 3 个员工，$Y=\{$协作能力，钻研能力，沟通能力，创新能力$\}$ 4 种能力的集合，$Z=\{a,b\}$ 代表公司中的两种性质的工作。目前 3 个员工各种能力可用模糊关系 R 表示，而两种性质的工作所需要的能力用模糊关系 $\boldsymbol{S}$ 表示：

$$R(X,Y)=\begin{pmatrix}0.1 & 0.3 & 0.5 & 0.7\\ 0.4 & 0.2 & 0.8 & 0.9\\ 0.5 & 0.8 & 0.3 & 0.2\end{pmatrix},\ S(Y,Z)=\begin{pmatrix}0.9 & 0.5\\ 0.2 & 0.8\\ 0.5 & 0.4\\ 0.8 & 0.2\end{pmatrix}$$

通过模糊关系合成，得到：

$$R\circ S=\begin{pmatrix}0.7 & 0.4\\ 0.8 & 0.4\\ 0.5 & 0.8\end{pmatrix}$$

其中第 2 行的第 1 个元素是这样得到的：

$$\begin{aligned}\mu_{R\circ S}(2,a)&=(0.4\wedge 0.9)\vee(0.2\wedge 0.2)\vee(0.8\wedge 0.5)\vee(0.9\wedge 0.8)\\&=0.4\vee 0.2\vee 0.5\vee 0.8=0.8\end{aligned}$$

通过合成得到的新的模糊关系 $R\circ S$ 就是 3 个成员 1、2、3 与两种工作 a、b 之间的适合关系，于是公司主管可以根据这种关系选择 1、2 从事 a 工作，3 从事 b 工作。

2.3 模 糊 推 理

传统的命题逻辑中，命题为二值逻辑，即要么是“真”，要么是“假”。比如“3 大于 5”为“假”，“北京是中国的首都”为“真”。然而，并非所有的陈述句都能有确定性的判断，例如“这项发明有非常重大的意义”、“这条小河水很深”等，其中，“非常重大”、“很深”都是模糊概念，无法用“真”、“假”来判断，对于这样的命题，把它称为模糊命题，把研究模糊命题的逻辑称为“模糊逻辑”。

模糊逻辑是建立在模糊集合和二值逻辑概念基础上的一类特殊的多值逻辑，是二值逻辑在模糊集合论上的推广。1960 年，美国的 Marinos 在电话实验室的一份内部研究报告中提出模糊逻辑的概念。1972—1974 年，Zadeh 先后提出了模糊限定词、语言变量和近似推理关系等关键概念，制定了模糊推理的复合规则，为模糊逻辑系统奠定了基础。

2.3.1　模糊条件语句

设 A 和 B 分别代表两个简单的模糊命题，如果它们之间有一种模糊依存关系，例如可表述为“如果 A 则 B”，则称该复合命题为模糊条件命题，也称模糊条件语句。

基本模糊条件语句。

常用的模糊条件语句根据句型可分为以下几种：

（1）“如果 A 那么 B”（if A then B）。

1）Zadeh 算法。设有论域 X，Y，模糊集合 $A \in X$，$B \in Y$，若存在 $X \times Y$ 上的二元模糊关系 $R = A \to B$，则其隶属函数为：

$$\mu_R(x, y) = \mu_{A\to B}(x, y) = [1-\mu_A(x)] \vee \mu_A(x) \wedge \mu_B(y)$$

因此模糊关系为：

$$R = A^C \cup A \times B$$

【例 2-8】　设论域 $X=Y=\{1, 2, 3, 4, 5\}$，X、Y 上的模糊子集“大”、“小”分别给定如下：

$$[大] = \frac{0.4}{3} + \frac{0.7}{4} + \frac{1}{5}$$

$$[小] = \frac{1}{1} + \frac{0.7}{2} + \frac{0.4}{3}$$

试用 Zadeh 算法求“若 x 小则 y 大”的模糊关系 R。

解：Zadeh 算法求模糊关系：

$$R_1 = [小]^C \cup [小] \times [大] = \begin{pmatrix} 0 \\ 0.3 \\ 0.6 \\ 1 \\ 1 \end{pmatrix} \cup \begin{pmatrix} 1 \\ 0.7 \\ 0.4 \\ 0 \\ 0 \end{pmatrix} \times (0 \quad 0 \quad 0.4 \quad 0.7 \quad 1)$$

$$= \begin{pmatrix} 0 \\ 0.3 \\ 0.6 \\ 1 \\ 1 \end{pmatrix} \cup \begin{pmatrix} 0 & 0 & 0.4 & 0.7 & 1 \\ 0 & 0 & 0.4 & 0.7 & 0.7 \\ 0 & 0 & 0.4 & 0.4 & 0.4 \\ 0 & 0 & 0 & 0 & 0 \\ 0 & 0 & 0 & 0 & 0 \end{pmatrix} = \begin{pmatrix} 0 & 0 & 0.4 & 0.7 & 1 \\ 0.3 & 0.3 & 0.4 & 0.7 & 0.7 \\ 0.6 & 0.6 & 0.6 & 0.6 & 0.6 \\ 1 & 1 & 1 & 1 & 1 \\ 1 & 1 & 1 & 1 & 1 \end{pmatrix}$$

其中：

$$\mu_{R_1}(x, y) = [1-\mu_{小}(x)] \vee [\mu_{小}(x) \wedge \mu_{大}(y)]$$

例如：R_1 中的第 3 行第 4 列的隶属度计算为：

$$\mu_{R_1}(3,4)=[1-\mu_{小}(3)]\vee[\mu_{小}(3)\wedge\mu_{大}(4)]=(1-0.4)\vee(0.4\wedge 0.7)$$
$$=0.6\vee 0.4=0.6$$

2）Mamdani 算法。Mamdani 算法为 Zadeh 算法中略去 $[1-\mu_A(x)]$ 的部分所得到的。

设有论域 X，Y，模糊集合 $A\in X$，$B\in Y$，若存在 $X\times Y$ 上的二元模糊关系 $R=A\rightarrow B$，则其隶属函数为：

$$\mu_R(x,y)=\mu_{A\rightarrow B}(x,y)=\mu_A(x)\wedge\mu_B(y)$$

因此模糊关系为：

$$R=A\times B$$

【例 2-9】 已知条件同［例 2-8］，试用 Mamdani 算法求"若 x 小则 y 大"的模糊关系 R。

解：Mamdani 算法求模糊关系：

$$R_2=[小]\times[大]=\begin{pmatrix}1\\0.7\\0.4\\0\\0\end{pmatrix}\times(0\quad 0\quad 0.4\quad 0.7\quad 1)=\begin{pmatrix}0&0&0.4&0.7&1\\0&0&0.4&0.7&0.7\\0&0&0.4&0.4&0.4\\0&0&0&0&0\\0&0&0&0&0\end{pmatrix}$$

其中：

$$\mu_{R_2}(x,y)=\mu_{小}(x)\wedge\mu_{大}(y)$$

例如第 2 行第 5 列的隶属度计算为：

$$\mu_{R_2}(2,5)=\mu_{小}(2)\wedge\mu_{大}(5)=0.7\wedge 1=0.7$$

（2）"如果 A 那么 B 否则 C"（if A then B else C）。设有论域 X，Y，模糊集合 $A\in X$，$B\in Y$，$C\in Y$，若存在 $X\times Y$ 上的二元模糊关系 $R=(A\rightarrow B)\vee(A^C\rightarrow C)$，则其隶属函数为：

$$\mu_R(x,y)=\mu_{(A\rightarrow B)\vee(A^C\rightarrow C)}(x,y)=[\mu_A(x)\wedge\mu_B(y)]\vee\{[1-\mu_A(x)]\wedge\mu_c(y)\}$$

因此模糊关系为：

$$R=(A\times B)\cup(A^C\times C)$$

【例 2-10】 已知 $X=\{a_1,a_2,a_3,a_4\}$　$Y=\{b_1,b_2,b_3,b_4,b_5\}$，$X$、$Y$ 上的模糊子集"西红柿红"、"成熟"分别给定如下

$$A=[红]=\frac{0.1}{a_2}+\frac{0.6}{a_3}+\frac{1}{a_4}$$

$$B=[成熟]=\frac{0.3}{b_2}+\frac{0.5}{b_3}+\frac{0.7}{b_4}+\frac{1}{b_5}$$

试确定"如果西红柿红了则成熟了，否则不成熟"的模糊关系 R。

解：首先求取模糊子集"不成熟"，显然有：

$$C=[不成熟]=1-[成熟]=\frac{0}{b_1}+\frac{0.7}{b_2}+\frac{0.5}{b_3}+\frac{0.3}{b_4}+\frac{0}{b_5}$$

$$R=(A\times B)\cup(A^C\times C)=\begin{pmatrix}0\\0.1\\0.6\\1\end{pmatrix}\times(0\quad 0.3\quad 0.5\quad 0.7\quad 1)\cup\begin{pmatrix}1\\0.9\\0.4\\0\end{pmatrix}\times(1\quad 0.7\quad 0.5\quad 0.3\quad 0)$$

$$=\begin{pmatrix}0&0&0&0&0\\0&0.1&0.1&0.1&0.1\\0&0.3&0.5&0.6&0.6\\0&0.3&0.5&0.7&1\end{pmatrix}\cup\begin{pmatrix}1&0.7&0.5&0.3&0\\0.9&0.7&0.5&0.3&0\\0.4&0.4&0.4&0.3&0\\0&0&0&0&0\end{pmatrix}=\begin{array}{c}\\a_1\\a_2\\a_3\\a_4\end{array}\begin{array}{c}\begin{matrix}b_1&b_2&b_3&b_4&b_5\end{matrix}\\\begin{pmatrix}1&0.7&0.5&0.3&0\\0.9&0.7&0.5&0.3&0.1\\0.4&0.4&0.5&0.6&0.6\\0&0.3&0.5&0.7&1\end{pmatrix}\end{array}$$

（3）“如果 A 且 B 那么 C”（if A and B then C）。设有论域 X，Y，Z，模糊集合 $A\in X$，$B\in Y$，$C\in Z$，若存在三元模糊关系 $R=(A\times B)\rightarrow C$，则其隶属函数为：

$$\mu_R(x,\ y,\ z)=\mu_{R=(A\times B)\rightarrow C}(x,\ y,\ z)=[\mu_A(x)\wedge\mu_B(y)]\wedge\mu_c(z)$$
$$=\mu_A(x)\wedge\mu_B(y)\wedge\mu_c(z)$$

因此模糊关系为：

$$R=A\times B\times C$$

μ_R（x，y，z）是一个三元关系，通常，这种三元关系的求解过程如下：

假设论域 A 中有 m 个元素，论域 B 中有 n 个元素，论域 C 中有 p 个元素，则由 $A\times B$ 构成的模糊关系 R 为 $m\times n$ 的二维矩阵：

$$\begin{pmatrix}r_{11}&r_{12}&\cdots&r_{1m}\\r_{21}&r_{22}&\cdots&r_{2m}\\\vdots&\vdots&\vdots&\vdots\\r_{n1}&r_{n2}&\cdots&r_{nm}\end{pmatrix}$$

当二维矩阵与有 p 个元素的向量进行运算时，则首先将此二维矩阵，按行展开成列向量，然后再与有 p 个元素的向量进行运算。

【例 2－11】 已知 $A=\frac{0.3}{a_1}+\frac{0.8}{a_2}$，$B=\frac{0.3}{b_1}+\frac{0.5}{b_2}+\frac{1}{b_3}$，$C=\frac{0.1}{c_1}+\frac{0.7}{c_2}+\frac{0.8}{c_3}+\frac{0.1}{c_4}$，求“若如果 A 且 B 那么 C”的模糊关系 R。

解：首先计算 $R_1=A\times B$，得：

$$R_1=\begin{pmatrix}0.3\\0.8\end{pmatrix}\times(0.3\quad 0.5\quad 1)=\begin{pmatrix}0.3&0.3&0.3\\0.3&0.5&0.8\end{pmatrix}$$

将 R_1 按行展开成列向量，则有：

$$R_1^{\mathrm{T}}=(0.3\quad 0.3\quad 0.3\quad 0.3\quad 0.5\quad 0.8)$$

由此得到三元模糊关系：

$$R=A\times B\times C=R_1\times C=\begin{pmatrix}0.3\\0.3\\0.3\\0.3\\0.5\\0.8\end{pmatrix}\times(0.1\quad 0.7\quad 0.8\quad 0.1)=\begin{pmatrix}0.1&0.3&0.3&0.1\\0.1&0.3&0.3&0.1\\0.1&0.3&0.3&0.1\\0.1&0.3&0.3&0.1\\0.1&0.5&0.5&0.1\\0.1&0.7&0.8&0.1\end{pmatrix}$$

2.3.2 模糊推理

1. 模糊推理的描述

模糊推理是以模糊命题为前提，运用模糊推理规则得出新的模糊命题的思维过程，它是经典逻辑推理方法的推广。

以在经典的逻辑推理中常用的假言推理为例，其假言推理的结构如下：

小前提（事实）　A

大前提（规则）　$A \rightarrow B$

结论　B

例如，公园规定身高超过 1.2m 的孩子必须购买门票（规则），小楠身高为 1.28m（事实），所以，她必须购买门票才能入园（结论）。

在经典推理中，事实中的 A 与规则中的 A 是同一个集合（在本例中均为身高超过 1.2m），同样规则中的 B 与结论中的 B 也是同一个集合（在本例中为购买门票）。

而模糊推理结构为：

小前提（事实）　A'

大前提（规则）　$A \rightarrow B$

结论　B'

其中 A 与 A'、B 与 B' 都可以是不同的模糊集合。例如：如果春天比较温暖，那么山花开放的时间会早些（模糊规则），今年春天气温偏低（事实），所以今年山花的开花时间会晚一些（结论）。这里事实“今年春天气温偏低”与规则中的条件“春天比较温暖”并非同一个模糊集合，但我们仍能够得到合理的结论，这就需要进一步了解模糊推理的方法。

2. 模糊推理

关于模糊推理的方法，比较常见的有 Zadeh 法、Mamdani 法、Yager 法和 Larsen 法等，下面主要介绍 Zadeh 法和 Mamdani 法。

模糊推理的过程如图 2-2 所示，其中，R 是进行推理的大前提，是通过大量实验、实践经验进行总结、去伪存真后形成的模糊规则，A' 是小前提，是进行模糊推理的条件。模糊推理是通过似然推理合成法则来实现的，而不同的推理方法主要来自于针对模糊关系 $A \rightarrow B$ 的不同处理方法。

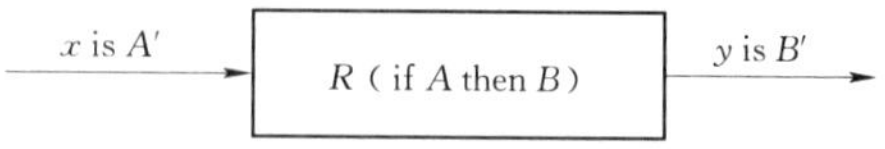

图 2-2　模糊推理过程

$$B' = A' \circ R = A' \circ (A \rightarrow B)$$

（1）Zadeh 推理法。设有论域 X，Y，模糊集合 $A \in X$，$B \in Y$，并存在 $X \times Y$ 上的二元模糊关系 $R = A \rightarrow B$，根据 2.3.1 节中 Zadeh 算法，$R = A \rightarrow B$ 的隶属函数为：

$$\mu_R(x, y) = [1 - \mu_A(x)] \vee \mu_A(x) \wedge \mu_B(y)$$

则根据似然推理合成法则有：

$$\mu_{B'}(y) = \bigvee_{x \in X} \{\mu_{A'}(x) \wedge \{[1 - \mu_A(x)] \vee \mu_A(x) \wedge \mu_B(y)\}\}$$

（2）Mamdani 推理法。根据 2.3.1 节中 Mamdani 算法，$R = A \rightarrow B$ 的隶属函数为：

$$\mu_R(x, y) = \mu_A(x) \wedge \mu_B(y)$$

则根据似然推理合成法则有：

$$\mu_B'(y)=\bigvee_{x\in X}\{\mu_A'(x)\wedge\mu_A(x)\wedge\mu_B(y)\}$$

【例 2-12】 设论域 $X=Y=\{1, 2, 3, 4, 5\}$，X、Y 上的模糊子集“大”、“小”、“较小”分别给定如下：

$$[大]=\frac{0.4}{3}+\frac{0.7}{4}+\frac{1}{5}$$

$$[小]=\frac{1}{1}+\frac{0.7}{2}+\frac{0.4}{3}$$

$$[较小]=\frac{0.4}{1}+\frac{0.6}{2}+\frac{0.4}{3}+\frac{0.2}{4}$$

已知规则：若 x 小则 y 大；当 x 较小时，试确定 y 的大小。

解：首先用向量形式表示各模糊子集：$[大]=(0\ \ 0\ \ 0.4\ \ 0.7\ \ 1)$，$[小]=(1\ \ 0.7\ \ 0.4\ \ 0\ \ 0)$，$[较小]=(0.4\ \ 0.6\ \ 0.4\ \ 0.2\ \ 0)$。

（1）先根据规则“若 x 小则 y 大”求模糊关系 R。由［例 2-8］和［例 2-9］可知，

1）Zadeh 算法求模糊关系：

$$R_1=\begin{pmatrix}0 & 0 & 0.4 & 0.7 & 1\\ 0.3 & 0.3 & 0.4 & 0.7 & 0.7\\ 0.6 & 0.6 & 0.6 & 0.6 & 0.6\\ 1 & 1 & 1 & 1 & 1\\ 1 & 1 & 1 & 1 & 1\end{pmatrix}$$

2）Mamdani 算法求模糊关系：

$$R_2=\begin{pmatrix}0 & 0 & 0.4 & 0.7 & 1\\ 0 & 0 & 0.4 & 0.7 & 0.7\\ 0 & 0 & 0.4 & 0.4 & 0.4\\ 0 & 0 & 0 & 0 & 0\\ 0 & 0 & 0 & 0 & 0\end{pmatrix}$$

（2）求模糊合成。

1）用 R_1 求模糊合成关系：

$$[y]=[较小]\circ R_1=(0.4\ \ 0.6\ \ 0.4\ \ 0.2\ \ 0)\circ\begin{pmatrix}0 & 0 & 0.4 & 0.7 & 1\\ 0.3 & 0.3 & 0.4 & 0.7 & 0.7\\ 0.6 & 0.6 & 0.6 & 0.6 & 0.6\\ 1 & 1 & 1 & 1 & 1\\ 1 & 1 & 1 & 1 & 1\end{pmatrix}$$

$$=(0.4\ \ 0.4\ \ 0.4\ \ 0.6\ \ 0.6)$$

即得到：

$$[y]=\frac{0.4}{1}+\frac{0.4}{2}+\frac{0.4}{3}+\frac{0.6}{4}+\frac{0.6}{5}$$

2）Mamdani 算法求模糊关系：

$$[y]=[较小]\circ R_1=(0.4\quad 0.6\quad 0.4\quad 0.2\quad 0)\circ\begin{pmatrix}0&0&0.4&0.7&1\\0&0&0.4&0.7&0.7\\0&0&0.4&0.4&0.4\\0&0&0&0&0\\0&0&0&0&0\end{pmatrix}$$

$$=(0\quad 0\quad 0.4\quad 0.6\quad 0.6)$$

即得到：

$$[y]=\frac{0}{1}+\frac{0}{2}+\frac{0.4}{3}+\frac{0.6}{4}+\frac{0.6}{5}$$

上面两种不同的算法得到不同结果，但是我们可以看到无论哪种方法，[y] 与 [大] $=\frac{0.4}{3}+\frac{0.7}{4}+\frac{1}{5}$相比，显然要小一些，因此，都应该为 [比较大]。

从上例中可以看到根据规则“若 x 小则 y 大”，通过两种模糊推理均可得到“当 x 较小时，y 较大”，这样的推理结果显然很符合我们正常的逻辑思维结果。

第3章　模　糊　控　制

3.1　基本模糊控制系统及模糊控制器

模糊控制是以模糊集合论、模糊逻辑推理为基础的一种计算机数字控制。从线性与非线性控制角度分类，是一种非线性控制。从控制器的智能型看，属于智能控制的范畴，而且已成为目前实现智能控制的一种重要而又有效的形式。尤其是模糊控制与神经网络、遗传算法及混沌理论等新学科的融合，正在显示出其巨大的潜力。

3.1.1　模糊控制系统的基本结构

模糊控制系统是一种计算机控制系统，因此具有一般计算机控制系统的基本结构，如图3-1所示。从图中可以看出，模糊控制系统与传统控制系统的区别仅在于以模糊控制器取代了传统的控制器。

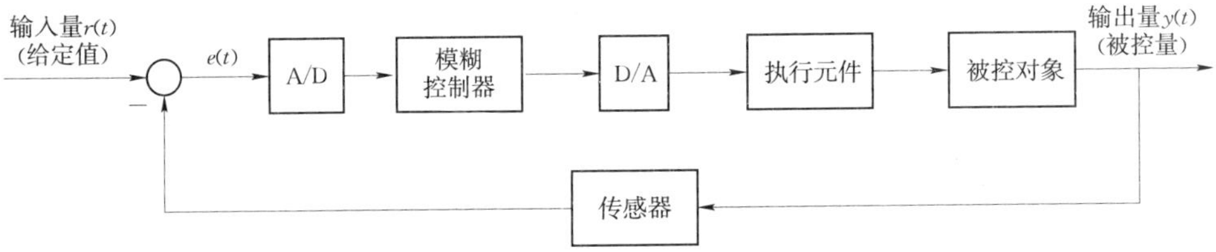

图3-1　模糊控制器结构图

模糊控制系统由传感器获取被控量信息，并将其转化为与给定值具有相同量纲的物理量，然后将此转化后的物理量与给定值进行比较后获得误差信号，经A/D转换后变为数字信号输入到控制器，信号在模糊控制器中经过模糊化、模糊推理、去模糊等过程成为精确量由模糊控制器输出，再经D/A转换为模拟信号推动执行元件控制被控对象。整个过程反复循环，从而实现了整个系统的反馈控制。

3.1.2　模糊控制器

1. 模糊控制器的组成

模糊控制器（Fuzzy Controller，简称FC），也称为模糊逻辑控制器（Fuzzy Logic Controller，简称FLC），是模糊控制系统设计的关键，其基本结构主要由模糊化、知识库、模糊推理以及去模糊化4部分组成，如图3-2所示。

（1）模糊化模块。主要功能是将模糊控制器输入的精确量转换为模糊量，输入量一般

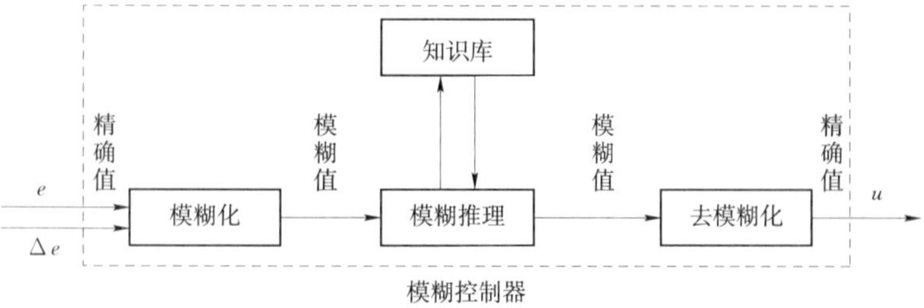

图 3-2　模糊控制器的组成

为误差信号 e，以及误差变化率 $\Delta e = \mathrm{d}e/\mathrm{d}t$。

（2）知识库模块。该模块通常由数据库和模糊规则两部分组成。数据库主要包括语言变量的隶属函数以及模糊空间的分级数等，规则库包含了一系列模糊规则。知识库反映了该领域专家的经验与知识。

（3）模糊推理模块。根据输入模糊量与相应的模糊规则进行推理，获得模糊控制量。

（4）去模糊化。将推理所得的模糊量进行去模糊处理，转化成可以被执行机构所实现的精确值。

2. 模糊控制器的结构

常用的模糊控制器结构按照输入的维数分为如图 3-3 所示的几种。

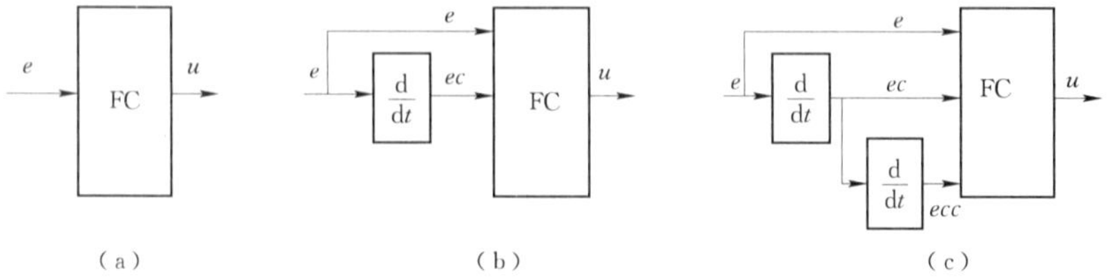

图 3-3　模糊控制器的结构

(a) 一维模糊控制器；(b) 二维模糊控制器；(c) 三维模糊控制器

（1）一维模糊控制器，控制器的输入仅为误差信号，这种控制器反映了一种比例（P）控制规律，由于不能反映过程的动态特性，因此控制效果欠佳。

（2）二维模糊控制器，控制器的输入为误差信号 e 与误差的变化率 $\mathrm{d}e/\mathrm{d}t$，这种控制器体现了比例—微分（PD）的控制规律，其控制效果要明显好于一维控制器。

（3）三维模糊控制器，控制器的输入为误差信号 e 与误差的变化率 $\mathrm{d}e/\mathrm{d}t$ 以及误差变化的变化率 $\mathrm{d}^2e/\mathrm{d}t^2$。由于输入量更多，因此控制精度更高一些。

在控制系统设计时通常根据实际需要来选择模糊控制器的结构。目前，由于二维控制器能够较好地反映误差信号的动态特征，有较好的控制效果，因此大多数控制系统选用二维模糊控制器。当被控系统比较简单并且对控制精度效果没有太高要求时，可以考虑采用一维控制器，一维控制器设计简单，处理速度快。从理论上讲，输入维数越高，系统的控制精度就越高，然而，由于输入维数多，无论模糊规则的建立以及模糊推理都比较复杂，实现较为困难，因此，除了一些特殊场合外，很少使用三维控制器。

以上介绍的模糊控制器，都只有一个输出变量，当系统有多个独立的输入变量与输出变量时，要直接设计模糊控制器就非常困难了，为此要考虑如何在结构上实现解耦，将一个多输入多输出的模糊控制器分解为若干个多输入单输出的控制器，分别按照上面的方法进行设计，最后再加以组合。

3.1.3　模糊控制器的设计

在确定了模糊控制器的结构后，就要具体设计模糊控制器。模糊控制器的设计通常包括 3 个方面的内容，即精确量的模糊化处理、建立模糊规则和解模糊。

1. 精确量的模糊化处理

确定模糊控制器的语言变量是设计模糊控制器的第一步，包括输入语言变量与输出语言变量的确定。语言变量的确定与控制器的结构有关，当采用二维控制器时，通常输入语言变量就是误差和误差的变化率，而将控制器输出的控制量的变化作为输出语言变量。在选定语言变量后就要确定语言变量值以及其隶属度函数。

（1）语言变量值的选取。在对同类事物进行比较时，通常都会将它们分成几个等级，这个等级就是语言变量值。在评价学生的学习成绩时，可以用“优”、“良”、“中”、“差”来描述；在评价户外温度时，可以用“热”、“暖”、“凉”、“冷”等来描述；在评价一个物体的体积时，可以用“大”、“中”、“小”等描述。同样，可以用“正”（P）、“零”（Z）、“负”（N）来描述误差、误差的变化率以及控制量的变化。如果需要描述得更准确，还可以用“正大”（PB）、“正中”（PM）、“正小”（PS）、“零”（Z）、“负大”（NB）、“负中”（NM）、“负小”（NS）7 个语言变量值来描述。

一般来说，一个语言变量的值越多，对事物的描述越全面、准确，可能得到的控制效果越好，但另一方面，划分过细会使模糊规则变得复杂，制定时有一定的难度。因此对语言变量值的选取要兼顾细致性与规则的简单易行，常用的情况是每个语言变量选择 3～10 个值，通常为（PB，PM，PS，O，NB，NM，NS）7 个值，对于偏差的语言变量有时还分为“正零”（PO）与“负零”（NO）两个值，构成了（PB，PM，PS，PO，NO，NB，NM，NS）8 个值的模式。

（2）模糊集合论域的选择。把模糊控制器的精确量输入与输出的实际范围称为这些变量的基本论域，显然基本论域内的量为精确量。

把精确量模糊处理后得到的模糊集合的论域称为模糊集合论域，通常，在模糊控制中取为对称的形式，即取模糊集合论域为 $\{-n,\ -n+1,\ \cdots,\ 0,\ \cdots,\ n-1,\ n\}$。

对于 n 的选择，从理论上讲，增加论域中的元素个数即把等级细分，可提高控制精度，但同时也增加了计算量，对于模糊控制，没有必要将等级划分过细。一般来讲，论域中的元素个数为模糊子集总数的 2 倍左右时，模糊子集对论域的覆盖程度较好。例如当语言变量选为 7 个时，选择 $n \geqslant 6$。

（3）语言变量值的隶属函数确定。语言变量值实际上是一个模糊子集，因此是通过隶属函数来描述的。模糊控制中隶属函数类型的选取没有统一的标准，完全取决于控制对象的不同情况、设计者的习惯以及处理的简便程度等；另外不同模糊子集的隶属函数可以取为相同的也可以取为不完全相同的。

一般情况下，选择语言变量值的隶属函数应注意以下几点：

1）隶属函数 $\mu(x)$ 的形状。隶属函数的形状越陡，分辨率越高，控制器的灵敏度越高；反之，平缓的隶属函数会使控制器的灵敏度降低。因此在选择语言变量的隶属度时，“零”左右的隶属函数划分得较细，形状较陡，每个模糊子集占用的论域段区域较小，这是因为零点附近系统偏差很小，这样选择隶属函数可使控制器的控制动作精确、细腻。而在系统偏差较大的范围内模糊变量采用低分辨率的隶属函数，这样选择可使系统有较快的响应速度。

2）要充分考虑语言变量的全部模糊集合对论域 [$-n$，$+n$] 的覆盖程度，应使论域中任何一点对这些模糊集合的隶属函数的最大值都不能太小，否则这样的点上会出现“空档”，从而引起失控。

3）要考虑各模糊集合间的相互影响。相互影响可用两个相邻模糊集合交集点的隶属度 β 来衡量，β 值越小，控制的灵敏度越高，但是系统的稳定性变差，容易引起系统波动；β 值越大，控制对于被控过程的参数变化适应性强，鲁棒性好，控制稳定性好，但同时会使系统的灵敏度变差。一般取 $\beta=0.4\sim0.7$。

（4）语言变量赋值表的建立。对模糊变量的隶属度函数进行量化，采用量化后的隶属度函数是模糊控制器设计中常用的方法之一。假设系统误差 E 的模糊语言值取（NB，NM，NS，NO，PO，PS，PM，PB），并取模糊集合的论域为 [-6，6]，其隶属函数的定义如图 3-4 所示。

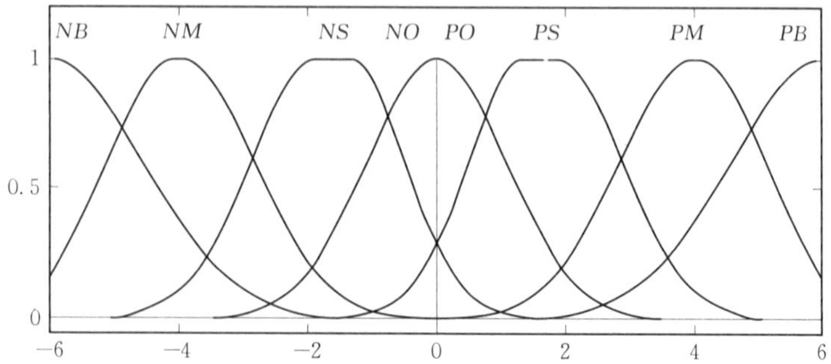

图 3-4　语言变量 E 的隶属函数定义

若将这 8 个语言值分别用 -6，-5，-4，-3，-2，-1，0，1，2，3，4，5，6 13 个等级来表示，就建立起了离散化后的精确量与模糊语言变量之间的一种模糊关系。将此关系用表格的形式来表示，就是如表 3-1 所示语言变量 E 的赋值表。同样的方式，可以建立出误差变化率 EC 以及输出量 U 的赋值表如表 3-2 及表 3-3 所示。

表 3-1　语言变量 E 的赋值表

语言值 \ $\mu(x)$ \ E	−6	−5	−4	−3	−2	−1	0	1	2	3	4	5	6
NB	1.0	0.8	0.4	0.1	0	0	0	0	0	0	0	0	0
NM	0.2	0.7	1.0	0.7	0.2	0	0	0	0	0	0	0	0
NS	0	0	0.1	0.5	1.0	0.8	0.3	0	0	0	0	0	0
NO	0	0	0	0	0.1	0.6	1.0	0	0	0	0	0	0

续表

语言值 \ μ(x) \ E	−6	−5	−4	−3	−2	−1	0	1	2	3	4	5	6
PO	0	0	0	0	0	0	1.0	0.6	0.1	0	0	0	0
PS	0	0	0	0	0	0	0.3	0.8	1.0	0.5	0.1	0	0
PM	0	0	0	0	0	0	0	0	0.2	0.7	1.0	0.7	0.2
PB	0	0	0	0	0	0	0	0	0	0.1	0.4	0.8	1.0

表 3-2　　**语言变量 *EC* 的赋值表**

语言值 \ μ(x) \ EC	−6	−5	−4	−3	−2	−1	0	1	2	3	4	5	6
NB	1.0	0.8	0.4	0.1	0	0	0	0	0	0	0	0	0
NM	0.2	0.7	1	0.7	0.2	0	0	0	0	0	0	0	0
NS	0	0	0.2	0.7	1.0	0.9	0	0	0	0	0	0	0
O	0	0	0	0	0	0.5	1	0.5	0	0	0	0	0
PS	0	0	0	0	0	0	0	0.9	1.0	0.7	0.2	0	0
PM	0	0	0	0	0	0	0	0	0.2	0.7	1.0	0.7	0.2
PB	0	0	0	0	0	0	0	0	0	0.1	0.4	0.8	1.0

表 3-3　　**语言变量 *U* 的赋值表**

语言值 \ μ(x) \ U	−6	−5	−4	−3	−2	−1	0	1	2	3	4	5	6
NB	1.0	0.8	0.4	0.1	0	0	0	0	0	0	0	0	0
NM	0.2	0.7	1.0	0.7	0.2	0	0	0	0	0	0	0	0
NS	0	0.1	0.4	0.8	1.0	0.4	0	0	0	0	0	0	0
O	0	0	0	0	0	0.5	1	0.5	0	0	0	0	0
PS	0	0	0	0	0	0	0	0.4	1.0	0.8	0.4	0.1	0
PM	0	0	0	0	0	0	0	0	0.2	0.7	1	0.7	0.2
PB	0	0	0	0	0	0	0	0	0	0.1	0.4	0.8	1

(5) 量化因子和比例因子。量化因子和比例因子，都是为了对清晰值进行比例变换而设置的，其作用是使变量按一定比例进行放大和缩小。

模糊控制器的每一个输入与输出信号都有其基本论域，为了进行模糊推理，我们会给每个变量相应的模糊论域，其中基本论域与模糊论域的匹配问题就由量化因子来完成。此外每次采样经模糊控制算法给出的控制量还不能直接控制对象，还必须将其转换为控制对象所能接受的基本论域，而从控制量的模糊集论域到基本论域的变换由比例因子完成。

下面说明一个清晰量的模糊化过程。

设系统误差 e 的实际变化范围为[a，b]，在某时刻得到的 e 的精确值为 x，则其模糊化过程为：

1）将［a，b］区间的精确量 x 转化为［$-n$，n］区间的变量 y，其变换式为：

$$y=\frac{2n}{b-a}\left(x-\frac{a+b}{2}\right)=k_e\left(x-\frac{a+b}{2}\right)$$

式中：k_e 即为误差信号 e 的量化因子，特别地，当 $a=-b$（$b>0$）时 $y=\frac{n}{b}x=k_ex$。

2）对 y 四舍五入取整得到 y^*，在表 3-1 中 y^* 所在的列中寻找最大隶属度值，则该最大隶属度所对应的语言值就是精确输入量 x 的模糊化结果。

例如某控制系统误差 e 的实际变化范围为［-2，2］，在某时刻得到的 e 的精确值为 -0.76，转化为［-6，6］区间的变量 $y=\frac{12}{2-(-2)}\left(x-\frac{2+(-2)}{2}\right)=-0.76\times3=-2.28$，将 -2.28 四舍五入得到 -2，在表 3-1 中，-2 所对应的隶属度分别为 0.2（NM）、1（NS）、0.1（NO），其中，属于模糊集合 NS 的隶属度最大为 1，因此，精确值 -0.76 的模糊化结果就是 NS。

2. 模糊规则及模糊规则表

模糊规则是根据专家知识以及操作人员的长期经验积累而来的，通常是由一系列的模糊条件语句组成，即由许多模糊蕴含关系“如果……那么……”（if…then…）构成。比如根据经验可以知道如果系统的实际输出值大于期望值，那么此时需要减小控制器的输出，来减小实际输出，从而减小误差。如果将误差表示为 E=实际值－期望值，那么，误差 E 为正时，控制器的输出就应该减小，并且 E 为正且越大，控制器的输出减小得越多；误差为负时，控制器的输出就应增加；误差为零时，控制器的输出不变。

当将系统的误差以及误差的变化率作为输入变量时，经过大量的实际经验的总结，得到下述 26 条模糊条件语句：

（1）if $E=NB$ and $EC=NB$ or NM or NS or O then $U=PB$

（2）if $E=NB$ and $EC=PS$ or PM or PB then $U=O$

（3）if $E=NM$ and $EC=NB$ or NM then $U=PB$

（4）if $E=NM$ and $EC=NS$ or O then $U=PM$

（5）if $E=NM$ and $EC=PS$ then $U=PS$

（6）if $E=NM$ and $EC=PM$ or PB then $U=O$

（7）if $E=NS$ and $EC=NB$ then $U=PB$

（8）if $E=NS$ and $EC=NM$ then $U=PM$

（9）if $E=NS$ and $EC=NS$ or O then $U=PS$

（10）if $E=NS$ and $EC=PS$ or PM or PB then $U=O$

（11）if $E=NO$ and $EC=NB$ then $U=PM$

（12）if $E=NO$ and $EC=NM$ then $U=PS$

（13）if $E=NO$ and $EC=NS$ or O or PS or PM or PB then $U=O$

⋮ ⋮

（26）if $E=PB$ and $EC=NS$ or NM or NB or O then $U=NB$

根据（1）～（13）条规则，不难写出后面（14）～（26）条规则。将此 26 条语句列成模糊控制表如表 3－4 所示。

表 3－4　模糊控制表

EC \ U \ E	NB	NM	NS	NO	PO	PS	PM	PB
NB	PB	PB	PB	PM	O	O	O	O
NM	PB	PB	PM	PS	O	O	O	O
NS	PB	PM	PS	O	O	O	NS	O
O	PB	PM	PS	O	O	NS	NM	NB
PS	O	PS	O	O	O	NS	NM	NB
PM	O	O	O	O	NS	NM	NB	NB
PB	O	O	O	O	NM	NB	NB	NB

3. 模糊推理

表 3－4 中提供了 56 条形如"if A and B then C"的模糊规则，由 2.3.1 节可知，该规则确定了一个三元模糊关系 $R=A\times B\times C$。例如根据第一条规则"if $E=NB$ and $EC=NB$ then $U=PB$"，可得到三元模糊关系：

$$R_1=NB_E\times NB_{EC}\times PB_U$$

其中根据表 3－1、表 3－2、表 3－3 得：

$$NB_E=\frac{1}{-6}+\frac{0.8}{-5}+\frac{0.4}{-4}+\frac{0.1}{-3}$$

$$NB_{EC}=\frac{1}{-6}+\frac{0.8}{-5}+\frac{0.4}{-4}+\frac{0.1}{-3}$$

$$PB_U=\frac{0.1}{3}+\frac{0.4}{4}+\frac{0.8}{5}+\frac{1}{6}$$

同理，根据 56 条规则，可以得到 56 个模糊关系 R_i（$i=1\cdots 56$），将此 56 个模糊关系做并运算，构成总的模糊关系：

$$R=R_1\cup R_2\cup\cdots\cup R_{56}=\bigcup_{i=1}^{56}R_i$$

建立了系统的模糊关系后，可以进行模糊推理。在给定模糊控制器输入语言变量论域上的模糊子集 E 和 EC，即可根据模糊合成 $U=(E\times EC)\circ R$ 求出其输出语言变量论域上的模糊集合 U，具体计算方法见 2.3 节。

4. 解模糊

通过以上模糊推理可以得到模糊的输出量，但是模糊系统最终送给执行机构的是一个清晰量，因此，需要将模糊量转化为清晰量，这就是解模糊所要完成的任务，常用的方法主要有以下几种。

(1) 最大隶属度法。最大隶属度法亦称直接法，该方法直接选择输出模糊集合的隶属度函数峰值作为输出的确定值。如果输出模糊集合的隶属函数只有一个最大值，就直接取该隶属函数的最大值为清晰值；如果模糊集合众多个元素同时出现最大隶属函数值，就取其平均值作为清晰值。

【例 3-1】 已知输出量所对应的模糊向量为：

$$U_1^* = \frac{0.2}{-3} + \frac{0.5}{-2} + \frac{0.8}{-1} + \frac{0.4}{0} + \frac{0.1}{1}$$

$$U_2^* = \frac{0.2}{1} + \frac{0.6}{2} + \frac{0.6}{3} + \frac{0.6}{4} + \frac{0.1}{5}$$

利用最大隶属度法分别求得：

$$U_1 = -1$$

$$U_2 = \frac{1}{3}(2+3+4) = 3$$

(2) 重心法。这种方法也成为质心法或面积中心法，是所有解模糊化方法中最为合理的方法。该方法的数学表达式为：

$$y^* = \frac{\sum_{i=1}^{n} \mu_c(y_i) \cdot y_i}{\sum_{i=1}^{n} \mu_c(y_i)}$$

【例 3-2】 利用重心法将［例 3-1］的输出量解模糊得：

$$U_1 = \frac{0.2\times(-3)+0.5\times(-2)+0.8\times(-1)+0.4\times0+0.1\times1}{0.2+0.5+0.8+0.4+0.1} = \frac{-2.3}{2} = -1.15$$

$$U_2 = \frac{0.2\times1+0.6\times2+0.6\times3+0.6\times4+0.1\times5}{0.2+0.6+0.6+0.6+0.1} = \frac{6.1}{2.1} \approx 2.9$$

5. 模糊查询表的建立

在模糊控制的运行过程中，首先将模糊控制器的精确输入信号 e 与 ec 模糊化，然后利用模糊关系进行模糊推理得到模糊输出量，再对模糊输出量解模糊化为精确输出量，最后利用比例因子将其变换到控制量的基本论域中，完成对被控对象的一次控制。

例如，模糊控制器的输入信号 e 与 ec 在经量化因子转化后分别为 $E=+4$，$EC=-1$。$E=+4$ 时查语言变量表 3-1 可知，在 +4 级上对应的隶属度有 0.1（PS），1（PM），0.4（PB）共 3 个非零量，其中 PM 最大隶属度为 1，此时对应的语言变量为 PM；同样的方式可以通过表 3-2 查得 $EC=-1$ 时最大隶属度所对应的语言变量为 NS。因此，输入模糊化后为 $E=PM$ and $EC=NS$，则利用模糊关系 R 进行模糊合成后得到：

$$U = (PM_E \times NS_{EC}) \circ R$$

最后，将模糊量 U 解模糊得到精确值 −3。

这样，每给一对 E 与 EC 的值，都可以按照上述方法得到一个 U 的值（E、EC 以及

U 的论域均为 {−6，−5，−4，−3，−2，−1，0，1，2，3，4，5，6}）。根据不同的 E 以及 EC 的等级计算出相应的控制量 U，制成如表 3－5 所示的控制表。当进行实时控制时，根据模糊化后的控制器的输入量信息，直接从表中查询所需采取的控制策略即可。因此，该表又被称为模糊查询表。利用模糊查询表，可以不再重复模糊推理过程，大大提高了信息的处理速度。

表 3－5　　模糊查询表

E / U / EC	−6	−5	−4	−3	−2	−1	−0	0	1	2	3	4	5	6
−6	6	5	6	5	3	3	3	3	2	1	0	0	0	0
−5	5	5	5	5	3	3	3	3	2	1	0	0	0	0
−4	6	5	6	5	3	3	3	3	2	1	0	0	0	0
−3	5	5	5	5	4	4	4	4	2	−1	−1	−1	−1	−1
−2	6	5	6	5	3	3	1	1	0	0	−2	−3	−3	−3
−1	6	5	6	5	3	3	1	1	0	−2	−2	−3	−3	−3
0	3	5	6	5	3	1	0	0	−1	−3	−5	−6	−5	−6
1	3	3	3	2	0	0	0	0	−3	−3	−5	−6	−5	−6
2	1	3	3	1	0	0	−1	−1	−3	−3	−5	−6	−5	−6
3	0	1	1	0	0	0	−1	−1	−2	−2	−5	−5	−5	−5
4	0	0	0	−1	−1	−2	−3	−3	−3	−3	−5	−6	−5	−6
5	0	0	0	−1	−1	−2	−3	−3	−3	−3	−5	−5	−5	−5
6	0	0	0	−1	−1	−1	−3	−3	−3	−3	−5	−5	−5	−6

3.2　模糊 PID 控制器的设计

在常规的模糊控制系统中，由于模糊控制器实现的简易性和快速性，往往采用二维模糊控制器的形式。这类控制器都是以误差和误差变化率作为输入变量，类似于常规的比例—微分控制作用，可以获得良好的动态性能，但其稳态控制精度较差，控制欠细腻，难以达到较高的精度，特别是在平衡点附近存在着盲区。

设系统误差信号 e 的实际论域为 $X=[-a, a]$，模糊值 E 的模糊论域为 $Y=\{-n, -n+1, \cdots, -1, 0, 1, \cdots, n+1, n\}$ 时，由 3.1.3 量化因子定义可知，量化因子为 $k_e=n/a$。在 $|ke|<n$ 情况下，模糊值 E 可由取整公式

$$|E|=\text{int}\ (|ke|+0.5)$$

算出，即 y 为 ke 四舍五入后的整数，其符号与 e 的符号相同。由上式可知，在平衡点附近，即使 $e\neq0$，y 也有可能为零。

例如，假设实际论域中偏差的最大值 $a=1.5$，模糊集合论域中 $n=6$，由 $0=$

int($|4e|$ +0.5)可知，当 $|4e|<0.5$，即 $|e|<0.125$ 时，模糊化之后的模糊语言值都为零。根据模糊查询表，如果 E 为零，则相应的控制量输出为零，也就意味着，当 $|e|<0.125$ 时，在该模糊控制系统中已被视为没有误差。这个平衡点附近的区域，称为盲区或死区。由于盲区的存在，模糊控制无法消除静态误差。

我们知道在传统的 PID 控制中，积分控制作用可以有效地消除静态误差。因此，把 PID 控制策略引入到模糊控制器中，构成模糊-PID 复合控制，可以将模糊控制器的鲁棒性与 PID 控制器在稳态方面的优势相结合，以使控制效果更加完美。下面是几种模糊与 PID 控制的结合方式。

1. 模糊-PI 控制器

为了利用模糊控制器的鲁棒性以及较好的动态特性，又能弥补模糊控制器平衡点附近的盲区问题，引入 PI 环节，与模糊控制器构成模糊-PI 复合控制器，如图 3-5 所示。

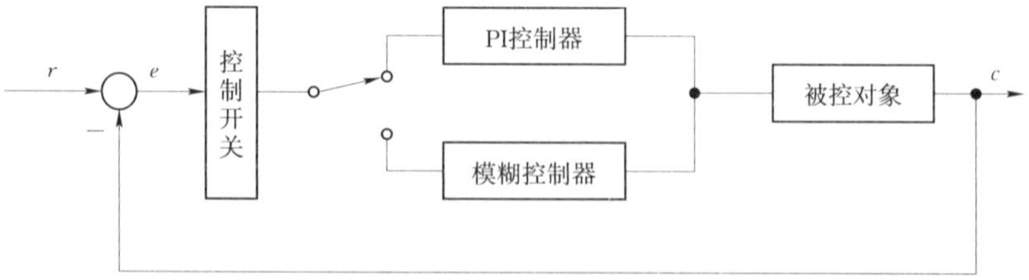

图 3-5 模糊-PI 控制器结构图

由图 3-5 可知，在误差信号之后，设置了一个带有阈值的模态转换器，根据阈值与 e 的比较结果确定模态：当 e 大于阈值时，信号进入模糊控制器，以获得良好的动态性能；若 e 小于阈值，信号则进入 PI 控制器，以获得良好的稳态性能。这种模糊-PI 控制器，比单个的模糊控制器具有更高的稳态精度，可以消除盲区；同时比经典的 PI 控制具有更快的动态响应性能，系统能很快趋近于平衡点。

类似的复合控制器还有多种，其基本出发点都是利用 PID 控制的特点，提高模糊控制器的控制精度和跟踪性能。

如图 3-6 所示给出了一种 P-模糊-PI 复合控制器。当误差信号 e 大于阈值时，用比例控制，可以提高系统的响应速度，加快响应过程；当偏差减小到阈值以下时，切换到模糊控制，以提高系统的阻尼性能，减小响应过程中的超调；根据前面的分析，当模糊语言值为“零”时，其实际误差 e 并不一定为零，因此，在更小的范围内（误差变量模糊化之后的模糊语言值为零时）使用 PI 控制，以此来消除稳态误差。

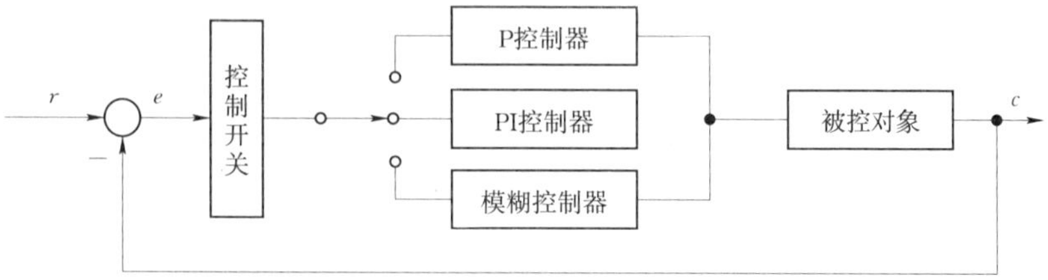

图 3-6 P-模糊-PI 控制器结构图

$$控制开关=\begin{cases}比例控制 & e>\Delta \\ 模糊控制 & \Delta'<e<\Delta \\ PI控制 & e<\Delta'\end{cases}$$

2. 自整定模糊-PID 控制器

常规的 PID 控制器具有简单易用、稳定性好、可靠性高等特点，是当前应用最为广泛的一类控制器，它对于各种线性定常系统的控制，都能够获得满意的控制效果。但是，由于生产过程中存在着非线性、干扰等复杂因素，要获得满意的控制效果，就需要对 PID 参数进行不断地在线调整。有时由于这些参数变化无常，没有确定的规律可循，常规的 PID 控制不具有时实调整参数的功能，从而影响其控制效果的进一步提高。

离散系统 PID 控制的基本规律为：

$$U(k)=K_pe(k)+K_I\sum_{i=0}^{k-1}e(i)+K_D[e(k)-e(k-1)]$$

式中：$U(k)$ 为第 k 个采样时刻控制器的输出；$e(k)$ 为第 k 个采样时刻控制器的输入（即误差信号）；K_P、K_I、K_D 为比例、积分、微分系数。

利用模糊控制的鲁棒性，对 PID 控制器的参数进行在线调整，可有效地解决上述问题，这种基于模糊理论的 PID 控制器称为自整定模糊—PID 控制器。自整定模糊—PID 控制器以误差 E 和误差变化率 EC 作为输入，其结构图如图 3-7 所示。

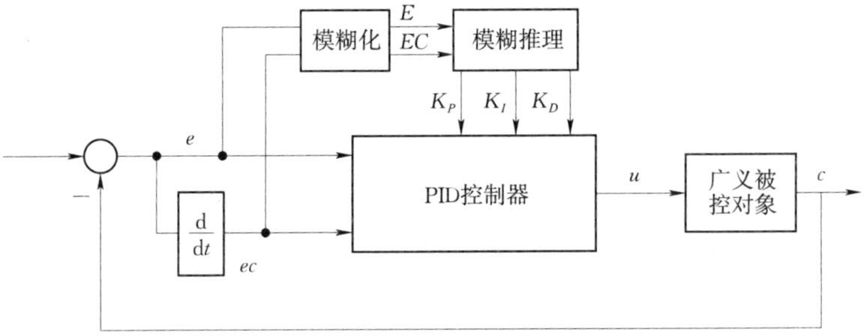

图 3-7　自整定模糊—PID 控制系统结构图

通过大量的操作经验可知，PID 控制器的 3 个参数 K_P、K_I、K_D 与误差 e 以及误差变化量 ec 之间存在着一种非线性关系，这些关系虽然无法用数学表达式表示，但却可以用模糊语言来描述。

（1）当 $|e|$ 较大时，为加快系统的响应速度，应取较大的 K_P，这样可以使系统的时间常数和阻尼系数减小，当然 K_P 不能取得过大，否则容易造成系统的不稳定；为了避免在系统开始时可能引起的超范围的控制作用，应取较小的 K_D，以便加快系统响应；为避免出现较大的超调，此时可去掉积分作用，取 $K_I=0$。

（2）当 $|e|$ 为中等大小时，应取较小的 K_P，使系统响应的超调略小一点；此时 K_D 的取值对系统较为关键，为保证系统的响应速度，K_D 的取值要恰当；此时可适当增加一点 K_I，但不得过大。

（3）当 $|e|$ 较小时，为使系统具有良好的稳态性能，可取较大的 K_P 和 K_I；为避免系统在平衡点出现振荡，并考虑系统的抗干扰特性，当 $|ec|$ 较小时，K_D 值可取大些，通常

取为中等大小；当$|ec|$较大时，K_D值应取小些。

基于以上总结的输入变量e与3个参数K_P、K_I、K_D的定性关系，考虑到误差变化量ec的影响，结合实际操作经验，综合得到调整PID控制器3个参数的模糊规则，如表3-6～表3-8所示。

表3-6 ΔK_P控制规则表

ΔK_P \ $\|EC\|$ \ $\|E\|$	B	M	S	O
B	M	S	M	M
M	B	M	B	B
S	B	M	B	B
O	B	M	B	O

表3-7 ΔK_I控制规则表

ΔK_I \ $\|EC\|$ \ $\|E\|$	B	M	S	O
B	O	S	M	B
M	O	S	B	B
S	O	S	B	B
O	O	O	B	O

表3-8 ΔK_D控制规则表

ΔK_D \ $\|EC\|$ \ $\|E\|$	B	M	S	O
B	S	M	O	O
M	M	M	S	O
S	B	B	S	S
O	B	B	S	O

表中B、M、S、O分别对应语言变量“大”、“中”、“小”、“零”，模糊子集的隶属函数常取简单的三角形和梯形。ΔK_P、ΔK_I、ΔK_D分别为PID控制器原来设计参数K_P、K_I、K_D的修正值，系统实时的参数取值应该分别为$K_P+\Delta K_P$、$K_I+\Delta K_I$、$K_D+\Delta K_D$。

如图3-7所示，自整定模糊-PID控制器将输入PID控制器的误差e及误差变化量ec经模糊化后同时给模糊推理模块，经过推理得到PID控制器参数的修正值ΔK_P、ΔK_I、ΔK_D，将修正值输入到PID控制器，对其3个参数进行在线修正，能更好地利用其动态性能进行实时调节；特别是在控制对象或环境出现不确定性、干扰等因素时，利用模糊控制器，充分结合操作人员进行实时非线性调节的成功实践操作经验，发挥 PID 控制器的优良控制作用，使整个系统达到最佳的控制效果。

3.3 T－S 模 糊 模 型

3.3.1 T－S 模糊规则的形成

假定模糊蕴含 R 的形式为：

R：若 f（x_1 是 A_1，x_k 是 A_k），则 $y=g$（x_1，…，x_k）。

式中：y 为结论变量，即推断结论值；x_1，…，x_k 为前提交量；A_1，…，A_k 为具有线性隶属度的模糊集，用来描述可应用做推理的模糊子空间；f 为前提中连接命题的逻辑函数；g 为当 x_1，…，x_k 满足前提时蕴含值 y 的函数。

在前提中，如果对某些 i，A_i 等于 X_i（这里 X_i 是论述 x_i 的论域），这一项就删去，x 是无条件的。

【例 3－3】 R：若 x_1 小且 x_2 大，则 $y=x_1+x_2+2x_3$。

这个蕴含说明，如果若 x_1 小且 x_2 大，则 y 的值等于 x_1，x_2 和 x_3 的和，其中在前提里，x_3 是无条件的。

以后将采用以上例子中的这种形式，即在前提中使用并列条件，在结论中选用线性函数，故一般的蕴含可写为：

R：如果 x_1 是 A_1，且…，且…，且 x_k 是 A_k，则 $y=p_0+p_1x_1+\cdots+p_kx_k$。

3.3.2 T－S 模糊推理的算法

假定有蕴含 R_i（$i=1$，2，…，n），如以上形式，当给定：

$$x_1=x_1^0，\cdots，x_k=x_k^0$$

式中：x_1^0，…，x_k^0 都是单独的值，y 的值可由以下步骤推出：

（1）对于每一个蕴含 R_i，y_i 在结论中由函数 g_i 计算而得：

$$y_i=p_0^i+p_1^ix_1^0+\cdots+p_k^ix_k^0$$

（2）命题 $y=y_i$ 的真值可由方程：

$|y=y_i|=|x_1^0$ 是 A_1^i，…，且 x_k^0 是 $A_k^i|\wedge|R_i|=[A_1^i(x_1^0)\wedge\cdots\wedge A_k^i(x_k^0)]\wedge|R_i|$ 计算而得，其中 $|*|$ 表示命题 $*$ 的真值，$\wedge$ 为取小运算，且（x^0 是 A）$=A(x^0)$，即 x_1^0 的隶属函数的等级。

为简单计，假定：

$$|R_i|=1$$

于是该结论的真值可由：

$y=y_i=|x_1^0$ 是 A_1^i，…，且 x_k^0 是 $A_k^i|\wedge|R_i|=[A_1^i(x_1^0)\wedge\cdots\wedge A_k^i(x_k^0)]\wedge|R_i|$

得到。

（3）最终的输出 y 从 n 个规则由所有 y_i 加权平均数得到（其权重为 $|y=y_i|$）。

$$y=\frac{\sum|y=y_i|\times y_i}{\sum|y=y_i|}$$

【例 3-4】 假设有以下 3 条规则：

R_1：若 x_1 为较小且 x_2 为最小，则 $y= x_1+ x_2$。

R_2：若 x_1 为较大，则 $y= 2\times x_2$。

R_3：若 x_2 为最大，则 $y= 3\times x_2$。

如表 3-9 所示说明了当取 $x_1=12$，$x_2=5$ 时，由每一个规则进行推理的过程。“前提”栏表示模糊集“小”和“大”的隶属函数；结论栏表示每一个由函数 g_i 计算出的结论值 y_i；“真值（TV）”表示$|y=y_i|$的值。

例如：$|y=y_i|=|x_1^0=$较小$|\wedge|x_2^0=$最小$|=$较小$(x_1^0)\wedge$最小$(x_2^0)=0.25$

于是，参照表 3-9，由这些规则可以得到 y 的值为：

$$y=\frac{0.25\times17+0.2\times24+0.375\times15}{0.25+0.2+0.375}\cong17.8$$

表 3-9　　[例 3-4] 模糊规则推理过程表

规　则	前　提	结　论	真值（TV）
R_1	较小 0.25 (0, 16)；最小 0.375 (0, 8)	(x_1+x_2) $y=12+5=17$	$0.25\wedge0.375=0.25$
R_2	较大 0.2 (0, 20)	$(2x_1)$ $y=2\times12=24$	0.2
R_3	$x_1=12$，$x_2=5$　最大 0.2 (0, 20)	$(3x_2)$ $y=3\times5=15$	0.375

3.3.3 T-S 模糊推理的性质

下面通过几个实例来讨论前述的推理算法的特性。

【例 3-5】 假设有 2 条规则：

R_1：若 x 是 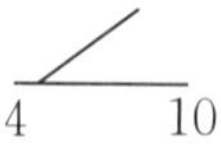，则 $y=0.2x+9$

R_2：若 x 是 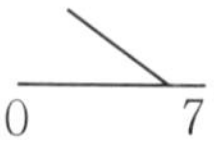，则 $y=0.6x+2$

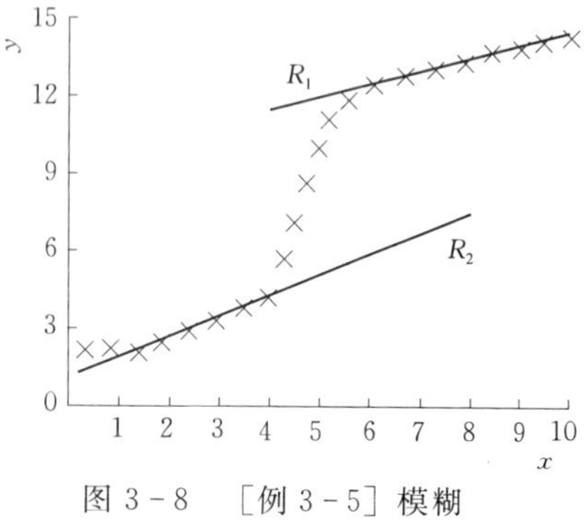

图 3-8　[例 3-5] 模糊推理的结果

如图 3-8 所示说明 x 与 y 的关系，并通过记号×来表示。图中的线 R_i 表示规则 R_i 的结论方程，其方程可以用来说明在由前提确定的模糊子空间中描述的一个规律。进一步，由输入空间的模糊分类，可将类似“x_1 为小且 x_2 为大”的语言条件表示为线性关系。

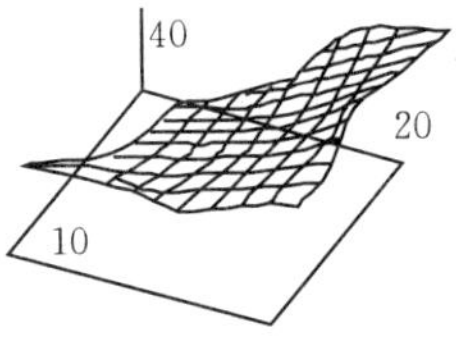

图 3－9　［例 3－4］模糊推理的结果

【例 3－6】　如图 3－9 所示说明由［例 3－4］的规则表示的输入—输出关系。在这个例子中，前提是二维的，曲面说明高度的非线性输入—输出关系，其形状反映了在不同线性关系区域内，每个规则的优势，以及在交迭区域中规则之间的冲突。此外还可见，并非所有输入变量都出现在前提或结论表达式中。

【例 3－7】　若有以下 4 条规则：

第 1 条　R_1：if x_2 is 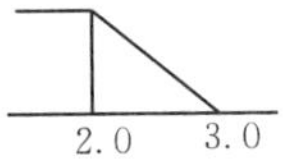

，则 $y_1=2.0+0.5x_1$

第 2 条　R_2：if x_1 is 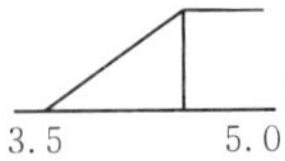

，x_2 is 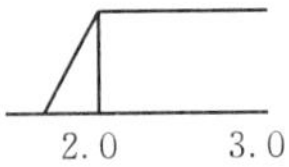

，则 $y_2=-3.0+5.0x_2$

第 3 条　R_3：if x_1 is 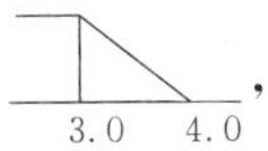

，x_2 is 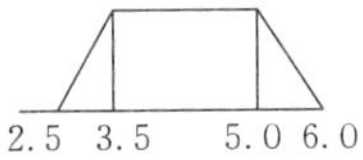

，则 $y_3=1.5+x_1+2.0x_2$

第 4 条　R_4：if x_1 is 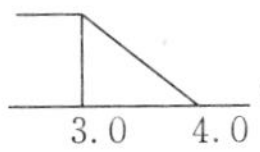

，x_2 is 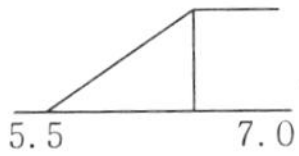

，则 $y_4=3.2+2.5x_1$

其中，第 1 条规则 R_1 仅有一个输入变量 x_2 在前提中；而第 4 条规则 R_4 中，仅有输入变量 x_1 出现在结论表达式中。

这里，每一条规则的前提都定义了一个模糊子空间，表达了一种局部的输入输出关系，如图 3－10 所示。

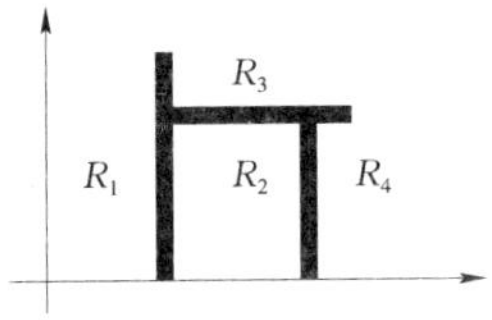

图 3－10　输入 x_1 和 x_2 的模糊子空间

3.4　Mamdani 模糊模型

3.4.1　Mamdani 模型的一般数学表达式

Mamdani 模型是最先将模糊集合的理论用于控制系统的典型代表。它是由 Ebrahim Mamdani 在 1975 年为了控制蒸汽发动机提出来的。这种方法源于 Zadeh 关于模糊算法在复杂系统和决策处理中应用的思想，其综合了一系列有经验的操作者提供的线性控制规律来用于锅炉的控制。

其结构特点是前提和结论都是模糊命题，一般规则的表达形式如下：

$$R_i\text{：IF } x_1 \text{ is } A_1^i \text{ and } x_2 \text{ is } A_2^i \text{ and } \cdots \text{and } x_p \text{ is } A_p^i$$

$$\text{THEN } y_i \text{ is } B_i \quad i=1, \cdots, n$$

式中：$(x_1, \cdots, x_p)$ 为输入到模型的前提变量；y_i 为模型输出的结论变量；A_j^i 和 B_i 分别为第 i 条规则前件中输入变量 j 和后件变量定义的模糊集合；n 为模型的规则数。

Mamdani 模型的每条模糊规则代表了某个局部的模糊关系，假设用 R_c 来表示，并且模糊蕴含关系取最小运算，则：

$$R_c = A \to B = A \times B = \int_{X \times Y} \mu_A(x) \wedge \mu_B(y)/(x,y)$$

Mamdani 语义模型的推理结果是输出模糊集，若要精确量输出，必须对其解模糊化。

例如，对于上述模糊关系，当 x 为 A'，且模糊关系的合成运算采用“极大—极小”运算时，模糊推理的结论计算如下：

$$B' = A' \times R_c = \mu_{B'}(y) = \int_{\forall x \in X} \vee \{\mu_{A'}(x) \wedge [\mu_A(x) \wedge \mu_B(y)]\}/y$$

3.4.2 Mamdani 模糊控制器的静态特性指标

Mamdani 模型由于其上述良好的语言描述形式，使其易于理解，因此在实际工业过程如股市预测、水质评估以及列车的速度控制中得到了广泛的应用。作为一种语言控制器，Mamdani 模糊控制器的核心部分是一套模糊规则，经过模糊推理和模糊关系综合的一系列计算，最后获得一个确定的控制值。由于模糊控制器结构的特殊性，它具有某些与常规控制器不同的特性，而且很难用一般方法进行分析。

本节将研究与讨论模糊控制器的静态性，即模糊控制规则的完整性、相容性和交互性，而其动态性的分析将在下一节中研究。

1. 模糊控制规则的完整性

从模糊控制器的输入/输出角度来看，控制规则的完整性是指对任意模糊输入状态 x，模糊控制器都能够产生一个相应的控制量 u，即 u 存在且不为空集。较为正式的定义如下：

【定义 3-1】 对于一已知的模糊规则集：

$$\text{if } x_i, \quad \text{then } u_i \quad i=1, 2, \cdots, n$$

如果满足条件：

$$\forall_{x \in X} \exists_{1 \leq i \leq n} X_i(x) > \varepsilon$$

则该规则集是完整的。

式中：u_i 为控制量的模糊子集；$X = E \times Ec$ 为两维输入，其中 E 为误差，EC 为误差的增量。$x \in X$，$\varepsilon \in [0, 1]$。上式的含义为，对于任意给定的输入 x，总是存在一个 i，使模糊关系的并集大于零，即：

$$\forall_{x \in X} \bigcup_{i=1}^{n} X_i(x) > \varepsilon$$

当所有模糊控制器均满足完整性条件时，上式是显然成立的。因为当确定模糊子集时，各子集往往是重叠的；而且构成模糊控制器语言变量的每个语言值是该语言变量的一个模糊划分，除非遗漏某些模糊规则，否则上式总是成立的。

值得说明的是，如果模糊控制是以模糊规则库的形式通过在线推理产生的，那么在规则库不完整时，可能无法完成匹配。

2. 模糊控制规则的交互性

【定义 3-2】 如果模糊规则发生交互作用，则下列不等式成立：

$$\exists_{1 \leq i \leq n} X_i \circ R \neq U_i$$

即：

$$\exists_{1 \leq i \leq n} \exists_{u \in U} (X_i \circ R)(u) \neq U_i(u)$$

这意味着由 $X_i \circ R$ 的合成计算产生的控制量不再等于 U，称这一特性为模糊控制规则的交互性。

【定理 3-1】 如果模糊控制器的模糊关系 R 是 X_i 和 U_i 的笛卡尔并集，而且控制规

则内的所有 X_i 为正则模糊集，那么由模糊控制器产生的模糊控制子集 U_i 满足下列关系：

$$\underset{1\leqslant i\leqslant n}{\forall} Y_i \subseteq X_i \circ R$$

这表明：

$$\underset{1\leqslant i\leqslant n}{\forall} X_i,\ \exists x \in X, X_i(x)=1$$

【定理 3-2】 如果模糊关系 X_i 和 X_j（i，$j=1$，2，…，n）不相交，即：

$$X_i \cap X_j = \varphi,\ (i \neq j,\ i,\ j=1,\ 2,\ \cdots,\ n)$$

而且 X_j 为正则模糊集，那么满足下列关系：

$$\underset{1\leqslant i\leqslant n}{\exists} X_i \circ R = U_i$$

这表明各模糊规则之间不发生交互作用。

在确定输入变量模糊语言值的隶属函数分布时，两模糊子集间的重叠不应太多，以避免因太强的交互作用而可能导致低劣的控制效果。

3. 模糊控制规则的相容性

模糊控制规则的相容性是模糊控制的另一个基本问题。模糊控制器内的矛盾信息可能导致非期望和不满意的结果。模糊控制器的规则库是由操作人员的经验产生的，然而它的实现却受约于不同的性能指标。这就可能导致控制规则之间的矛盾，因此，在规则实现之前必须对它们的相容性进行评价。

对于一个已知的控制规则集，如果合成模糊控制集是多模态的，当存在两条或多条控制规则，其状态条件几乎是相同的，但其控制作用（结论）却不同时，会出现控制规则的不相容。规则的不相容还可能发生在同一结论表达式两种相互矛盾的指标。例如，对某反应釜系统有如下两条规则：

R_1：如果反应温度较高，则减少进料流量，降低反应槽内的温度；

R_2：如果反应转换率较大，则增大进料流量，升高反应槽内的温度。

这里，似乎两条规则的前提不同，因此采用了不同的控制策略。但事实上，反应温度较高时往往反应转换率较大，即两条模糊规则的前提是相似的，而结论部分却截然不同。因而这两条规则是不相容的。

规则的不相容还可能发生在同一结论中表达两种相互矛盾的指标。例如在通常情况下，“高精度”和“低能耗”总是不相容的。又如，对反应釜系统，又有如下模糊规则：

R_3：如果反应转换率太高，则减少进料流量，且升高反应槽内的温度。

这里，减少进料流量和升高反应槽温度对转换率的影响可能是相互抵消的。因此，上述模糊规则也可能是不相容的。有趣的是，若采用中位数法或加权平均法实现模糊判决，那么这种矛盾的多输出现象将消失，但折中后的控制结果使任何一条规则的控制目标都不能很好地满足，因而影响了控制效果。因此，在建立模糊规则时，必须深入考虑不同规则间（或同一规则的不同结论间）的相互关系，然后再设法消除或替换存在明显矛盾的控制规则。

3.4.3 Mamdani 模糊控制器的动态特性分析

常规的模糊控制器有许多不足，如系统的上升特性不理想、超调大、调节时间长甚至产生振荡、抗干扰能力差、稳态误差较大等。其主要原因在于常规模糊控制器的结构过于简单，在设计中也存在许多主观因素，并且模糊控制规则库的建立往往是离线的，一旦确定就不再变化，故很难适应快速、时变的工业过程建模与控制的需求。

为了评价模糊控制系统的运行特性和正确性，需要对模糊控制器的动态特性加以研究。下面以 Mamdani 模糊控制器为例进行分析。从结构上看，影响控制器性能的主要环节有模糊规则（包括模糊语言值的选择，各语言值的隶属函数，模糊控制规则的因果关系，模糊规则数量等）、模糊推理和模糊判决方法以及比例因子和量化因子的选择等。下面分别从参数、规则、量化和比例因子、模糊化和去模糊化方法等几个方面讨论其对于 Mamdani 模糊控制器动态特性的影响。

1. 模糊控制器的参数选择

模糊控制器的参数选择不仅对其静态特性有影响，而且对其动态响应也会有明显影响，具体反映在以下几个方面：

（1）语言变量的模糊语言值选择和隶属度函数的确定。例如，对于误差这个变量，既可以选择“负”、“零”、“正”，也可以选“负大”、“负小”、“零”、“正小”和“正大”等。也就是说，前者分辨率低一些，后者分辨率高一些，这在某种程度上反映了人们对误差状态认识水平的差异。一般情况下，语言变量的模糊子集可以取 2～10 个，相应地，隶属度函数的分辨率也随之变化，如图 3－11（a）所示。

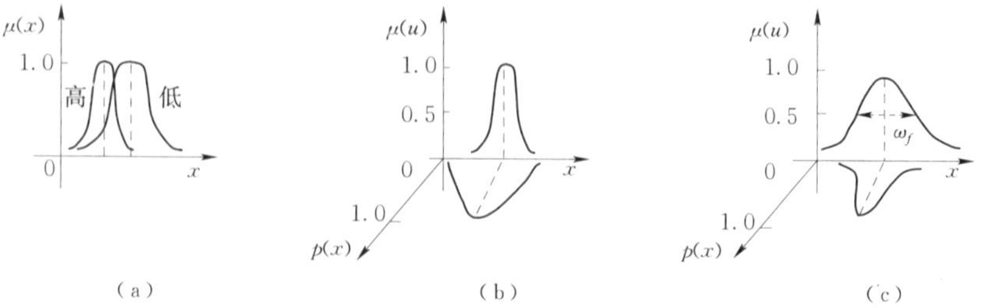

图 3－11 隶属度函数的选择

（a）隶属度函数的分辨率；（b）噪声影响大；（c）噪声影响小

在实际应用中，测得的数据常常有噪声，因此，隶属度函数的选择还应考虑噪声的影响。一般可用概率密度函数对噪声给出定性描述。如果隶属度函数选择不当，那么输入的隶属度可能最终主要由噪声决定，如图 3－11（b）所示，这种情况当然是不允许的。经验发现，为充分减弱噪声对隶属度的影响，隶属度函数的选择应满足下述不等式：

$$\omega_f > 5\sigma_n$$

式中：ω_f 为隶属度为 0.5 时隶属度函数的宽度；σ_n 为概率密度函数的均方差，如图 3－11（c）所示。当隶属度函数以量化等级的形式出现时，量化等级一般为 5～30。

（2）模糊规则的选择。对于以误差和误差的变量为输入，控制量为输出的模糊控制器，模糊控制规则一般可直接采用 Mamdani 模糊规则表。但其未必为最佳，一般需要根据被控对象特性而调整控制规则。

一种调整控制规则的简单方法是使系统在语义空间跟踪其期望轨迹。例如，某控制器以误差 E 和误差的积分 S 作为输入量，控制量变化 U 作为输出量，被控对象的传递函数为 $1/[s(1+0.1s)]$，其初始的模糊控制规则表和语义轨迹如图 3－12（a）所示。容易发现，此时系统的上升时间太长，因此需要加快系统的响应速度。从控制经验可知，此时需要加强控制作用。于是控制量分别由 PM 改为 PB，PS 改为 PM，改进后的规则表和语义轨迹如图 3－12（b）所示。从图 3－12（b）所示可以发现，系统的上升时间并没有如想象的那样减小，而是基本上没有变化。因为两个控制表中，S＝PM 的次数是一样的。不过，由于不再出现 S＝NS 的情况，系统的超调减小了。为了进一步改善系统的动态响应，模糊控制规则调整为如图 3－12（c）所示。此时，系统的响应就比较满意了。系统在 3 种不同模糊控制规则表下的阶跃响应如图 3－12（d）所示。可以发现，它们与系统的语义空间轨迹是一致的。

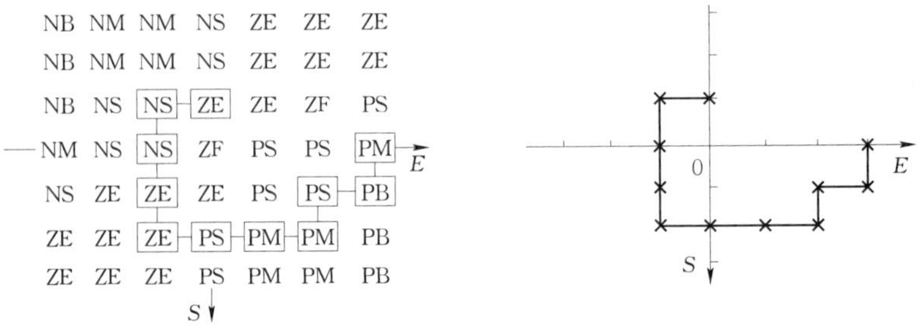

（a）

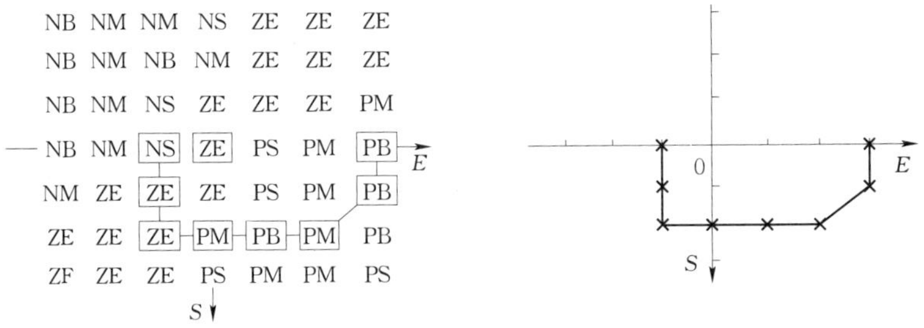

（b）

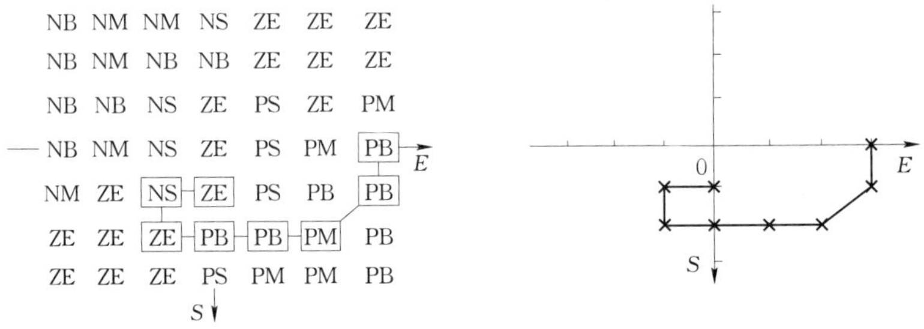

（c）

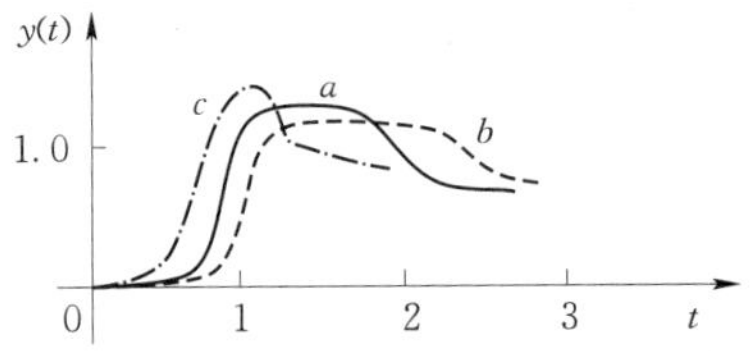

（d）

图 3－12　模糊规则对系统动态的影响

（a）改进前的规则与语义轨迹；（b）初步改进后的规则与语义轨迹；

（c）进一步改善后的规则与语义轨迹；（d）系统动态响应

(3) 量化因子和比例因子的选择。尽管前面已经介绍了量化因子和比例因子的确定方法，但在实际应用中常常会遇到很多问题。事实上，量化因子和比例因子在很大程度上会影响模糊控制器的性能。而且在调整模糊规则之前，一般要先调整这些系数。例如，在如图 3-13 (a)所示中，系统产生振荡，说明有关 S 的量化因子太小；在如图 3-13 (b) 所示中，系统反应很慢，但超调又很大，说明两个量化因子都太大。容易看出，在如图 3-13 (c) 所示中两个量化因子的选择是适当的。虽然在调整两个量化因子时，控制量输出的比例因子一般保持不变，但若发现系统产生振荡，则可优先考虑减小比例因子。

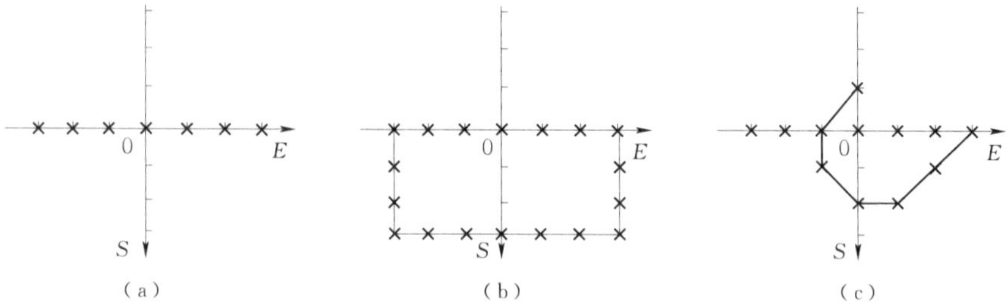

图 3-13 量化因子的调整

(a) 系统振荡 (量化因子太小)；(b) 系统响应慢、超调大 (量化因子太大)；

(c) 量化因子选择适当

2. 模糊推理和解模糊化方法对系统动态性能的影响

模糊推理方法除了常用的极小—极大法以外，还可以使用其他广义的模糊运算。极小—极大的推理方法有可能会丢失很多有用的信息，因为在两组隶属度函数中不同的模糊子集有可能得到相同的推理结果。这从另一方面说明了模糊控制中对隶属度函数形状的选择有较大的宽容度。另一方面，解模糊化方法的不同也在很大程度上影响系统的动态性能。如图 3-14 (a) 所示为采用极大—极小推理法和最大隶属度法解模糊得到的控制量。如图 3-14 (b) 所示为采用极大—极小推理法和加权平均法解模糊得到的控制量。若在推理中用乘法代替极小运算，加法代替极大运算，且采用加权平均法解模糊，其结果如图 3-14 (c)所示。我们会发现它与如图 3-14 (c) 所示中的结果无太大的变化。从中可以得到结论，即模糊推理合成对控制的影响不如解模糊过程对控制的影响大。这也是在实际中常采用极大—极小法进行合成，采用加权平均法解模糊的原因。

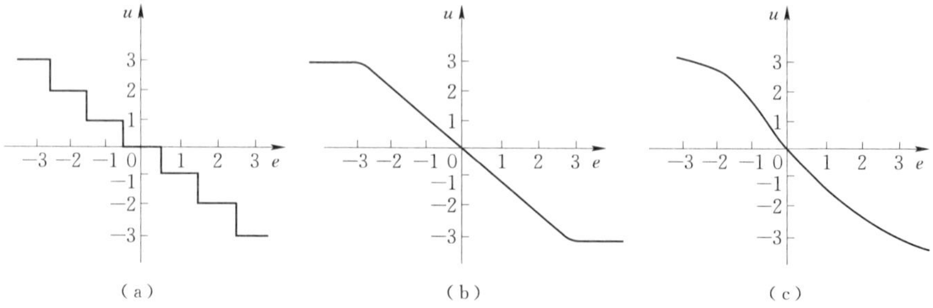

图 3-14 模糊推理和解模糊决策与动态响应

(a) min-max 与最大隶属度法；(b) min-max 推理与加权平均法；

(c) 乘—加法推理与加权平均法

3.4.4 Mamdani 模型的应用——模糊洗衣机设计举例

在模糊洗衣机中，浑浊度、布质和布量等都是通过对现行状态的检测，在通过模糊推理得出的。在模糊推理中，需要考虑推理的前件和后件，也就是推理的输入条件和输出结果。在模糊洗衣机中，主要是考虑布质、布量、水温和肮脏程度这几个条件，而从这些条件求取水位、洗涤时间和水流、漂洗方式和脱水时间等。故而，模糊洗衣机的推理如图 3－15 所示。

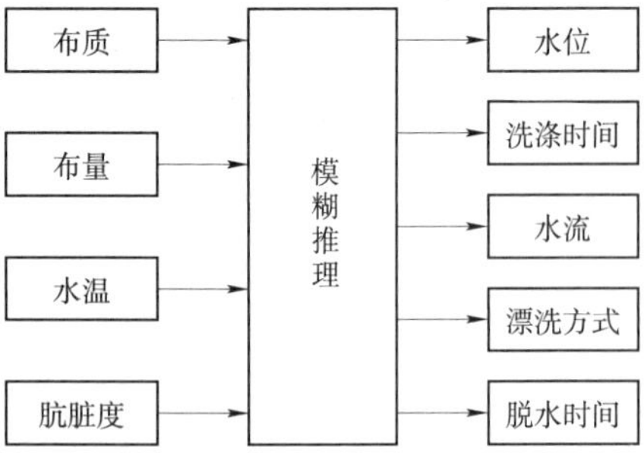

图 3－15　模糊洗衣机的模糊推理

从图 3－15 中可以看出，模糊洗衣机是一个多输入多输出的模糊推理和控制系统，因此对其建模需要较多的模糊规则，所需计算成本较高。为了在不影响模型精度的前提下，本书摒弃不重要的系统变量，将控制系统化简，并选择其模糊控制器，其主要设计步骤如下。

1. 确定模糊控制器的基本结构

选择模糊控制器为两入单出的 Mamdani 模糊模型，其输入分别为衣物的污泥和油脂(g)，输出为洗涤时间（min）。

2. 在输入、输出论域上定义模糊集

由于计算简单，选择最常用的三角形函数作为输入和输出论域上的隶属度函数，并以此将污泥分为 3 个模糊集：SD（污泥少）、MD（污泥中）、LD（污泥多），取值范围为[0，100]。油脂分为 3 个模糊集：NG（油脂少）、MG（油脂中）、LG（油脂多），取值范围为 [0，100]。将洗涤时间分为 5 个模糊集：VS（很短）、S（短）、M（中等）、L（长）及 VL（很长），取值范围为 [0，60]。

3. 隶属度函数的定义

上述选用的三角形隶属度函数分别定义如下，其中，$\mu_{污}$、$\mu_{油}$ 分别表示污泥、油脂模糊化后的隶属度函数，其几何表示如图 3－16 所示。可见，三角形隶属度函数在整个论域上可均匀地划分模糊空间为 3 个模糊子空间，并且能够使得对于任意给定的输入，其对应的隶属度函数模糊集至少有一个被充分激活，如图 3－16 (a)、(b) 所示中的 x_1，μ_{x_1} 和 y_1，μ_{y_1}，从而有效地保障了模糊控制规则集能够充分响应每个输入。

$$
\mu_{污}=\begin{cases}
\mu_{SD}(x) = (50-x)/50 & 0\leqslant x\leqslant 50 \\
\mu_{MD}(x) = \begin{cases} x/50 & 0\leqslant x\leqslant 50 \\ (100-x)/50 & 50< x\leqslant 100 \end{cases} \\
\mu_{LD}(x) = (x-50)/50 & 50< x\leqslant 100
\end{cases}
$$

$$
\mu_{油}=\begin{cases}
\mu_{NG}(y) = (50-y)/50 & 0\leqslant y\leqslant 50 \\
\mu_{MG}(y) = \begin{cases} y/50 & 0\leqslant y\leqslant 50 \\ (100-y)/50 & 50< y\leqslant 100 \end{cases} \\
\mu_{LG}(y) = (y-50)/50 & 50\leqslant y\leqslant 100
\end{cases}
$$

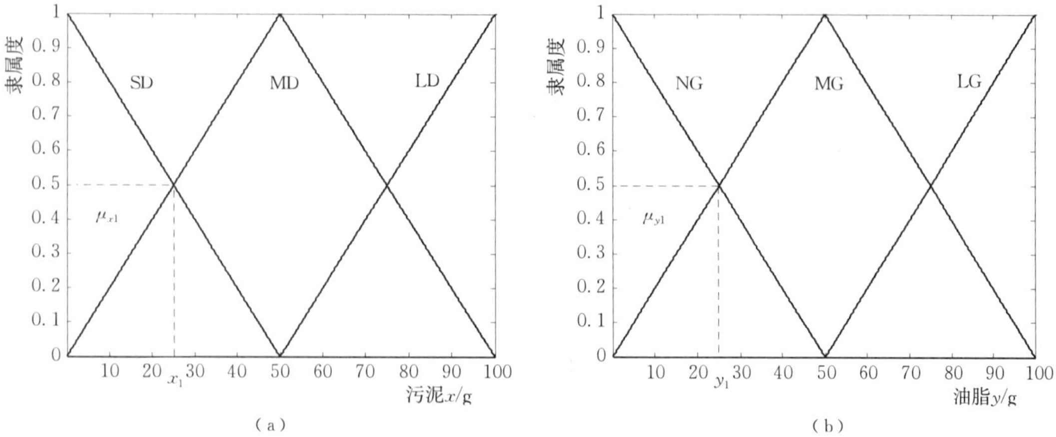

图 3-16　污泥和油脂的隶属度函数

(a) 污泥的隶属度函数；(b) 油脂的隶属度函数

洗涤时间选用论域上的 5 个均匀分布的模糊子集来反映洗涤时间的长短，其隶属度函数 $\mu_{洗}$ 如下，如图 3-17 所示。

$$\mu_{洗}=\begin{cases}\mu_{VS}(z)=(10-z)/10 & 0\leqslant z\leqslant 10\\ \mu_S(z)=\begin{cases}z/10 & 0\leqslant z\leqslant 10\\ (25-z)/15 & 10<x\leqslant 25\end{cases}\\ \mu_M(z)=\begin{cases}(z-10)/15 & 10\leqslant z\leqslant 25\\ (40-z)/15 & 25<z\leqslant 40\end{cases}\\ \mu_L(z)=\begin{cases}(z-25)/15 & 25\leqslant z\leqslant 40\\ (60-z)/20 & 40<z\leqslant 60\end{cases}\\ \mu_{VL}(z)=(z-40)/20 & 40\leqslant z\leqslant 60\end{cases}$$

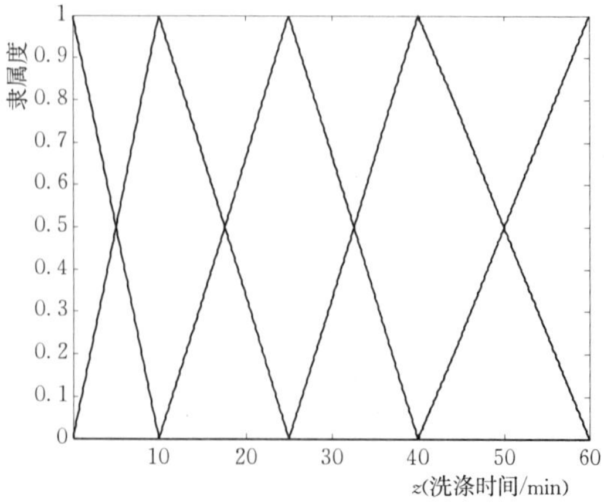

图 3-17　洗涤时间的隶属度函数

4. 建立模糊控制规则

若采用输入和输出论域上的模糊子集 n_1 和 n_2 来建立洗衣机的模型，则在 Mamdani 模糊控制器中，模糊规则的总数 $N=n_1\times n_2$。很显然，这种建立模糊控制规则的方法使得模糊规则的总数与输入和输出上模糊子集的个数成正比，随着其个数的增加，会指数倍的增长，出现规则“爆炸”。如表 3-10 所示是一种模糊洗衣机的设计规则，其中，输入取为 3 个，布量、水温和布质，输出为水流和时间。可以看出，按照模糊划分的原则，布量被分为多、中、少 3 个模糊子集，水温被分为低、中、高 3 档，布质又按照棉布偏多、棉布与化纤各半以及化纤偏多分为 3 级，而输出量水流分为特弱、弱、中、强和特强，时间分为特短、短、中、长和特长。因此，就输入和输出的自由组合而言，总共就有 3×3×3×5×5=675 个模糊子集，如此庞大的规则数，不仅使得规则库复杂，且计算量增大，直接导致模糊控制器设计的难度增大，也不利于其在实际工业过程中的应用。

在本章中，在不影响控制精度的前提下，本着简单实用的原则，根据人的操作经验来设计模糊规则，模糊规则设计的标准为：“污泥越多，油脂越多，洗涤时间越长”；“污泥适中，油脂适中，洗涤时间适中”；“污泥越少，油脂越少，洗涤时间越短”。由此，可以降低模糊控制规则的数目，从而大大减少计算量，使设计简单易行。

5. 建立模糊控制表

根据上述模糊规则的设计标准，建立模糊规则如表 3 - 11 所示。

表 3 - 10　　　模糊洗衣机的输入输出论域的完备划分（多输入多输出情况）

布质 / 水温 / 布量		棉布偏多			棉布与化纤各半			化纤偏多		
		低	中	高	低	中	高	低	中	高
多	水流	特强	强	强	强	强	中	中	中	中
	时间	特长	长	中	长	长	中	长	中	中
中	水流	强	中	中	中	中	中	中	弱	弱
	时间	长	中	短	长	中	中	中	中	短
少	水流	弱	弱	弱	弱	弱	弱	弱	弱	特弱
	时间	中	中	短	中	短	短	中	短	特短

表 3 - 11　　　洗衣机的模糊规则表

洗涤时间 z		污泥 x		
		SD	MD	LD
油脂 y	NG	VS	M	L
	MG	S*	M	L
	LG	M	L	VL

* 条规则的语义表示为："如果衣物污泥少并且油脂中，则洗涤时间短"。

6. 模糊推理

分以下几步进行：

（1）规则匹配。假定当前传感器测得的信息为：x_0（污泥）$=60$，y_0（油脂）$=70$，分别代入所属的隶属函数中求隶属度：$\mu_{SD}(60)=0$，$\mu_{LD}(60)=\frac{1}{5}$，$\mu_{MD}(60)=\frac{4}{5}$，和 $\mu_{NG}(70)=0$，$\mu_{MG}(70)=\frac{3}{5}$，$\mu_{LG}(70)=\frac{2}{5}$，通过上述 4 种隶属度，可得到 4 条相匹配的模糊规则，如表 3 - 12 所示。

表 3 - 12　　　模 糊 推 理 结 果

洗涤时间 z		污泥 x		
		SD	MD (4/5)	LD (1/5)
油脂 y	NG	0	0	0
	MG (3/5)	0	$\mu_M(z)$	$\mu_L(z)$
	LG (2/5)	0	$\mu_L(z)$	$\mu_{VL}(z)$

(2) 规则触发。由表 3-12 可知，被触发的规则有 4 条：

Rule 1：if y is MD and x is MG then z is M

Rule 2：if y is MD and x is LG then z is L

Rule 3：if y is LD and x is MG then z is L

Rule 4：if y is LD and x is LG then z is VL

(3) 规则前提推理。在同一条规则内，前提之间通过“与”的关系得到规则结论，前提之间通过取小运算，由表 3-12 得到每一条规则总前提的可信度：

规则 1 前提的可信度为：min (4/5, 3/5) =3/5；

规则 2 前提的可信度为：min (4/5, 2/5) =2/5；

规则 3 前提的可信度为：min (1/5, 3/5) =1/5；

规则 4 前提的可信度为：min (1/5, 2/5) =1/5。

由此得到洗衣机规则前提可信度表，即规则强度如表 3-13 所示。

表 3-13　　规则前提可信度表

规则前提		污泥 x		
		SD	MD (4/5)	LD (1/5)
油脂 y	NG	0	0	0
	MG (3/5)	0	3/5	1/5
	LG (2/5)	0	2/5	1/5

(4) 将上述两个表进行“与”运算，得到每条规则总的输出，如表 3-14 所示。

表 3-14　　规则总的可信度输出

规则前提		污泥 x		
		SD	MD (4/5)	LD (1/5)
油脂 y	NG	0	0	0
	MG (3/5)	0	$\min\left[\frac{3}{5}, \mu_M(z)\right]$	$\min\left[\frac{1}{5}, \mu_L(z)\right]$
	LG (2/5)	0	$\min\left[\frac{2}{5}, \mu_L(z)\right]$	$\min\left[\frac{1}{5}, \mu_{VL}(z)\right]$

(5) 模糊系统总的输出。模糊系统总的输出为各条规则可信度推理结果的并集，即：

$$\mu_{agg}(z) = \max\left\{\min\left[\frac{3}{5}, \mu_M(z)\right], \min\left[\frac{2}{5}, \mu_L(z)\right], \min\left[\frac{1}{5}, \mu_L(z)\right], \min\left[\frac{1}{5}, \mu_{VL}(z)\right]\right\}$$

$$= \max\left\{\min\left[\frac{3}{5}, \mu_M(z)\right], \min\left[\frac{2}{5}, \mu_L(z)\right], \min\left[\frac{1}{5}, \mu_{VL}(z)\right]\right\}$$

(6) 反模糊化。模糊系统总的输出 $\mu_{agg}(z)$ 实际上是 3 个规则推理结果的并集，需要进行反模糊化，才能得到精确的推理结果。下面以最大隶属度平均法为例，进行反模糊化。洗衣机的模糊推理过程如图 3-18 和图 3-19 所示。

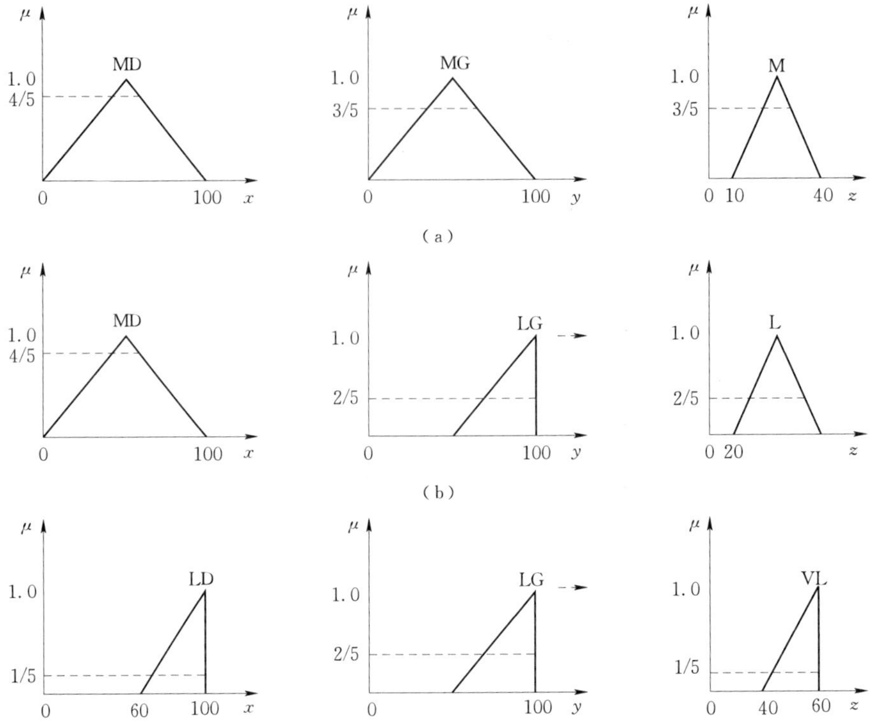

图 3-18　洗衣机的 3 个规则被触发

(a) 规则一；(b) 规则二；(c) 规则三

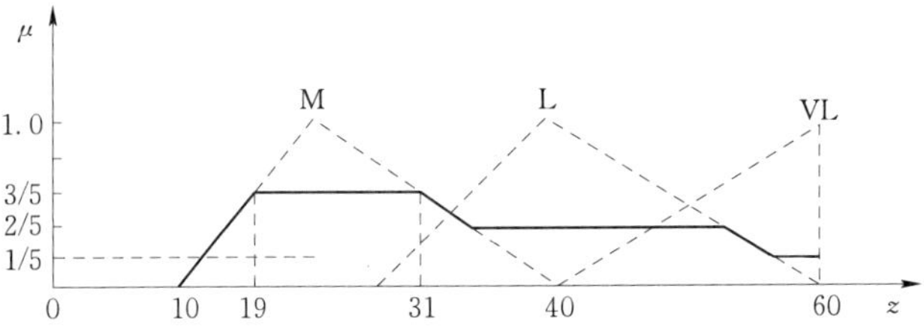

图 3-19　洗衣机的组合输出及反模糊化

由图 3-19 可知，洗涤时间隶属度最大值为 $\mu=\dfrac{3}{5}$。将 $\mu=\dfrac{3}{5}$代入洗涤时间隶属函数中的 $\mu_M(z)$，得到规则前提隶属度 $\mu=\dfrac{3}{5}$与规则结论隶属度 $\mu_M(z)$ 的交点：

$$\mu_M(z)=\frac{z-10}{15}=\frac{3}{5}，\mu_M(z)=\frac{40-z}{15}=\frac{3}{5}$$

得：$z_1=19$，$z_2=31$。

采用最大平均法，可得精确输出：$z^*=\dfrac{z_1+z_2}{2}=\dfrac{19+31}{2}=25$，即所需要的洗涤时间为 25min。

(7) 仿真实例。采用 MATLAB 中模糊控制工具箱中的模糊命令设计洗衣机模糊控制系统，采用本节的隶属函数，按上述步骤设计模糊系统。取 $x=60$，$y=70$，反模糊化采用重心法，模糊推理结果为 24.9。利用命令 showrule 可观察规则库，利用模糊命令 ruleview 可实现模糊控制的动态仿真。动态仿真模糊系统如图 3-20 所示。

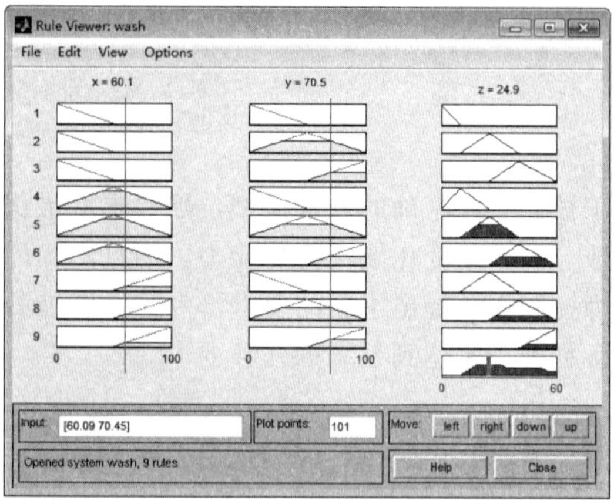

图 3-20 模糊系统的动态仿真输出

第4章 专 家 控 制

传统控制理论依赖于被控对象精确的数学模型，然后求取最优的控制效果，控制器对被控对象在环境中的参数、结构的变化缺乏应变能力，而且实际的被控对象往往存在着许多难以建模的因素，这为控制系统提出了新的要求。专家系统能处理定性的、启发式或不确定的知识信息，经过各种推理来达到系统的任务要求。

4.1 专家系统的概述

专家系统（Expert System，简称 ES）是一种模拟人类专家解决领域问题的计算机程序系统。它运用特定领域的专门知识和经验，通过推理和判断来模拟人类专家才能解决的各种复杂的、具体的问题，达到与专家具有同等解决问题的能力，它能对决策的过程作出解释，并具有学习功能。

专家系统是人工智能的一个发展分支。自第一个专家系统 DENLDRA 以来，专家系统获得了飞速的发展，并且运用于包括化学、数学、物理、生物、医学、农业、气象、地质勘探、军事、工程技术、法律、商业、空间技术、自动控制、计算机设计和制造等众多领域，产生了巨大的经济效益和社会效益。现在，专家系统已成为人工智能领域中最活跃、最受重视的领域。

4.1.1 专家系统的发展历史

专家系统的发展经历了 3 个历史阶段。

1. 初创期（1965—1971 年）

第一代专家系统 DENLDRA 和 MACSYMA 的出现，标志着专家系统的诞生。其中 DENLDRA 为推断化学分子结构的专家系统，由专家系统的奠基人，斯坦福大学计算机系的 Feigenbaum 教授及其研究小组研制。MACSYMA 为用于数学运算的数学专家系统，由麻省理工完成。第一代专家系统（DENLDRA、MACSMA 等）以高度专业化、求解专门问题的能力强为特点。但在体系结构的完整性、可移植性等方面存在缺陷，求解问题的能力弱。

2. 成熟期（1972—1977 年）

在此期间斯坦福大学研究开发了最著名的专家系统——血液感染病诊断专家系统 MYCIN，标志着专家系统从理论走向应用。另一个著名的专家系统——语音识别专家系统 HEARSAY 的出现，标志着专家系统的理论走向成熟。这一代专家系统属单学科专业型、应用型系统，其体系结构较完整，移植性方面也有所改善，而且在系统的人机接口、解释机制、知识获取技术、不确定推理技术、增强专家系统的知识表示和推理方法的启发性、通用性等方面都有所改进。

3. 发展期（1978年至今）

在此期间，专家系统走向应用领域，专家系统的数量增加，仅1987年研制成功的专家系统就有1000种。这一代专家系统属多学科综合型系统，采用多种人工智能语言，综合采用各种知识表示方法和多种推理机制及控制策略，并开始运用各种知识工程语言、骨架系统及专家系统开发工具和环境来研制大型综合专家系统。

在总结前三代专家系统的设计方法和实现技术的基础上，已开始采用大型多专家协作系统、多种知识表示、综合知识库、自组织解题机制、多学科协同解题与并行推理、专家系统工具与环境、人工神经网络知识获取及学习机制等最新人工智能技术来实现具有多知识库、多主体的第四代专家系统。

4.1.2 专家系统的特点

从专家系统的概念来讲，专家系统也是一个程序系统，但它是具有知识推理的智能计算机程序，与传统的计算机应用程序有着本质上的不同：

（1）专家系统求解问题的知识不再隐含在程序和数据结构中，而是单独构成一个知识库。它已经使传统的“数据结构＋算法＝程序”的应用程序模式变化为“知识＋推理＝系统”的模式。

（2）由于专家系统解决问题的知识库与处理知识的推理机相分离，因此它具有一定的独立性和通用性。知识库是领域知识的集合，它通常以知识库文件形式存在，可方便地进行更新。而传统程序将知识和知识的处理都编成代码，当知识改变时，传统程序只能重新编码与调试，而对于专家系统，只需要更新知识库即可。

与传统程序相比，专家系统的可维护性好，易于修改和扩充；更加适合处理模糊性、经验性的问题；能解释结论的过程。与人类专家相比，专家系统可以帮助人类专家更系统地总结经验知识，并对这些知识进行推广与完善。而且它的使用费用低廉，不受外界环境和情绪的影响，可安装在不适于人类工作的恶劣环境。

专家系统一般具有以下一些基本特点。

1. 具有专家知识及推理能力

专家系统要能像人类专家那样工作，一方面要具有专家级的知识，另一方面还必须具有利用专家知识进行推理、判断和决策的能力，从而解决复杂的、困难的问题。现实生活中，大部分问题都是非公式化的，如医疗诊断、法律推理及市场预测等，都可以使用专家系统，利用经验知识，通过推理决策解决新问题，并不断利用新经验丰富专家知识库。

2. 具有灵活性

专家系统的体系结构通常采用知识库与推理机相分离的构造原则，它们彼此独立又有联系。这样既可以在系统运行时能根据具体问题的不同，分别选取合适的知识构成不同的求解序列，实现对问题的求解，又可以在对一方进行修改时不致影响到另一方。例如，知识库要像人类专家那样不断地学习、更新知识，因此要经常对它进行增、删、修改操作。由于知识库与推理机分离，这就不会因知识库的变化而要求修改推理机的程序。

3. 具有透明性

为了提高用户对系统的可信程度，专家系统一般都设置了解释机构，用于向用户解释它的行为动机，以及得出某些答案的推理过程和依据，使用户能比较清楚地了解系统处理问题的过程及使用的知识和方法。例如，一个医疗诊断专家系统诊断患者患有感冒，并使用某些药品，就必须向病人说明为什么得出如此的结论。另外，专家系统的解释功能，可使系统设计者及领域专家方便地找出系统隐含的错误，便于对系统进行维护。

4.1.3 专家系统分类

专家系统按用途可分为如下几种：

（1）诊断型专家系统：根据对症状的观察分析，推导出产生症状的原因以及排除故障方法的一类系统，如医疗、机械、经济等。

（2）解释型专家系统：根据表层信息解释深层结构或内部情况的一类系统，如地质结构分析、物质化学结构分析等。

（3）预测型专家系统：根据现状预测未来情况的一类系统，如气象预报、人口预测、水文预报、经济形势预测等。

（4）设计型专家系统：根据给定的产品要求设计产品的一类系统，如建筑设计、机械产品设计等。

（5）决策型专家系统：对可行方案进行综合评判并优选的一类专家系统。

（6）规划型专家系统：用于制定行动规划的一类专家系统，如自动程序设计、军事计划的制定等。

（7）教学型专家系统：能够辅助教学的一类专家系统。

（8）数学专家系统：用于自动求解某些数学问题的一类专家系统。

（9）监视型专家系统：对某类行为进行监测并在必要的时候进行干预的一类专家系统，如机场监视、森林监视等。

4.1.4 专家系统的结构

专家系统的结构是指专家系统各组成部分的构造和组织形式。专家系统的有效性与系统结构选择是否恰当有着直接的关系。存放知识和使用知识是专家系统的两个基本功能，而分别实现这两个功能的知识库和推理机是构成专家系统的核心部件。由于专家系统所需要完成的任务不同，所以其系统结构没有统一的模式。如图 4-1 所示是理想的专家系统结构，包括：知识库、推理机、综合数据库、人机接口、解释机构和知识获取机构。图 4-1 中各部分功能说明如下。

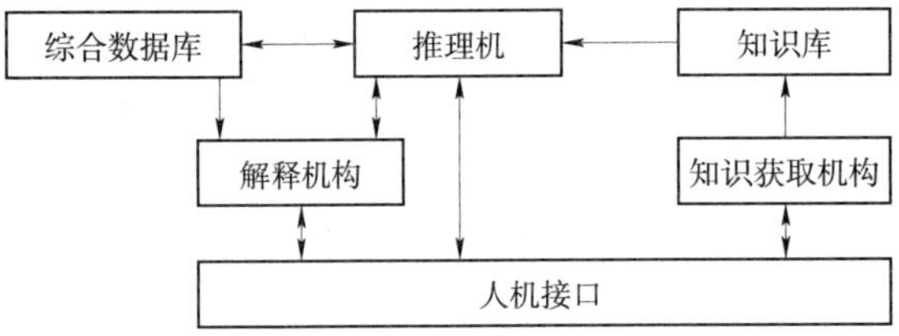

图 4-1　理想专家系统结构

1. 知识库

知识库（Knowledge Base）是专家系统的核心部件之一，它主要的功能是存储和管理专家系统中的知识。它包括两种类型的知识：一类是相关领域中定义、事实、理论等收录在学术著作中的事实性的数据；另一类是专家在长期实践中的实践经验，具有启发性。在知识库中，这两类知识都必须以一定的规范形式表示。

2. 推理机

推理机（Reasoning Machine）是专家系统的思维机构，是专家系统的核心部件之一。推理机的任务是模拟领域专家的思维过程，根据知识库中的知识，按一定的推理方法和控制策略进行推理，直到推理出问题的结论。推理机和知识库是专家系统的基本框架，两者相辅相成、密不可分。不同的知识有不同的推理方式，所以，推理机还包含如何从知识库中选择可用推理规则的策略和当多个可用规则冲突时的解决策略。

3. 综合数据库

综合数据库（Global Database）又称全局数据库、工作存储器、黑板。它用于存放专家系统工作过程中所需要求解问题的初始数据、推理过程中的中间结果及最终结果等信息的集合。它是一个动态的数据库，在系统工作过程中产生和变化。综合数据库中数据的表示与知识库中知识的表示通常一致，从而推理机能方便地使用知识库和综合数据库中的信息求解问题。

4. 人机接口

人机接口（Interface）是系统和用户间的桥梁，用户通过人机接口输入必要的数据、提出问题、获得推理结果及系统的解释；系统通过人机接口要求用户回答系统的询问，回答用户的提问。

5. 解释机构

解释机构（Expositor）的功能是向用户解释专家系统的行为，包括解释“系统怎样得出这一结论”、“系统为什么提出这样的问题”等需要向用户解释的问题。为用户了解推理过程及系统维护提供方便，体现了系统的透明性。

6. 知识获取机构

知识获取机构是实现专家系统将专业领域的知识与经验转化为计算机可利用的形式，并送入知识库的功能模块。它同时也具有修改、更新知识库的功能，维护知识库的完整性与一致性。

4.1.5 专家系统的设计原则

建立一个方便、有效、可靠和可维护的专家系统，要遵守以下设计原则。

1. 确定求解问题的领域

专家系统是针对某一问题领域的，因此在设计专家系统之前首先要确定所面向的问题领域。问题领域如果太小会使求解问题能力较弱；如果太大又使知识库过于庞大而不能保证知识的质量，从而影响系统的效率，难以维护管理。要做到恰当地确定问题领域范围应该从两个角度进行考虑：一是明确系统设计目标，它是确定求解问题的基础，使设计的系统能满足设计目标所规定的各种问题；二是根据可获取的专家知识水平，合理的确定求解问题的领域，即如果可获得的专家知识有限，那么就只能缩小问题的领域，否则不能得到准确的回答。总之，确定恰当的问题领域受到设计目标和专家知识的限制，两者互相制约，又相辅相成。

2. 获取完备的知识

知识是专家系统的基础，它是建立高效、可靠专家系统的前提条件。完备的知识是指知识的数量满足求解问题的需要，并保证知识的一致性与完整性等。因此，要求知识工程师与领域专家精密合作，除了建立初始较完整的知识库外，还要使系统在运行过程中具有获取知识的能力及对知识进行动态检测和及时修正错误的能力。

3. 知识库与推理机分离

知识库和推理机分离是专家系统的一个重要特点，可方便实现知识库的维护与管理。另外，由于推理机可灵活设计，便于控制，所以在推理机修改时不会影响知识库。

4. 设计合适的知识表示模式

知识在专家系统中以一定的形式来表示，不同领域的问题都有各自的特点，应该用相应的表示模式表示该领域知识。所以，在选择设计知识表示模式时应该充分考虑领域问题的特点，使它能充分表示知识。另外，也应把知识表示模式与推理模型结合起来作统筹考虑，使两者密切配合，高效地求解领域问题。

5. 模拟领域专家思维过程求解问题

专家系统的特点之一就是能模拟专家推理复杂的问题，在设计专家系统时，要模拟专家的思维方法，像专家那样学习知识、利用知识和经验、通过思维判断，求解问题。

6. 建立友好的人机交互环境

人机接口是专家系统与用户交流的媒介，因此为了让设计的专家系统能被用户接受，充分发挥它的作用，产生效益，就要在设计专家系统时，充分了解用户的实际情况、知识水平，建立适合用户，方便使用的友好交互环境。用户可以通过它与专家系统对话，求解需要解决的问题。

7. 渐增式的开发策略

专家系统是一个复杂的程序系统，建立过程需要较长的时间，一方面是因为系统本身复杂需要设计知识库、数据库、推理机、解释机等模块，工作量大；另一方面，所设计的知识表示模式及推理机不一定完全符合领域问题的实际情况，需要一边建立、一边验证以及一边修正，所以专家系统的开发与评价是并行的，以便及时发现问题、及时修正；还有参加设计的专家人员结构层次不同、专业不同，合作需要一定时间。因此，专家系统的开发过程通常采用渐增式的开发策略，先建立一个专家系统原型，然后对系统进行各种试验，在取得经验的基础下，再逐步形成比较完备的专家系统。

4.1.6 专家系统的开发过程

专家系统的开发需要一个周期，称之为生命周期，即专家系统的开发过程是一个生命周期，它主要包括 7 个阶段：需求分析、系统设计、知识获取、编程与调试、原型测试、修正与扩充、系统包装及总调。

1. 需求分析

需求分析是指知识工程师和领域专家合作对领域问题进行调查研究，确定专家系统的目标和任务，进行可行性分析，调查的主要内容有：专家系统的目标和任务；用户对系统功能、性能的需求；领域专家求解问题的模式；专家系统将要面向用户的情况；专家系统开发的软硬件环境；专家系统的开发时间及进度要求等。

2. 系统设计

系统设计阶段完成的任务包括：确定专家系统的类型、体系结构；确定知识的表示模式及知识库的结构；确定总体的求解策略；确定与用户的接口方式；选择系统的软硬件及开发工具。

3. 知识获取

这一阶段的主要任务是：获取专家处理问题的方法与思路，获得专家经验知识；查阅资料，获得领域知识；对知识进行分析、比较、归纳与整理，找出知识间的内在联系及规律；把整理出来的知识用系统设计过程中的知识表示模式表示出来。

4. 编程与调试

按系统设计所确定的功能模块进行程序设计，并且对各功能模块进行调试，同时也要对各功能模块进行联合调试，检查程序设计中是否有错误。

5. 原型测试

经过编程与调试之后，形成专家系统的原型。测试时使用典型实例，这些实例的结果已知，而且要选择有代表性的实例，使系统各主要部分及各应用区间能被充分的测试到。测试的内容应该包括：可靠性、知识的一致性、工作效率和解决问题能力等。

6. 修正与扩充

测试后，发现问题并及时的修正，例如求解问题的方法是否合适；知识的表示形式是否合理等。无论是哪个环节出现问题，都要进行修正。所以在设计专家系统之初，要经过认真细致的前期准备工作，尽量减少修正过程。另外，除了修正问题外，还要根据测试结果对系统进行扩充，使各环节功能进一步完善。

7. 系统包装及总调

要根据用户的需求，设计友好的人机界面，对系统进行总调，生成各类说明文件或使用说明等相关文件。

4.2 专 家 控 制

瑞典学者 K. J. Astrom 于 1983 年在“Implementation of an Autotuner Using Expert System Ideas”一文中，首先把人工智能中的专家系统引入智能控制领域，于 1986 年在“Expert Control”提出“专家控制”的概念，构成一种智能控制方法。专家控制（Expert Control）是将专家系统的理论和技术同控制理论、方法与技术相结合，在未知环境下，仿效专家的经验，实现对系统的控制。专家控制试图在传统控制的基础上“加入”一个富有经验的控制工程师，实现控制的功能，它由知识库和推理机构构成主体框架，通过对控制领域知识（先验经验、动态信息、目标等）的获取与组织，按某种策略及时地选用恰当的规则进行推理输出，实现对实际对象的控制。

4.2.1 专家控制的结构

专家控制的结构如图 4-2 所示。

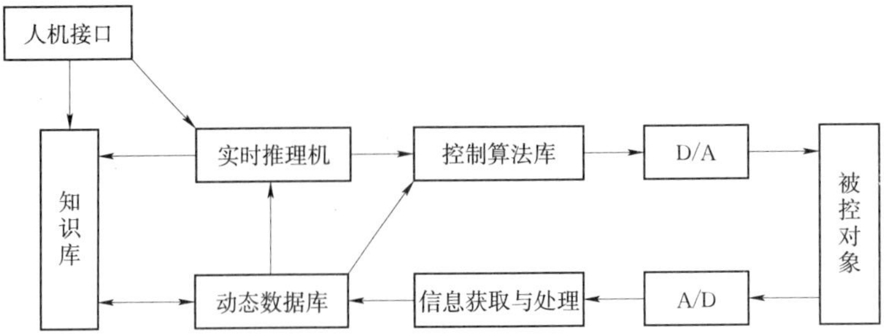

图 4-2　专家控制系统结构

1. 知识库

专家控制将系统视为基于知识的系统，控制系统的知识库由事实集和经验数据、经验公式、规则等构成。事实集主要包括被控对象的有关知识，如结构、类型及特征、参数变化范围等。控制规则有自适应、自学习、参数自调整等方面的规则。经验数据包括被控对象的参数变化范围、控制参数的调整范围及其限幅值、传感器的静动态特性、系统误差、执行机构的特征、控制系统的性能指标以及由控制专家给出或由实验总结出的经验公式。

（1）事实集——主要包括被控对象的有关知识，如结构、类型及特征、还有参数变化范围等。

（2）经验数据——包括被控对象的参数变化范围、控制参数的调整范围及其限幅值。传感器的静、动态特性、系统误差、执行机构的特征、控制系统的性能指标以及由控制专家给出或由实验总结出的经验公式。

（3）控制规则——有自适应、自学习、参数自调整等方面的规则。

2. 控制算法库

存放控制策略及控制方法，如 PID、PI、Fuzzy、神经控制 NC 和预测控制算法等，是直接基本控制方法集。

3. 实时推理机

根据一定的推理策略（正向推理）从知识库中选择有关知识，对控制专家提供的控制算法、事实、证据以及实时采集的系统特性数据进行推理，直到得出相应的最佳控制决策，用决策的结果指导控制作用。专家控制中的问题求解机制可表示为如下的推理模型：

$$U=f(E, K, I)$$

式中：$U=\{u_1, u_2, \cdots, u_m\}$ 为控制器的输出作用集；$E=\{e_1, e_2, \cdots, e_n\}$ 为控制器的输入信息集；$K=\{k_1, k_2, \cdots, k_p\}$ 为知识库中的经验数据和事实集；$I=\{i_1, i_2, \cdots, i_q\}$ 为具体推理机构的输出集；f 为一种智能算子。

智能算子可以一般地表示为：

$$\text{if } E \text{ and } K \text{ then (if } I \text{ then } U)$$

在此，智能算子的含义用了产生式的形式。智能算子 f 的基本含义是：根据输入信息和知识库中的经验数据与规则进行推理，然后根据推理结果 I，输出相应的控制行为 U。f 算子是可解析型和非解析型结合。为使推理机构能实时地在控制空间搜索到目标，既能保证最大限度地发挥控制作用，又能避免搜索不到目标而导致“失控”，因此建立知识库时

必须满足以 E 到 U 的满射。

4. 信息获取与处理

信息获取主要是通过闭环控制系统的反馈信息及系统的输入信息，获取控制系统的误差及误差变化量、系统的特征信息（如超调量、上升时间等）。信息的处理包括必要的特征识别、滤波措施等。

5. 动态数据库

动态库用来存放系统推理过程中用到的数据、中间结果、实时采集与处理的数据。在设计专家控制系统时应根据生产所遇到的被控系统复杂程度建造相应的知识模型、推理策略及控制算法集。

专家控制系统的功能有：

（1）适用于时变、非线性和强干扰。

（2）控制过程可以利用对象的经验知识。

（3）通过修改、增加控制规则，可不断积累知识，改进控制性能。

（4）可以定性地描述控制系统的性能，如“超调小”、“偏差增大”等。

（5）对控制性能可进行解释。

（6）可通过对控制闭环中的单元进行故障检测来获取经验规则。

专家控制引入了专家系统的思想，但与专家系统存在以下区别：

（1）专家系统能完成专门领域问题的咨询功能，辅助用户决策；专家控制能进行独立的、实时的自动决策。专家控制比专家系统对可靠性和抗干扰性有着更高的要求。

（2）专家系统处于离线工作方式，而专家控制要求在线获取动态反馈信息，联机完成控制，即要求在线工作方式。

与一般专家系统相比，专家控制系统在控制领域中特别强调实时性，要求实时控制专家系统应做到：

（1）能确切地表达与时间有关的知识。

（2）存储可显示、能方便地在线修改基本的控制知识。

（3）能进行时序推理、并行推理和非单调推理。

（4）能控制任意的随时间变化的非线性过程。

（5）具有中断处理能力，可处理可能发生的异步事件。

（6）允许用户与系统交互对话，及时获得过程的动态和静态信息，以便对系统进行实时、在线诊断。

（7）与常规的控制器和其他应用软件有良好的接口。

4.2.2 专家控制的分类

按专家控制在控制系统中的作用和功能，可将专家控制器分为：直接型专家控制器和间接型专家控制器。

1. 直接型专家控制器

直接型专家控制器用于取代常规控制器，直接控制生产过程或被控对象，如图 4-3 所示。具有模拟（或延伸、扩展）操作人工智能的功能。该控制器的任务和功能相对比较简单，但是需要在线、实时控制。因此，其知识表达和知识库也较简单，通常由几十条产生式规则构成，以便于增删和修改。

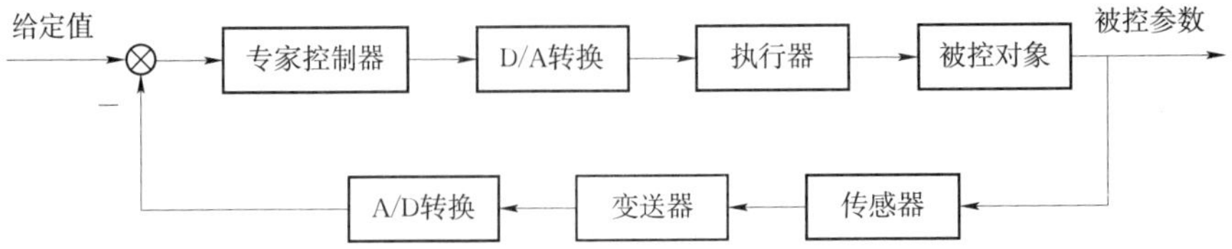

图4-3　直接型专家控制系统

2. 间接型专家控制器（监督专家控制）

间接型专家控制器用于和常规控制器相结合，组成对生产过程或被控对象进行间接控制的智能控制系统，如图4-4所示。具有模拟（或延伸、扩展）控制工程师智能的功能。该控制器能够实现优化适应、协调、组织等高层决策的智能控制。按照高层决策功能的性质，间接型专家控制器可分为以下几种类型：

（1）优化型专家控制器：是基于最优控制专家的知识和经验的总结和运用。通过设置整定值、优化控制参数或控制器，实现控制器的静态或动态优化。

（2）适应型专家控制器：是基于自适应控制专家的知识和经验的总结和运用。根据现场运行状态和测试数据，相应地调整控制规律，校正控制参数，修改整定值或控制器，适应生产过程、对象特性或环境条件的漂移和变化。

（3）协调型专家控制器：是基于协调控制专家和调度工程师的知识和经验的总结和运用。用以协调局部控制器或各子控制系统的运行，实现大系统的全局稳定和优化。

（4）组织型专家控制器：是基于控制工程的组织管理专家或总设计师的知识和经验的总结和运用。用以组织各种常规控制器，根据控制任务的目标和要求，构成所需要的控制系统。

间接型专家控制器可以在线或离线运行。通常，优化型、适应型需要在线、实时、联机运行。协调型、组织型可以离线、非实时运行，作为相应的计算机辅助系统。

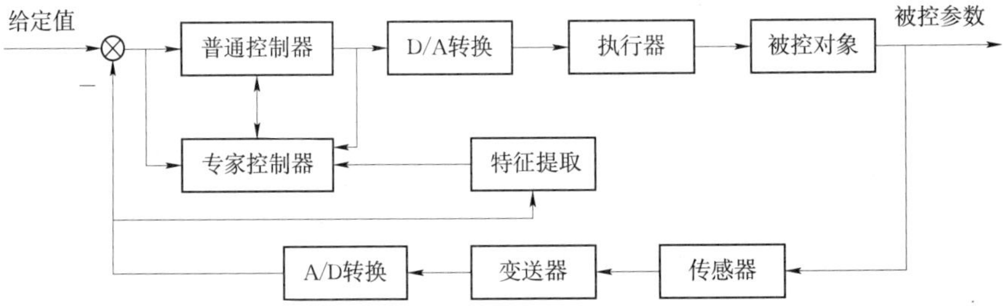

图4-4　间接型专家控制系统

无论哪种专家控制器的设计都必须解决以下几个问题：用什么知识表示方法描述一个系统的特征知识？怎样从传感器数据中获取和识别定性的知识？如何把定性推理的结果量化成执行器定量的控制信号？怎样分析和保证系统的稳定性？怎样获取控制知识和学习规则？

从有待解决的问题中可以总结出专家控制的关键技术：

（1）知识的表达方法。

（2）从传感器中识别和获取定量的控制信号。

（3）将定性知识转化为定量的控制信号。

（4）控制知识和控制规则的获取。

4.3 专家控制系统知识表示

知识表示就是专家控制系统中用来描述控制规则以及其间关系的方法。目前常用的知识表示方法有：语义网络表示法、产生式规则表示法、框架表示法、状态空间表示法、与或图表示法等。

1. 语义网络表示法

语义网络是1968年奎联（J. R. Quaillian）在研究人类联想记忆时提出的一个心理学模型。1972年，Simon正式提出语义网络的概念，讨论了它与一阶谓词的关系，并将语义网络表示法用于自然语言理解系统。

语义网络是通过概念及其相互间语义关系，图解表示知识网络，由节点和弧线（链线）组成，一个最简单的语义网络可由一个三元组（节点1，弧，节点2）表示，如图4-5所示。

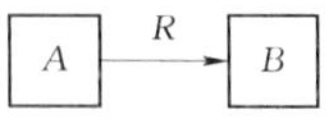

图4-5 基本网元

其中，节点表示事物或事件的概念，节点间用弧线连接，弧上有标记说明语义关系。另外，节点可以是变量，通过增加中间节点可以使语义网络表示多元关系。把多个基本网元用相应的语义联系关联在一起时，就得到一个语义网络，如图4-6所示。

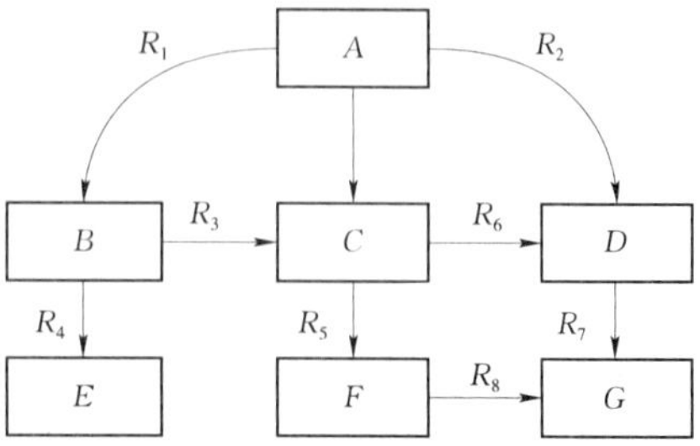

图4-6 语义网络结构

一个三元组（节点1，弧，节点2）可写成P（个体1，个体2），其中个体1、个体2分别对应节点1、节点2，而弧及其上标注的节点1和节点2的关系由谓词P来体现，如：知识“安德鲁和玛丽是朋友”可以表示为一阶谓词形式：Friends（Andrew，Mary），对应的语义网络如图4-7所示。

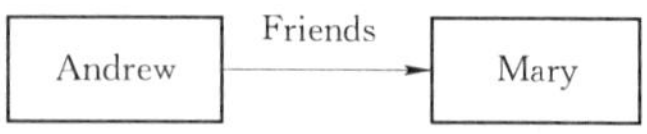

图4-7 “安德鲁和玛丽是朋友”的语义网络表示

语义网络表示方法的特点：

（1）结构性。能把各种事物有机联系起来，比较正确地反映了人类对客观事物的本质认识。

（2）联想性。作为人类联想记忆模型，它着重于表达知识的语义关系，体现了联想思维过程。

（3）信息共享。下层节点可以共享上层节点的某些属性。

（4）自然性。它是一个有向图，直观地描述了事物之间的关系，符合人的习惯。

语义网络表示方法的不足之处：

（1）缺乏推理的严格性，在推理过程中，必须有语义联系的意义。对对象性质的可继承性必须有非常清晰的认识，否则将会引出错误的结论。

（2）不便于表达深层知识，如与时间有关的动态知识等。

2. 产生式规则表示法

产生式规则（Production Rule）表示法，是一个以“如果满足这个条件，就应当采取某些操作”的语句。目前，这一方法已经成为 AI 中应用最多的一种知识表示模型，许多成功的专家系统都采用其来实现知识的表示。如 Stanford 大学费根鲍姆等人研制的化学分子结构专家系统 DENDRAL，Stanford 大学肖特里菲等人研制的诊断传染性疾病的专家系统 MYCIN。

产生式规则表示法适合于表示事实性和规则性知识，具体地可划分为：

（1）确定性规则知识的产生式表示。

基本形式为：

$$\text{if} \quad P \quad \text{then} \quad Q$$

或者：$P \rightarrow Q$

式中：P 是产生式的前提，用于指出该产生式是否可用的条件；Q 是一组结论或操作，用于指出当前提条件 P 所示的条件被满足时，应该得出的结论或应执行的操作。整个产生式的含义为：如果前提 P 被满足，则可 Q 或执行 Q 所规定的动作。例如：

rule：IF　该动物有毛发　THEN　该动物是哺乳动物

这里，“该动物有毛发”是前提 P，“该动物是哺乳动物”是结论 Q。

（2）不确定性规则知识的产生式表示。

基本形式为：

$$\text{if} \quad P \quad \text{then} \quad Q \quad （置信度）$$

或者：$P \rightarrow Q$　（置信度）

这里，置信度（Certainty Factor）的引入，是表示在不确定推理中，当已知事实与前提中所规定的条件不能精确匹配时，只要按照“置信度”的要求达到一定的相似度，就认为已知事实和前提条件相匹配，再按照一定的算法将这种可能性（或不确定性）传递到结论。例如，在专家系统 MYCIN 中有这样一条产生式：

IF　本微生物细菌的染色斑为革兰氏阴性；
　　本微生物的形态呈杆状；
　　本微生物生长需氧。
THEN　该细菌是肠杆菌属，置信度为 0.6

它表示当前提中所列出的条件都满足时，结论“该细菌是肠杆菌属”可以相信的程度是 0.6。

（3）确定性事实性知识的产生式表示。

一般用三元组表示：

（对象，属性，值）　　或者：　　（关系，对象 1，对象 2）

例如，电脑 5000 元钱，表示为（*Computer*，*Price*，5000）。

Mary 和 *Ben* 是朋友，表示为（*Friend*，*Mary*，*Ben*）。

（4）不确定性事实性知识的产生式表示。

一般用四元组表示：

（对象，属性，值，置信度）　　　　或者：　　　（关系，对象 1，对象 2，置信度）

例如上例，电脑可能是 5000 元，表示为（*Computer*，*Price*，5000，0.8）。

Mary 和 *Ben* 不太可能是朋友，表示为（*Friend*，*Mary*，*Ben*，0.1）。

产生式与谓词逻辑中的蕴含式的基本形式相同，但两者有明显的区别：①蕴含式只能表示精确性的知识，其真值或者为真，或者为假。而产生式还可以表示不精确性的知识，没有真值。即，蕴含式只是产生式的一个特殊情况。②当决定一条知识是否可用时，需要检查当前是否存在已知事实与前提所规定的条件相匹配。对于蕴含式，要求匹配总是要精确的。但对于产生式，匹配还可以是不精确的，只要按某种算法求出的相似度落在预先指定的范围内就认为是可匹配的。

一般来说，产生式规则表示法由 3 部分组成，即全局数据库（Global Database）、产生式规则（Sets of Rules）和控制策略（Control Strategies）组成。各部分的关系如图 4－8 所示。

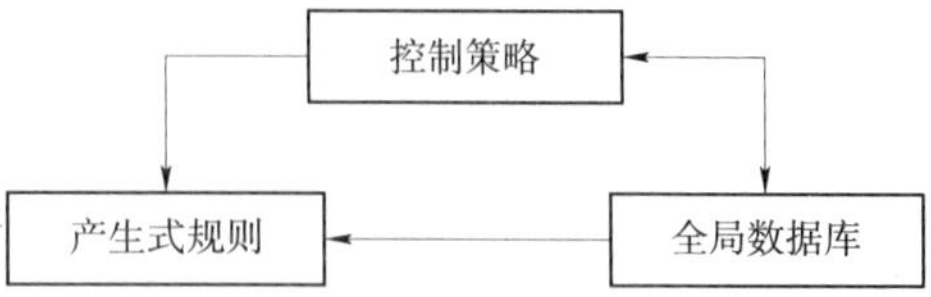

图 4－8　产生式系统的组成

（1）全局数据库。全局数据库又称为综合数据库、事实库、上下文、黑板等，用于存放求解过程中各种当前信息的数据结构，如问题的初始状态、事实或证据、中间推理结论和最后结果等。当产生式规则中某条规则的前提与全局数据库中的某些事实相匹配时，该规则就被激活，并把结论作为新的事实存入全局数据库。

（2）产生式规则。产生式规则是一个规则库，用于存放与求解问题有关的某个领域知识规则的集合及其交换规则。

（3）控制策略。控制策略为一个推理机构，由一组解释程序组成，其作用是用来控制产生式系统的运行，决定问题求解过程的推理线路。通常情况下，从选择规则到执行操作分 3 步完成，即匹配、冲突解决和操作。

1）匹配。把数据库和规则的条件部分相匹配。如果两者完全匹配，则把这条规则称为触发规则。当按规则的操作部分去执行时，把这条规则称为被启用规则。被触发的规则不一定总是被启用的规则。因为可能同时有几条规则的条件部分被满足。

2）冲突解决。当有一个以上的规则条件部分和当前数据库相匹配时，就需要决定首先使用哪一规则，这称为冲突解决。

3）操作。操作就是执行规则的操作部分经过操作以后，当前数据库将被修改。然后，其他的规则有可能被使用。

规则式表示法的特点：

（1）自然性。与人的思维相似，容易理解，便于人机交换信息。

（2）独立性。每一条规则为一基本知识单元，规则之间不互相调用、修改，且增删方便，知识库容易扩充和完善。

（3）一致性。固定格式，易于设计、控制。

（4）有效性。可表示精确和不精确知识。

规则式表示法的不足之处：

（1）效率不高。由于规则库每条规则的独立性，当知识库比较大时，搜索效率变低。

在求解复杂问题时容易引起“组合爆炸”。

（2）能力局限。对于一些结构性知识，规则式表示效率就很低。

3. 框架表示法

1975年，美国著名AI学者Minsky提出了框架（Frame）理论。该理论认为人们对现实世界中各种事物的认识都是以一种类似于框架的结构存储在记忆中的。例如，一个人未走进某火车站候车厅之前，就能根据以往关于对“候车厅”的印象，想象到这个候车厅一定有行李安检系统、旅客候车椅、检票口、列车运行指示牌等。尽管他对本候车厅内行李安检系统的具体方位、旅客候车椅的具体数量、检票口的大小、列车运行指示牌的悬挂位置等还不很清楚，但对候车厅的基本结构是可以预见的，这是因为他通过以往看过的候车厅，已经在记忆中建立了关于候车厅的框架。

当面临一个新事物时，就从记忆中找出一个合适的框架，并根据实际情况对其细节加以修改、补充，从而形成对事物的认识。本例中，当他进入了这个候车厅，就可以获知上述未知情况的细节，将它们添加到候车厅框架中，就得到了候车厅框架的一个具体事例。

（1）框架的构成。框架是一种描述所论对象（一个事物、事件或概念）属性的数据结构。

一个框架由框架名、槽（Slot）、侧面（Faced）和值4部分组成。框架名用以指定某个概念、对象或事件，其下层由若干个“槽”组成，每个“槽”又可划分为若干个“侧面”。槽和侧面所具有的属性值分别称为槽值和侧面值。

一个框架的一般形式为：

＜框架名＞
＜槽名1＞ ＜侧面名11＞ ＜值111＞ …
　　　　 ＜侧面名12＞ ＜值121＞ …
　　　　　　 ⋮
＜槽名2＞ ＜侧面名21＞ ＜值211＞ …
　　　　 ＜侧面名22＞ ＜值221＞ …
　 ⋮　　　　 ⋮
＜槽名 n＞ ＜侧面名 n1＞ ＜值 n11＞ …
　 ⋮　　　　 ⋮

（2）知识表示举例。若要描述某高校“人工智能课程”这一概念，可以考察其具有的几个属性，如课程类别、课程性质（学分、学时、开课学期和考核方式）、授课方式、授课教师（姓名、性别、年龄、职称、部门和研究方向）、授课对象（年级、人数和专业）等。其中，“课程类别”、“课程性质”、“授课方式”、“授课教师”和“授课对象”为“人工智能课程”的槽，而“课程类别”和“授课方式”没有侧面，“课程性质”有4个侧面，“授课教师”有6个侧面，“授课对象”有3个侧面，如果给各个槽和侧面赋以具体的值，就得到“人工智能课程”这一概念的一个实例框架。

框架名：＜人工智能课程＞
　　课程类别：学位课
　　课程性质：学分：2

学时：40
开课学期：第1学期后十周
考核方式：闭卷笔试
授课方式：多媒体、板书相结合
授课教师：姓名：Linda
性别：女
年龄：30
职称：副教授
部门：自动化学院
研究方向：智能控制与人工智能
授课对象：年级：一年级研究生
人数：85
专业：控制理论与控制工程

框架表示法的特点有：

（1）结构性。框架表示法的突出特点在于表达结构性的知识，能够把知识的内部结构关系及知识间的联系表示出来，是一种结构化的知识表示方法。

（2）继承性。框架表示法通过将槽值设置为另一个框架的名字而实现框架间的联系，建立其复杂的框架网络。其中，下层框架可以继承上层框架的槽值，也可以补充和修改，从而减少了知识的冗余，并且很好地保证了知识的一致性。

（3）自然性。框架表示法与人们在观察事物时的思维活动相一致。

4. 状态空间表示法

现实世界中的问题求解过程实际上可以看成是一个搜索或者推理的过程。为了能够有效地求解问题，就要以适当的形式对所求解的问题进行表示。不同的表示方法对同一问题的求解会产生不同的搜索效率。状态空间表示法是一种最基本的问题表示及搜索过程形式化的方法，是讨论问题求解技术的基础。

（1）状态。状态是描述问题求解过程中不同时刻状况的数据结构，一般用一组变量的有序集合表示：$Q=(q_0, q_1, \cdots, q_i)$，$i=0, 1, \cdots, n$。其中 q_i 为状态变量。当每个状态变量得到一个确定值时，就确定了一个具体的状态。

（2）算符。能够引起某些状态变量发生变化，从而使问题由一个状态变为另一个状态的操作称为算符。

（3）状态空间。由表示一个问题的全部状态及一切可用算符构成的集合称为该问题的状态空间。它一般由3部分构成：问题的所有可能状态集合 S；所有算符集合 F；目标状态 D。用一个三元组表示为 (S, F, D)。状态空间的图示形式称为状态空间图，其中节点表示状态；有向边（弧）表示算符。

（4）问题的解。从问题的初始状态 S_0 出发，经过一系列的算符运算，到达目标状态 D，由初始状态到目标状态所有算符的序列就构成了问题的一个解。

用状态空间法表示问题的步骤如下：

1）定义状态的描述形式 $Q=(q_0, q_1, \cdots, q_i)$，$i=0, 1, \cdots, n$。

2）把问题的所有可能状态用所定义的状态描述形式都表示出来，并确定问题的初始状态描述 S_0 和目标状态描述 D。

3）定义一组算符 F，利用这组算符可把问题由一种状态转变为另一种状态。

问题的求解过程是一个不断把算符作用于状态的过程。首先将使用的算符作用于初始状态 S_0，以产生新的状态 S_i，然后再把适用的算符作用于新的状态，这样继续下去，直到产生目标状态 D 为止。从初始状态到目标状态所有算符构成的序列就是所得到的问题的一个解。在所有的解中，通常将适用算符最少的解称为最优解。

5. 与或图表示法

与或图是一种超图，通常表达为树的形式，也称为与或树，它是一种系统地将问题分解为互相独立的小问题，然后分而解决的方法。

与或图中有两种代表性的节点："与节点"和"或节点"。"与节点"指所有的后续节点都有解时它才有解；"或节点"指各个后续节点均完全独立，只要其中有一个有解它就有解。

与或图是人们在求解问题时两种思维方法的直接表现。与树是对求解问题的分解，即将复杂的大问题分解为一组简单的小问题，或将总问题分解为若干子问题，如果所有子问题都得到解决，则总问题也就得到解决了。同样，子问题又可继续分解为更小的子问题，由此即可形成问题分解的与树图，如图 4－9 所示。

或树是将较难的问题变换为若干较简单的等价或等效问题。若其中任何一个转换的问题得到求解，则原来较难的问题也就得到求解。同样，较简单的问题还可继续进一步再等价变换为若干更容易的问题，由此即可形成问题变换的或树，如图 4－10 所示。

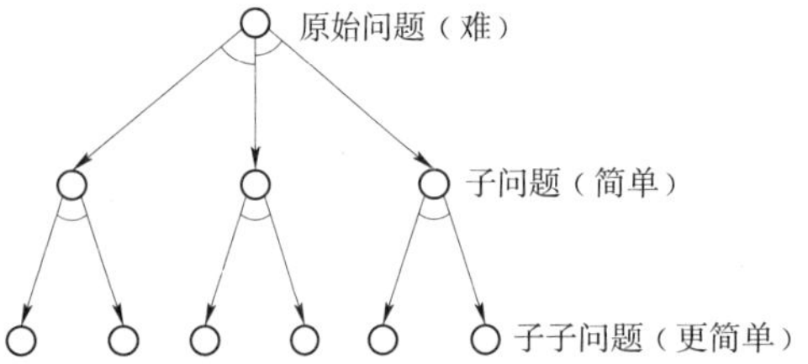

图 4－9　与树问题分解图

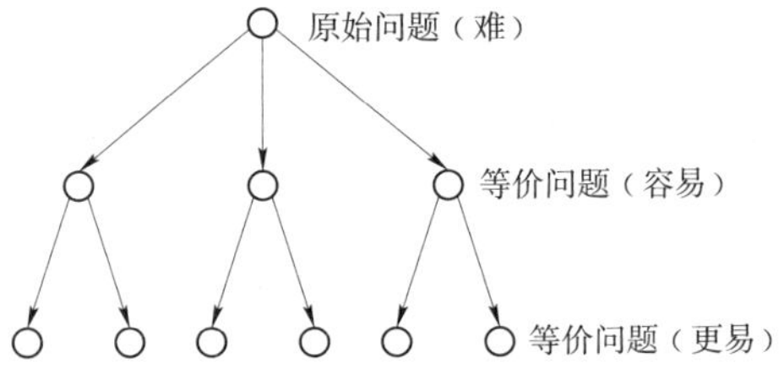

图 4－10　或树问题变换图

对于实际问题求解过程中，往往需要兼用分解和变换两种方法，即采用与树和或树相结合的图——与或图表示法。与或图表示法求解问题的具体实例可参看第 3 章中的数码问题的求解。

4.4　专家控制系统设计

由于专家控制器在模型的描述上采用多种形式，就必然导致其实现方法的多样性。虽然构造专家控制器的具体方法各不相同，但归结起来，其实现方法可分为两类：一类是保持专家控制器的结构特征，但其知识库的规模小，推理机构简单；另一类是以某种控制算法（例如 PID 算法）为基础。引入专家系统技术，以提高原控制器的决策水平。专家控制器结构简单，研制周期短，实时性好，具有广阔的应用前景。

1. 专家控制系统的设计原则

（1）多样化的模型描述。在整个设计过程中，对被控对象和控制器的模型不应局限于单纯的解析模型，应该采用多样化的形式进行描述。

在现有的控制理论中，控制系统的设计仅依赖于被控对象的数学解析模型。而在专家控制器的设计中，由于采用了专家控制系统技术，能够对各种精确的或模糊的信息进行处理，因而允许对模型采用多种形式的描述。这些描述的主要形式有：解析模型、规则模型、模糊模型、离散事件模型和基于模型的模型。

（2）在线处理的灵巧性。在专家控制器的设计过程中，在线信息的处理与利用非常重要。在信息存储方面，针对做出控制决策有意义的特征信息进行记忆，对过时的信息则加以遗忘；在信息处理方面，应把数值计算与运算结合起来；在信息利用方面，应对各种反映过程特性的特征信息加以提取和利用，不要只参考误差和误差的一阶导数。具备处理在线信息的灵活性将提高系统的信息处理能力和决策水平。

（3）控制策略的灵活性。这是设计专家控制器所应遵循的一条重要原则。当工业对象本身发生时变或存在现场干扰时，要求控制器采用不同形式的开环与闭环控制器策略，通过在线获取的信息灵活地修改控制器策略或控制器参数，以确保获得优良的控制品质。此外，专家控制器中还应设计能对异常情况进行处理的适应性策略，以增强系统的应变能力。

（4）决策机构的递阶性。作为模拟人类为核心的智能控制，其控制器的设计应体现分层的原则，即根据智能水平的不同层次构成分级递阶的决策机构。正如人的神经系统是由大脑、小脑、脑干和脊髓组成的一个分层递阶决策系统一样。

（5）推理与决策的实时性。实时性对于工业控制来说是非常重要的，所以对用于工业过程的专家控制器，为了满足工业过程的实时性要求，知识库的规模不宜过大，推理机构应尽可能简单。

2. 直接专家控制系统设计

在直接专家控制中，专家系统直接给出控制信号，影响被控过程。直接专家控制系统根据测量到的过程信息及知识库中的规则，导出每一采样时刻的控制信号。很明显，在这种情况下，专家系统直接包括在控制回路中，每一采样时刻必须由专家系统给出控制信号，系统方可正常运行。直接专家控制系统的专家控制器的结构如图 4-11 所示。

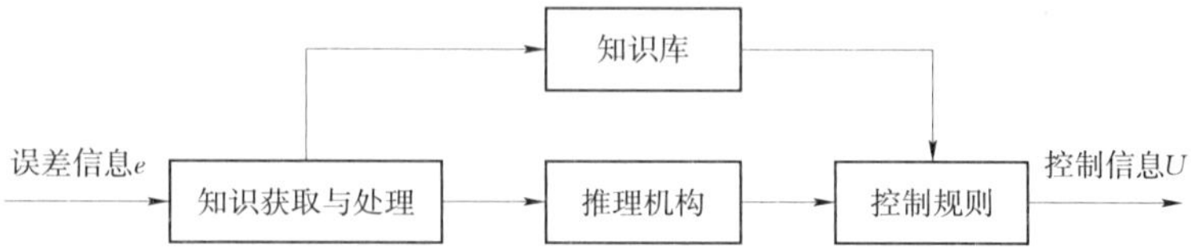

图 4-11 直接专家控制系统的专家控制器结构

（1）知识库建立。在专家控制的设计过程中，知识的表达是一项重要的内容。一般根据工业控制的特点及实时控制要求，采用产生式规则描述过程的因果关系，并通过带有调整因子的模糊控制规则建立控制规则集。

直接专家控制知识模型可用如下形式表示：

$$U=f(E, K, I)$$

式中：f 为智能算子，其基本形式为：

$$\text{if} \quad E \quad \text{and} \quad K \quad \text{then} \quad (\text{if} \quad O \quad \text{then} \quad U)$$

式中：$E=\{e_1, e_2, \cdots, e_m\}$ 为控制器输入信息集；$K=\{k_1, k_2, \cdots, k_n\}$ 为知识库中的经验数据与事实集；$O=\{O_1, O_2, \cdots, O_p\}$ 为推理机构的输出集；$U=\{u_1, u_2, \cdots, u_n\}$ 为控制规则输出集。

智能算子 f 的基本含义是：根据输入信息和知识库中的经验数据与规则进行推理，然后根据推理结果 O，输出相应的控制行为 U。f 算子是可解析型和非解析型的结合。为使推理机构能实时地在控制空间搜索到目标，既能保证最大限度地发挥控制作用，又能避免搜索不到目标而导致“失控”，因此建立知识库时必须满足以 E 到 U 的满射。

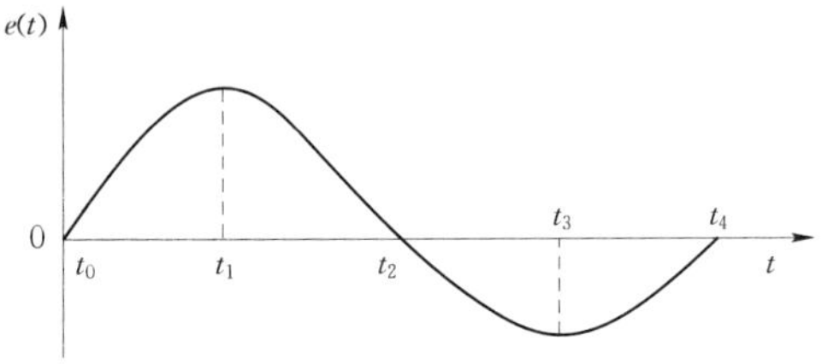

图 4－12 系统误差曲线

（2）控制知识的获取。控制知识（规则、事实）是从控制专家或专门操作人员的操作过程基础上概括、总结归纳而成的。如某个温度专家控制系统的系统误差曲线如图 4－12 所示，说明温度专家控制规则的获取过程。

由图 4－12 系统误差曲线图可得到：

$e(t)\Delta e(t)>0, t\in(t_0, t_1)$ 或 $t\in(t_2, t_3)$

$e(t)\Delta e(t)<0, t\in(t_1, t_2)$ 或 $t\in(t_3, t_4)$

$e(t)\Delta e(t-1)<0$，在 t_1，t_3 处有极值点，$\Delta e(t)\ \Delta e(t-1)>0$，无极值点。

根据以上分析，在系统响应远离设定值区域时，可采用开关模式进行控制，使系统快速向设定值回归；在误差趋势增大时，采取比例模式，加大控制量以尽快校正偏差；在极值附近时减少控制量，直到误差趋势渐小时，保持控制量，靠系统惯性回到平衡点。

选取$\{e(t), e(t)\Delta e(t), \Delta e(t)\Delta e(t-1)\}$作为特征量。控制规则集总结如下：

1）if $e(t)>M1$ then $U(t)=U\max$

2）if $e(t)<-M1$ then $U(t)=0$

3）if $[e(t)\Delta e(t)>0]$ or $[\Delta e(t)=0$ and $e(t)\neq 0]$ and $|e(t)|\geqslant M2$ then $U(t)=U(t-1)+K1\ Kpe(t)$

4）if $[e(t)\Delta e(t)>0]$ or $[\Delta e(t)=0$ and $e(t)\neq 0]$ and $|e(t)|<M2$ then $U(t)=U(t-1)+K2\ Kpe(t)$

5）if $[e(t)\Delta e(t)<0]$ and $[\Delta e(t)\Delta e(t-1)>0$ or $e(t)=0]$ then $U(t)=U(t-1)$

6）if $e(t)\Delta e(t)<0$ and $\Delta e(t)\Delta e(t-1)<0$ and $|e(t)|\geqslant M2$ then $U(t)=U(t-1)+K1K2\ Kpe(t)$

7）if $e(t)\Delta e(t)<0$ and$\Delta e(t)\Delta e(t-1)<0$ and $|e(t)|<M2$ then $U(t)=U(t-1)+K2\ Kpe(t)$

8）if $M1<e(t)\ |<M2$ then $U(t)=K3e(t)$

其中，M1，M2为误差界限，Kp，K3为比例增益，K1，K2为增益系数。

（3）推理方法的选用。实验表明，推理机制的类型与推理速度是密切相关的，而推理类型的选择又与规则库中的知识结构有关。在实时控制中，必须要在有限的采样周期内将控制信号确定出来。直接专家控制可以采用一种逐步改善控制信号精度的推理方式。逐步推理是把专家知识分成一些知识层，不同的知识层用于求解不同精度的解，这样就可以随着知识层的深入、逐步改善问题的解。对于简单的知识结构，可采用以数据驱动的正向推理方法，逐次判别各规则的条件，若满足条件执行该规则，否则继续搜索。

直接专家控制一般用于高度非线性或过程描述困难的场合，传统控制器设计方法在这些场合很难适用。必须指出，直接专家控制系统目前还缺乏一些分析性能的方法，如控制回路的稳定性、一致性分析等。但只要通过基于监控专家系统的严密监控，具有可接受的控制性能和一定学习能力的直接专家控制系统是可以实现的。

3. 间接专家控制系统设计

基于知识的控制器既包含算法又包含逻辑，在这种情况下，系统自然可以按算法和逻辑分离进行构造。系统的最底层可能是简单的PID、Fuzzy等算法，然后将这种算法配上自校正、增益自动调度以及监控等。系统根据一些用规则实现的启发性知识，使不同功能算法都能正常运行。这种专家控制的最大特点是专家系统间接地对控制信号起作用，把这种专家控制称为间接专家控制系统。

（1）专家系统PID控制原理。PID专家控制的实质是，基于受控对象和控制规律的各种知识，无需知道被控对象的精确模型，利用专家经验来设计PID参数。以典型的二阶系统单位阶跃响应为例，它的误差曲线如图4-13所示。对于典型的二阶系统阶跃响应过程作如下分析。

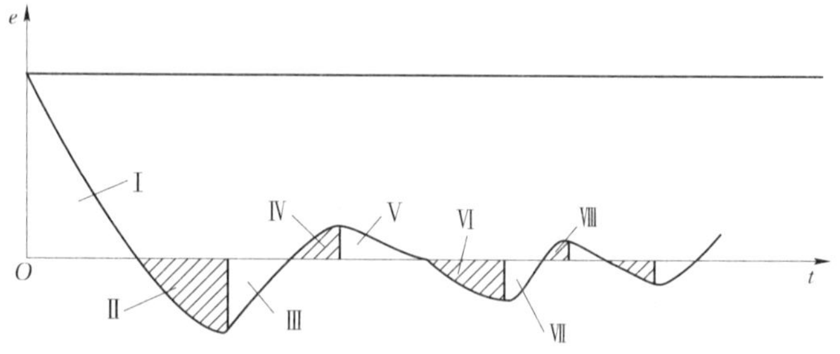

图4-13 二阶系统单位阶跃响应误差曲线

令$e(k)$表示离散化的当前采样时刻的误差值，$e(k-1)$和$e(k-2)$分别表示前一个和前两个采样时刻的误差值，则有：

$$\begin{aligned}\Delta e(k) &= e(k) - e(k-1)\\ \Delta e(k-1) &= e(k-1) - e(k-2)\end{aligned} \tag{4-1}$$

选取$\{e(k), \Delta e(k), \Delta e(k-1)\}$为控制量。

根据误差及其变化，可设计专家PID控制器，该控制器可分为以下5种情况进行设计：

1）当 $|e(k)|>M_1$ 时，说明误差的绝对值已经很大。无论误差变化趋势如何，都应考虑控制器的输出应按最大（或最小）输出，以达到迅速调整误差，使误差绝对值以最大速度减小。此时，它相当于实施开环控制。

2）当 $e(k)\ \Delta e(k)>0$，$\Delta e(k)=0$ 时，说明误差在朝误差绝对值增大方向变化，或误差为某一常值，未发生变化。

此时，如果 $|e(k)|\geqslant M_2$，说明误差也较大，可考虑由控制器实施较强的控制作用，以达到扭转误差绝对值朝减小方向变化，并迅速减小误差的绝对值，控制器输出为：

$$u(k)=u(k-1)+k_1\left\{\begin{aligned}&k_p[e(k)-e(k-1)]+k_ie(k)\\&+k_d[e(k)-2e(k-1)+e(k-2)]\end{aligned}\right\}\tag{4-2}$$

如果 $|e(k)|<M_2$，说明尽管误差朝绝对值增大方向变化，但误差绝对值本身并不很大，可考虑控制器实施一般的控制作用，只要扭转误差的变化趋势，使其朝误差绝对值减小方向变化，控制器输出为：

$$\begin{aligned}u(k)=u(k-1)&+k_p[e(k)-e(k-1)]\\&+k_ie(k)+k_d[e(k)-2e(k-1)+e(k-2)]\end{aligned}\tag{4-3}$$

3）当 $e(k)\ \Delta e(k)<0$，$\Delta e(k)\ \Delta e(k-1)>0$，$e(k)=0$ 时，说明误差的绝对值朝减小的方向变化，或者已经达到平衡状态。此时，可考虑采取保持控制器输出不变。

4）当 $e(k)\ \Delta e(k)<0$，$\Delta e(k)\ \Delta e(k-1)<0$ 时，说明误差处于极值状态。如果此时误差的绝对值较大，即 $|e(k)|\geqslant M_2$，可考虑实施较强的控制作用。

$$u(k)=u(k-1)+k_1k_pe_m(k)\tag{4-4}$$

如果此时误差的绝对值较小 $|e(k)|<M_2$，可考虑实施较弱的控制作用。

$$u(k)=u(k-1)+k_2k_pe_m(k)\tag{4-5}$$

5）当 $|e(k)|<\varepsilon$ 时，说明误差的绝对值很小，此时加入积分，减少稳态误差。

在图 4-13 中，Ⅰ、Ⅲ、Ⅴ、Ⅶ、…区域，误差朝绝对值减小的方向变化。此时，可采取保持等待措施，相当于实施开环控制；Ⅱ、Ⅳ、Ⅵ、Ⅷ、…区域，误差绝对值朝增大的方向变化。此时，可根据误差的大小分别实施较强或一般的控制作用，以抑制动态误差。

用专家系统实现智能 PID 控制的过程，实际上是模拟操作人员调节 PID 参数的判断和决策过程，是将数字 PID 控制方法与专家系统融合起来，从模仿人整定参数的推理决策入手，以经典 Ziegler - Nichols 是现代最优控制整定规则为基础，利用实时控制信息和系统输出信息，将归纳为一系列整定规则，并把整定过程分成预整定和自整定两部分，预整定运用于系统初始投入运行且无法给出 PID 初始参数的场合，自整定运用于系统正常运行时，不必再辨识对象特性和控制参数，只需随对象特性的变化而进行迭代优化的场合。

按上述设计思想，把整个系统分成二级控制，由推理机、知识库、数据库、模式识别、辨识过程特性以及实时控制部分组成。

（2）知识模型和知识库的建立。

1）PID 参数的预整定算法。参数预整定是基于对象动态特性的辨识，估测对象的数学模型，在某种指标下，得到参数 K_p、T_i、T_d，以此作为专家系统投入运行的初始参数，对预整定，采用改进的 Ziegler - Nichols 算法如下：

设受控过程参数估计离散传递函数模型为：

$$G(z^{-1})\ =\frac{Y(z)}{U(z)}=\frac{b_1z^{-1}+b_2z^{-2}+\cdots+b_mz^{-m}}{1+a_1z^{-1}+\cdots+a_mz^{-m}}z^{-d}\mathrm{A}\ \frac{B(z^{-1})}{A(z^{-1})}z^{-d}$$

设闭环特征方程为：

$$D(z^{-1})\ =1+K_p\frac{B(z^{-1})}{A(z^{-1})}z^{-d}=0$$

即：

$$A(z^{-1})\ +K_pB(z^{-1})\ z^{-d}=0$$

两边同乘以 z^{m+d} 得：

$$D(z^{-1})\ =z^{m+d}+c_{m+d-1}z^{m+d-1}+\cdots+c_1z+c_0=0$$

根据根轨迹共轭复数极点与单位圆的交点即为临界振荡点，解下列方程：

$$\det(x-y)\ =0$$

其中：

$$y_{m+d-1}=\begin{bmatrix}0 & 0 & \cdots & c_0\\ 0 & \vdots & \cdots & c_1\\ \vdots & \vdots & \vdots & \vdots\\ c_0 & c_1 & \cdots & c_{m+d-1}\end{bmatrix},\quad y_{m+d-1}=\begin{bmatrix}1 & c_{m+d-1} & \cdots & c_3 & c_2\\ 0 & 1 & \ddots & \vdots & c_3\\ \vdots & \ddots & \ddots & \ddots & \vdots\\ 0 & 0 & \ddots & \ddots & c_{m+d-1}\\ 0 & 0 & \cdots & 0 & 1\end{bmatrix}$$

由解方程 $\det(x-y)\ =0$，找出所有解中最小正值，该最小值即为闭环振荡的临界增益 K_c，可求出对应的复数解 $z_c=x_c+\mathrm{j}y_c$。根据 z 变换的定义 $zT_s=\mathrm{e}T\ (\delta+\mathrm{j}\omega)$ 在稳定极限振荡情况下 $\delta=0$ 则：

$$z=\mathrm{e}^{\mathrm{j}\omega T}=\cos\omega T+\mathrm{j}\sin\omega T$$

与复数解 z 比较可得临界振荡频率为：

$$\omega_c=\frac{1}{T}\mathrm{arcot}\ \frac{y_c}{z_c}$$

相应的临界振荡周期为：

$$T_c=\frac{2\pi}{\omega_c}=\frac{2\pi T}{\mathrm{arcot}\ \dfrac{y_c}{z_c}}$$

得出的临界增益 K_c 和临界周期 T_c 作为调节器的初始预整定值，至此得到一组预整定参数如表 4-1 所示。

表 4-1　　预 整 定 参 数

控制方案	K_p	T_i	T_d
PI	$0.45K_c$	$0.85T_c$	
PID	$0.6\ K_c$	$0.5T_c$	$0.12T_c$

2）实时控制规则和参数调整规则的建立。数学模型与知识模型的结合是构成专家智能 PID 控制的基础，正确处理控制模态的选择与决策推理之间关系是实现理想智能控制的关键。因此，可根据长期以来人们在 PID 控制应用积累的控制理论和经验知识，为专家智

能控制系统的知识库构造出一种广义知识模型（数学模型＋知识模型），归纳出控制规则集和参数自校正规则集，以建立起知识库。归纳出如下控制规则：

a. if $\{e(t)>M_1R\}$ then $u(t)=u_{\max}$

b. if $\{e(t)\leqslant M_1R\}$ then $u(t)=u_{\min}$

c. if $\{[-R<e(t)<R]$ and $[e(t)\dot{e}(t)<0]$ and $[|e(t)/\dot{e}(t)|>a_1]\}$ then $u(t)=u(t-1)+K_p(t)e(t)$

d. if $\{[M_2<|e(t)|\leqslant M_3]$ and $[e(t)\dot{e}(t)<0]\}$ then $\begin{bmatrix}K_p(t)=0.45K_c\\T(t)_i=0.85T_c\\T_d(t)=0.12T_c\end{bmatrix}$

e. if $\{[M_3<|e(t)|\leqslant M_4]$ and $[e(t)\dot{e}(t)<0]\}$ then $\begin{bmatrix}K_p(t)=0.6K_c\\T_i(t)=T_i(t-1)\\T_d(t)=T_d(t-1)\end{bmatrix}$

f. if $\{[|e(t)|<M_5]$ and $[e(t)-e(t-1)<\varepsilon_1]\}$ then $\begin{bmatrix}K_p(t)=0.89K_p(t-1)\\T_i(t)=T_i(t-1)\\T_d(t)=T_d(t-1)\end{bmatrix}$

g. if $\{[|e(t)|\leqslant M_5]$ and $[e(t)-e(t-1)>\varepsilon_1]\}$ then $\begin{bmatrix}K_p(t)=0.35K_p(t-1)\\T_i(t)=0.5T_i(t-1)\\T_d(t)=T_d(t-1)\end{bmatrix}$

h. *if* $\{[|e(t)|<M_6]$ and $[e(t)-e(t-1)<\varepsilon_2]\}$ then $\begin{bmatrix}K_p(t)=K_p(t-1)\\T_i(t)=0.5T_i(t-1)\\T_d(t)=T_d(t-1)\end{bmatrix}$

i. if $\{[|e(t)|\leqslant M_6]$ and $[e(t)-e(t-1)>\varepsilon_2]\}$ then $\begin{bmatrix}K_p(t)=K_p(t-1)\\T_i(t)=0.85T_i(t-1)\\T_d(t)=T_d(t-1)\end{bmatrix}$

j. if $\{[|e(t)|>M_6]$ and $[|e(t)|>|e(t-1)|]\}$ then $\begin{bmatrix}K_p(t)=K_p(t-1)\\T_i(t)=0.2T_i(t-1)\\T_d(t)=0.12T_d(t-1)\end{bmatrix}$

⋮

式中，$e(t)$ 表示系统误差，表示误差变化率；对于常数 R，$M_1\sim M_6$，ε_1，ε_2，a 参数均根据要求的性能指标和专家理论知识和经验确定，并在调试过程中修改，以达到期望值。

3）推理机控制策略。本系统在线运行时是采取正向推理，它从原始数据出发向控制目标方向推理，系统首先采集信息模式识别预处理器和知识库提供的一组前提条件事实，然后搜索知识库中与此前提条件相匹配的控制规则，若匹配成功，并是状态目标，就完成该规则结论的一系列控制动作；若不匹配则继续搜索可以匹配的规则，直到达到目标状态为止。

【例 4-1】　试求三阶传递函数的阶跃响应，其中传送函数如下所示：

$$G_p(s)=\frac{523500}{s^3+87.35s^2+10470s}$$

对象采样时间为1ms。采用专家PID设计控制器。在仿真过程中，ε取0.001，程序中的5条规则与4.4节公式（4-1）～式（4-5）的5种情况相对应。

基于Matlab实现的专家PID控制程序段如下：

```
clear all;
close all;
ts=0.001;
sys=tf(5.235e005,[1,87.35,1.047e004,0]);
dsys=c2d(sys,ts,'z');
[num,den]=tfdata(dsys,'v');
    参数初始化程序段
u_1=0;u_2=0;u_3=0;y_1=0;y_2=0;y_3=0;
x=[0,0,0]';x2_1=0;error_1=0;
kp=0.6;ki=0.03;kd=0.01;
    控制程序段
for k=1:1:500
time(k)=k*ts;
r(k)=1.0;                          %  给定信号
u(k)=kp*x(1)+kd*x(2)+ki*x(3);     %PID控制器输出
    专家控制规则程序段
if abs(x(1))>0.8          %规则1:开环控制
    u(k)=0.45;
elseif abs(x(1))>0.40
    u(k)=0.40;
elseif abs(x(1))>0.20
    u(k)=0.12;
elseif abs(x(1))>0.01
    u(k)=0.10;
end
if x(1)*x(2)>0|(x(2)==0)             %Rule2
    if abs(x(1))>=0.05
        u(k)=u_1+2*kp*x(1);
    else
        u(k)=u_1+0.4*kp*x(1);
    end
end
if (x(1)*x(2)<0&x(2)*x2_1>0)|(x(1)==0)     %Rule3
```

```
    u(k)=u(k);
end
if x(1)*x(2)<0&x(2)*x2_1<0     %Rule4
    if abs(x(1))>=0.05
        u(k)=u_1+2*kp*error_1;
    else
        u(k)=u_1+0.6*kp*error_1;
    end
end
if abs(x(1))<=0.001     %Rule5:Integration (separation PI control)
    u(k)=0.5*x(1)+0.010*x(3);
end
```

控制器输出值限定程序段

```
if u (k)>=10
   u(k)=10;
end
if u (k)<=-10
   u(k)=-10;
end
```

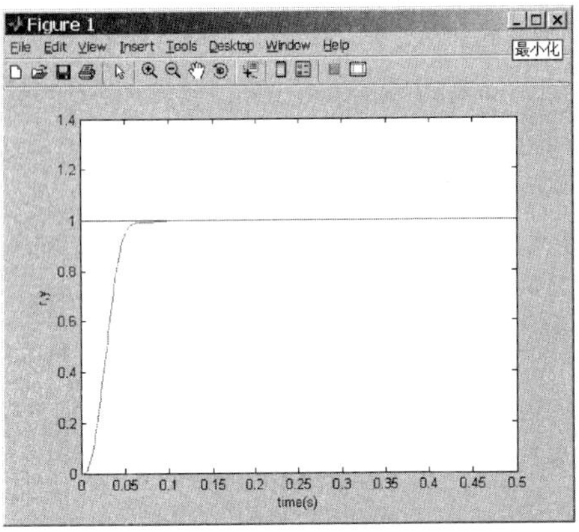

图 4-14 专家 PID 控制阶跃响应曲线

过程参数更新程序段

```
u_3=u_2;u_2=u_1;u_1=u(k);
y_3=y_2;y_2=y_1;y_1=y(k);
x(1)=error(k);                    %计算 P
x2_1=x(2);
x(2)=(error(k)-error_1)/ts;     %计算 D
x(3)=x(3)+error(k)*ts;            %计算 I
error_1=error(k);
end
```

专家 PID 控制阶跃响应曲线如图 4-14 所示。

第 5 章　混沌理论初步与混沌控制

混沌运动是自然界中的一种普遍运动形式。按照牛顿力学理论，如果给定物体的位置和速度这些初始条件，就可以求出物体以后任何时刻的位置和速度。这一思想经拉普拉斯推广，表述为一种普适的确定论思想，并使人们坚信：对一个确定性动力系统施加确定性的输入，则该系统的输出一定是确定的。对于线性系统来说，这一结论是正确的，但对于某些非线性系统，则可能出现一种无法精确重复、又貌似随机的运动，这就是混沌。混沌理论是确定论和概率论之间由此及彼的一架桥梁。混沌现象的发现是人类认识自然的又一次飞跃。因此也有人将混沌理论、相对论和量子力学一起誉为 20 世纪物理学的三大革命。

5.1　混　沌　理　论

5.1.1　混沌研究的起源与发展

最早发现混沌现象的是法国数学家庞加莱。1892 年，庞加莱在研究三体（两颗行星、一颗卫星）问题时发现，在同宿轨道或者异宿轨道附近，方程的解的状况非常复杂，即使对于给定的初始条件，也无法预测较长时间以后的轨道的状态。这种对于轨道长时间行为的不确定性就是半个世纪后数学家和物理学家所称的“混沌”。1903 年，庞加莱在《科学与方法》一书中明确指出，三体问题，在一定范围内，其解是随机的。这实际上是一种保守系统的混沌。庞加莱把动力学系统和拓扑学两大领域结合起来，指出了混沌存在的可能性。

1954 年，前苏联数学家卡尔马高洛夫（Kolmogorov）在阿姆斯特丹举行的国际数学会议上提出“近似可积的保守系统具有非常复杂的相轨线”的猜想。后来他的学生阿诺德（Arnold）做出了严格的证明，莫塞尔（Moser）又推广了这些结果。这就是以他们的姓氏的字头命名的 KAM 定理。

20 世纪 60 年代开始，人们开始探索科学上的莫测之谜，从而使混沌科学得到了迅速的发展。

1963 年，美国气象学家洛仑兹（Lorenz）在《大气科学》杂志上发表了“决定性的非周期流”一文，指出在气候不能精确重演与长期天气预报者无能为力之间必然存在着一种联系，这就是非周期性与不可预见性之间的联系。他还认为一串事件可能有一个临界点，在这一点上，小的变化可以放大为大的变化。这些研究清楚地描述了“对初始条件的敏感性”这一混沌的基本性态。

他采用数值积分法计算下列三维自治系统（后人称为洛仑兹系统）的初值问题时发

现，当系统参数取为 $\alpha=10$、$\beta=8/3$、$\gamma=28$ 时，系统的相轨迹呈蝴蝶形状，既不重复也无规律，并且与初值无关。

$$\begin{bmatrix}\dot{x}\\ \dot{y}\\ \dot{z}\end{bmatrix}=\begin{bmatrix}-\alpha & \alpha & 0\\ \gamma & -1 & 0\\ 0 & 0 & -\beta\end{bmatrix}\begin{bmatrix}x\\ y\\ z\end{bmatrix}+\begin{bmatrix}0\\ -xz\\ xy\end{bmatrix}$$

洛伦兹第一次在确定性动力系统中发现了非确定性现象，成为混沌研究的里程碑。

1964 年，法国天文学家赫农（Henon）提出 Henon 映射，并以此解释了几个世纪遗留下来的太阳系的稳定性问题。

20 世纪 70 年代，混沌学正式诞生。科学家们对混沌作了大量的研究工作。1971 年法国物理学家如勒（Ruelle）和荷兰数学家塔肯斯（Takens）提出了“奇异吸引子”概念以解释湍流的发生机制。

1975 年，美籍华人学者李天岩和美国数学家约克（Yorke）在《America Mathematics》杂志上发表了“周期三意味着混沌”的著名文章，深刻揭示了从有序到混沌的演变过程。“混沌”一词正式成为科学词汇。

1976 年，美国数学生态学家梅（May）在《自然》杂志上发表了“具有极复杂动力学的简单数学模型”一文，提出一些简单的确定性数学模型也可以产生极其复杂的动力学行为，并展示了 Logistic 映射（也称人口/虫口模型）的复杂动力学行为。

1977 年，第一次国际混沌会议在意大利召开，标志着混沌科学的诞生。

1978 年，美国物理学家费根鲍姆（M. J. Feigenbaum）在《统计物理学杂志》上发表了关于普适性的文章“一类非线性变换的定量的普适性”，并发现了从倍周期分岔通往混沌道路上的两个普适常数，为混沌研究打下了坚实的理论基础。

在 20 世纪 80 年代，混沌科学又得到进一步发展，人们对混沌运动和混沌控制的研究掀起了新的高潮。

1980 年，美国数学家芒德勃罗（B. Mandelbrot）用计算机绘出了第一张 Mandelbrot 集的图像，这是一张五彩缤纷，绚丽无比的混沌图像。后来，德国的 P. Richter 教授和 H. Peitgen 教授共同研究分形流域的边界，作出了精美绝伦的混沌图像，使混沌图像成为精致的艺术品，拓展了混沌科学的一个重要应用领域。

1983 年，加拿大物理学家 L. Glass 在《物理学》杂志上发表著名文章“计算奇异吸引子的奇异程度”，开创了全世界计算时间序列维数的热潮。

1984 年，中国著名的混沌科学家郝柏林编辑的《混沌》一书在新加坡出版，为混沌科学的发展起到了一定的推动作用。

1986 年，中国第一届混沌会议在广西桂林召开。中国科学家徐京华在全世界第一个提出三种神经细胞的复合网络，并证明它存在混沌。徐京华所提出的复合神经网络活动规律所绘的图形与人的脑电图极为相似，一旦脑混沌破坏，人将病死。

在 20 世纪 90 年代，混沌的研究推动了其他学科的发展，而其他学科的发展又反过来促进了对混沌的深入研究。现在混沌科学与其他科学相互渗透。无论是在生物学、生理学、心理学、数学、物理学、化学、电子学及信息科学，还是天文学、气象学、经济学，甚至在音乐、艺术等领域，混沌都得到了广泛的应用。

5.1.2 混沌的基本特性

混沌是指在确定性系统中出现的一种貌似无规则的，类似随机的现象。由于混沌系统的奇异性和复杂性至今尚未被人们彻底揭示，因此混沌的定义至今还未统一。这里仅从混沌系统通常所具有的基本特性来认识和了解混沌。

通常，确定性动力系统有 3 种定常状态：平衡态、周期运动和准周期运动。而混沌运动不同于上述 3 种运动，它是一种不稳定的有限定常运动，局限于有限区域但轨迹永不重复，也可认为是周期无穷大的周期运动。混沌运动具有如下的独特特征：

1. 有界性

无论混沌系统内部运动如何复杂和不稳定，但混沌的轨线始终限定在一个确定的混沌吸引域内，并且永远不会越过该区域。因此从整体上说，混沌系统是稳定的。

2. 遍历性

混沌运动在其吸引域内是各态历经的，混沌能够不重复地历经混沌区内的所有状态。

3. 初值敏感性

无限小的初值变动或微小扰动，在足够长的时间以后，会使系统彻底偏离原来的演化方向。这种性质的一个著名表述就是蝴蝶效应："一只巴西蝴蝶拍拍翅膀，将使美洲几个月后出现比狂风还厉害的龙卷风。"其原因在于：蝴蝶翅膀的运动，导致其身边的空气系统发生变化，并引起微弱气流的产生，而微弱气流的产生又会引起它四周空气或其他系统产生相应的变化，由此引起连锁反应，最终导致其他系统的极大变化。

蝴蝶效应的姊妹效应很多。如"千里之堤，溃于蚁穴"也是一种混沌现象。可称之为"蚁穴效应"。控制论的创立者维纳曾引用一首民谣对混沌现象作了生动描述：丢失一个钉子，坏了一只蹄铁；坏了一只蹄铁，折了一匹战马；折了一匹战马，伤了一位骑士；伤了一位骑士，输了一场战斗；输了一场战斗，亡了一个帝国。这可称为"蹄钉效应"。蹄钉效应对混沌现象小误差的繁殖、生长和逐级放大的特点描绘得尤其逼真。

4. 内随机性

混沌具有类似随机运动的杂乱表现，但这种表现与通常的随机性又有所不同。它是由确定性动力系统在施加确定性的输入后产生的类似随机的运动状态，是由混沌系统对初值敏感性造成的，体现了混沌系统的局部不稳定性。

5. 分维性

混沌系统的运动轨线的维数不是整数，而是分数，称为分维。混沌吸引子是一种分维几何体。混沌运动具有无限层次的自相似结构，说明混沌运动是有一定规律的，这是与随机运动的重要区别之一。

6. 无标度性

混沌是一种无周期性的有序态，具有无限层次的多重性与不同层次规则性的统一。存在无标度区域，即只要数值计算精度或实验分辨率足够高，则可以发现小尺寸混沌的有序运动，与大尺寸的变化相似。

7. 普适性

不同系统在趋于混沌时会表现出某些共同特性，其特征不因具体系统和系统运动方程的差异而变化，称为普适性。普适性是混沌内在规律性的体现。

5.1.3　通往混沌的道路

混沌运动是确定性非线性动力系统所特有的复杂运动状态，而且只有当系统参数处于某一范围时，混沌运动才可能发生。通常，通往混沌的道路有倍周期分岔道路、阵发（间歇）道路、准周期道路和激变 4 种方式。

1. 倍周期分岔道路

倍周期分岔是指由于系统某一参数的变化，周期响应会分岔成为具有两倍周期的新周期响应。其基本途径是：不动点→2 周期点→4 周期点→…→无限倍周期凝聚→奇异吸引子。

费根鲍姆于 1978 年发现了从倍周期分岔通往混沌道路上的两个普适常数，因此倍周期分岔道路也称为费根鲍姆道路。

2. 阵发（间歇）道路

1980 年法国科学家 Pomeau 和 Manneville 提出了该条通往混沌的道路，因此也称为 PM 阵发道路。

阵发性一词来源于湍流理论。在研究混沌中使用阵发性表示系统的时域响应随着参数变化而出现了规则与不规则运动随机交替，随着参数的继续变化，不规则运动所占时间段越来越长，最后系统完全进入不规则运动。由于不能指出何时出现混沌运动，因此相应的数学根据并不很准确。但数值实验和物理实验中都已证实了间歇性的存在。

3. 准周期道路

准周期道路又称为茹勒一塔肯斯道路。当系统发生湍流时，其显著特点是系统同时存在着多种频率的振荡。因此由于某些参数的变化使得系统内有不同频率的振荡相互耦合时，系统就会产生一系列新的耦合频率的运动而导致混沌。茹勒和塔肯斯两人在 1971 年以及纽豪（Newhause）在 1978 年分别用实验证明了实际上在 3 次分岔后，规则运动就变得高度不稳定而进入混沌，其典型途径是：不动点（平衡态）→极限环（周期运动）→二维环面（准周期运动）→奇异吸引子（混沌运动）。

4. 激变

激变是指混沌吸引子的数目或者尺寸在系统控制参数缓慢变化时发生跃变的现象。激变可分为边界激变、内部激变和合并激变 3 种情况。边界激变是指混沌吸引子突然出现或消失；内部激变是指混沌吸引子尺寸突变；合并激变是指多个混沌吸引子突然合并或一个混沌吸引子突然分裂。产生激变的前提是系统同时具有混沌吸引子和鞍型不动点。如果不动点的稳定流行是混沌吸引子的吸引域边界，随着系统参数的变化，混沌吸引子与不动点稳定流形间距离不断减小，最终与其相接触。这时混沌吸引子及其吸引域自然一起遭到破坏而消失，即为边界激变。内部激变则是由于随着系统参数变化，混沌吸引子在其吸引域内与鞍型不动点相接触，引起吸引子尺寸的突变。合并激变是多个混沌吸引子在其吸引域公共边界上与鞍型不动点相接触，合并为一。随着系统参数的变化，吸引性混沌与非吸引性混沌会经过激变相互转化。

5.1.4 混沌的识别

判断系统是否处于混沌状态对于正确认识事物的规律具有重要的意义。目前人们已经提出几种常用的混沌识别方法，大致可分为定性分析和定量计算两类方法。对于指定系统混沌识别的关键在于应用多种方法相互补充和印证。

5.1.4.1 定性分析法

1. 直接观测法

利用动力学系统的数值运算结果绘制出相轨迹图，以及状态变量随时间变化的历程图。根据轨迹的形状对系统的性质进行定性分析和判断。通常，周期运动的相轨迹为封闭曲线，而混沌运动的相轨迹为在一定区域内随机分布的永不封闭的轨迹。该方法可以确定分岔点和普适常数，物理图像清楚、直观，尤其是对阵发混沌更是一个很直接的分析方法。

2. 分频采样法

对于周期外力作用下的非线性振子，研究其倍周期分岔和混沌现象，可采用分频采样法。分频采样方法是实验物理或非线性振动理论中闪烁采样法的简单推广。即不限于按控制频率的基本周期采样，而是按适当分频（即倍周期）采样。分频采样法是目前辨认长周期混沌带的最有效方法。

分频采样方法具有和快速傅氏变换一样的两个缺点：一是解释不唯一，二是不能分辨比采样频率更高的频率。从实用角度看，分频采样方法的限制仅仅是机器字长和计算时间。

3. 庞加莱截面法

对于含多个状态变量的自治微分方程系统，可采用庞加莱截面法进行分析。其基本思想是：在多维相空间中适当选取一截面，在此截面上对某一对共轭变量取固定值，该界面称为庞加莱截面。每当轨道按一定方向穿过该面，就将相应的交点记录下来，这样就得到一个离散点列。于是连续运动在该平面中就表现为离散点的映像，这就是庞加莱映像。庞加莱映象是研究分岔与混沌问题的重要手段。

分析运动轨迹与庞加莱截面的交点（庞加莱点）可得到系统运动特性的信息。相空间中不同的初值可能对应不同的运动类型，这对于保守系统尤其如此。只要运动是有界的，轨道穿过一次庞加莱截面后，迟早会第 2 次、第 3 次、第 n 次穿过。

若不考虑系统初始阶段的暂态过程，只考虑庞加莱截面上的稳态图像，则当庞加莱截面上只有一个不动点或少数离散点时，运动是周期的；当庞加莱截面上是一闭合曲线时，运动是准周期的；当庞加莱截面上是成片的密集点且有层次结构时，运动是混沌的。

庞加莱截面将连续运动降为低维的离散映象。特别是对没有确定的频率可作控制参数的系统，庞加莱截面成为研究它们的主要手段。

截面位置的选择很重要，通常应经过原来稳定而后失稳的不动点附近，才能反映出现分岔和混沌的过程。由于分岔序列往往伴随着在不同几何尺度上重复的层次结构，原则上可以靠分割和限制空间范围与采样间隔来提高分辨能力。

4. 相空间重构法

当系统的数学模型未知时，上述分析混沌行为的方法就不再适用了。此时可考虑采用相空间重构理论进行动力系统分析。

相空间重构的概念最早出现在统计学领域中，后被 Packard，Ruell，Takens 等先后引入动力学体系中。相空间重构可把具有混沌特性的时间序列重建为一种低阶非线性动力学系统。

对于某动力系统，一般可以通过实验方法观测得到一组单变量的时间序列 $\{x(t_i)\}$，通过式（5-1），可以构造出一个与原系统等价的 m 维吸引子，从而来研究这个时间序列的动力学模型。

$$\boldsymbol{X}(t)=[x(t),x(t+\tau_d),x(t+2\tau_d),x(t+3\tau_d),\cdots,x(t+(m-1)\tau_d)]^{\mathrm{T}} \tag{5-1}$$

式中：m 为嵌入维数；τ_d 为重构相空间矢量 $\boldsymbol{X}(t)$ 相邻两个坐标之间的延迟时间；“T”表示转置。

如果重构的相空间比较合适，那么分数维以及 Lyapunov 指数等一些拓扑不变量就可以得到保留，从而就可以对原系统的动力学行为进行研究。重构相空间的轨迹也可反映系统运动状态的演化规律。对于定态，重构相空间中的轨迹是一个定点；对于周期运动，重构相空间的轨迹是有限个点；而对于混沌运动，重构相空间中的轨迹是一些具有一定分布形式或结构的离散点。

假设原动力系统吸引子维数为 d，Takens 也已证明，在数据无穷多且不受噪声污染的理想情况下，如果 $m\geqslant 2d+1$ 时，重构的相空间才可以将动力系统的拓扑性质保留下来。对于延迟时间，嵌入理论没有做出具体的要求，也没有提出具体的选择方法。

实验研究表明，如果延迟时间 τ_d 选取的太小，相空间矢量 $\boldsymbol{X}(t)$ 的相邻延迟坐标元素［如 $x(t)$ 与 $x(t+\tau_d)$］差别太小，即冗余较大，重构相空间的样点所包含的关于原吸引子的信息偏小，表现在相空间形态上为信号轨迹向相空间主对角线压缩，如果 τ_d 太大，相空间矢量 $\boldsymbol{X}(t)$ 的相邻延迟坐标元素不相关，则信息丢失，信号轨迹就会出现折叠现象。因此，要求延迟时间既不能太小，也不能太大。

为了重构一个合适的相空间，必须选择一个合适的延迟时间 τ_d 和嵌入维数 m。人们从不同的角度出发，已经提出了很多种选择延迟时间的方法，但到目前为止，还没有一种通用有效的方法。相空间重构参数的选择仍然是一个当前的热点研究问题。

5.1.4.2　定量分析法

1. Lyapunov 指数分析方法

Lyapunov 指数在表征系统的混沌性质方面一直起着重要的作用。Lyapunov 指数是描述一条轨道或（一个不变集）随时间演化的拉伸或收缩的不变程度，或者是邻近轨道的分离程度。当系统中存在混沌运动时，至少有一个 Lyapunov 指数为正。一个正的 Lyapunov 指数意味着在系统相空间中，无论初始两条轨线的间距多么小，其差别都会随着时间的演化而成指数率的增加以致达到无法预测，这就是混沌现象。

对于一个耗散系统来说，其相体积一般是要逐渐收缩的。这样，在耗散系统中的混沌运动存在着两个相反的过程，一方面是对相空间整体来说，远处的轨道趋向收缩到有限的吸引子范围内；另一方面是对相空间具体点附近的局部来说，它使靠近的轨道相互排斥。这样，所有的轨道最终集中在相空间的有限范围内，既相互靠拢又相互排斥，经过无数次地来回折叠，形成复杂的混沌运动形态。

对于一般的 n 维离散动力系统，定义 Lyapunov 指数如下：

【定义 5-1】 设 $\boldsymbol{F}$ 是 $\boldsymbol{R}^n \to \boldsymbol{R}^n$ 上的 n 维映射，决定一个 n 维离散动力系统：

$$x_{t+1}=F(x_t)$$

将系统的初始条件取为一个无穷小的 n 维的球，由于演变过程中的自然变形，球将变为椭球。将椭球的所有主轴按其长度顺序排列，那么第 i 个 Lyapunov 指数根据第 i 个主轴的长度 $P_i(t)$ 的增加速率定义为：

$$\sigma_i=\lim_{t\to\infty}\frac{1}{t}\ln\left[\frac{P_i(t)}{P_i(0)}\right],\ i=1,\ 2,\ \cdots,\ n$$

这样，Lyapunov 指数是与相空间的轨线收缩或扩张的性质相关联的，在 Lyapunov 指数小于零的方向上轨道收缩，运动稳定，对于初始条件不敏感；而在 Lyapunov 指数为正的方向上，轨道迅速分离，对初值敏感。椭球的主轴长度按 e^{σ_1} 增加，由前 2 个主轴定义的区域面积按 $e^{(\sigma_1+\sigma_2)}$ 增加，由前 3 个主轴定义的体积按 $e^{(\sigma_1+\sigma_2+\sigma_3)}$ 增加……即 Lyapunov 指数的前 j 个指数的和由前 j 个主轴定义的 j 维立体体积指数增加的长期平均速率确定。

1983 年，格里波基证明只要最大 Lyapunov 指数大于零，就可以肯定混沌的存在。因此在许多实际问题中，往往不需要计算所有 Lyapunov 指数谱，而只要计算最大的 Lyapunov 指数就足够了。

Lyapunov 指数的常用计算方法有 Wolf 方法、Jacobian 方法以及小数据量方法等。

2. *功率谱分析法*

功率谱可从频域特性分析系统的运动状态。周期运动的功率谱是离散的，仅包括基频和其谐波或分频。随机白噪声和混沌的功率谱则是连续的，混沌序列的功率谱具有连续性和宽峰特性。但在实际中，对于受到噪声影响，或者周期很长但数据有限的序列，很难从谱特征上区分其运动模式。

计算信号功率谱的方法可以分为两类：一类为线性估计方法，有自相关估计、自协方差法及周期图法等。另一类为非线性估计方法，有最大似然法、最大熵法等。线性估计方法是有偏的谱估计方法，谱分辨率随数据长度的增加而提高。非线性估计方法大多是无偏的谱估计方法，可以获得高的谱分辨率。

3. *Kolmogorov 熵*

Kolmogorov (K) 熵是系统无序程度的量度，其数值可用来区分周期运动 ($K=0$)、混沌运动 ($K>0$ 的有限值)、随机运动 ($K\to\infty$)。在混沌运动中，K 熵越大，信息的损失率越大，系统的混沌程度越大，系统也就越复杂。

从时间序列计算 Kolmogorov 熵的方法主要有两种，即 Schouten 等提出的最大似然估计法和 Grassberger 等提出的关联积分算法。

4. *分形维数分析方法*

分形维数是定量刻画动力系统分形特征的参数，它可以提供判断是否存在奇异吸引子，是否具有内在随机性的依据。它的大小定量地提供了所研究的复杂现象的复杂度。分形维数可以有多种定义和计算方法，常用的有 Hausdorff 维数、盒子维数、关联维数、信息维数和广义维数等。

5.2 混 沌 控 制

5.2.1 混沌控制的研究历史

自 1963 年第一个混沌模型（Lorenz 系统）被发现以来，混沌一直在数学和物理学中被作为纯理论问题进行分析和研究。在近 20 年的时间里，人们对混沌的研究主要是从一些实验及数值系统来观察和量化混沌行为的。随着对混沌现象认识的不断深入，如何利用混沌的研究成果为人类服务成为非线性科学发展的一个重要课题。由于混沌系统的极端复杂性，长期以来，人们认为混沌系统是不可预测和不可控制的。然而近 30 年来，人们发现，控制混沌可以在混沌运动有害时消除混沌，更为重要的是控制混沌可以利用混沌。因此混沌控制就成为混沌应用的重要部分。

第一位认为混沌可控的是现代电子计算机之父冯·诺依曼，他在 1950 年曾设想利用小扰动来实现大气湍流的控制。直到 1987 年，控制混沌的思想才由 Hubler 和 Lscher 引入。他们认为：在系统的驱动力上加上一个合适项，可使混沌系统变成稳定的周期轨道，但所得到的运动不一定是原系统运动方程的解。这种方法需要知道系统的动力学模型，但无须反馈，且有抗干扰的能力。他们通过控制一个力学摆的运动实验成功地演示了这种方法。1989 年 Hubler 还发表了控制混沌的第一篇学术论文。

1990 年，美国马里兰大学的 3 位物理学家 Ott，Grebogi 和 Yorke 共同发表了“控制混沌”的经典论文。他们基于有无穷多的不稳定周期轨道嵌入在混沌吸引子中的这一事实，首先提出了一种利用混沌内在特性的控制策略。该策略仅对系统的参数做极小的扰动并反馈给系统，实现了把系统的轨道稳定在无穷多个不稳定周期轨道中预期的一条特定轨道上。

OGY 方法控制混沌的基本步骤是：首先检查嵌入在混沌吸引子上的不稳定周期轨道，特别是低周期轨道，然后选一条作为控制目标的不稳定周期轨道。由于混沌轨道的运动是遍历的，系统必将会被带到这个选定的不稳定周期轨道附近，这时若对系统反复施加小扰动，可把原不稳定的轨道保持在这条期望的周期轨道上。也就是说，只要仔细地选择合适的小扰动，就可对系统的长时间行为产生大的有益的影响。进一步地讲，若想让系统在不同的时间服务于不同的目的时，如果系统是混沌的，这时则不必改变系统的整体构型，只需通过对系统的参数做小的改变就可使其稳定在不同的周期轨道上。其特点是所有这些不稳定的周期轨道都是原系统运动方程的解。在这里，为实现控制，只需要很小的控制信号，也即表示可利用微小的扰动能量的消耗就能在同一混沌系统众多周期轨道之间进行切换，产生各种各样的稳定化的周期运动。

Ott，Grebogi 和 Yorke 的控制混沌的思想刚刚产生就受到广泛地响应，根本地改变了以往认为混沌是不可控制的保守看法。之后，一些学者对 OGY 策略做了推广并用多种实验证实了其有效性。

几乎与 OGY 控制混沌的开创性工作的同时，美国海军研究者 Carrol 和 Pecore 等人提出了混沌同步的思想和方案。

随后 Ditto 和 Roy 等人利用 OGY 方法首次做出了混沌现象控制实验，在一个物理系统上实现了对不动点控制；Hunt 等人做出控制激光系统混沌的实验，Carrol 等人实现了利用混沌同步化进行保密通信的实验。这些研究成果激起了混沌控制与同步的研究热潮，理论与实验应用研究的蓬勃开展使得混沌的应用出现了难得的契机。迄今已提出许多混沌控制与混沌同步的方法，大大推动了混沌在各领域的应用研究。目前，控制和利用混沌已在力学、通信、生物、医学、化工、机械和海洋工程等领域取得了初步的成效。

5.2.2 混沌控制的含义

从混沌学自身发展逻辑来看，确定混沌的研究大体经历了 3 个阶段：一是从有序到混沌，研究混沌产生的条件、机理和途径；二是混沌中的有序，研究混沌中的普适性、统计特性及分形结构等；三是从混沌到有序，主动地驾驭混沌。从这种意义上来说，可认为混沌控制的研究标志着混沌研究进入了新的研究阶段，控制混沌是混沌理论走向实际应用的第一步。

现在，人们对混沌控制的认识，从广义上说是人为并有效地通过某种方法控制混沌系统，使之发展到实际所需要的状态。包括如下 3 种情况：①在混沌有害时，成功地抑制混沌或消除混沌；②在混沌有利时，利用混沌来产生所需要的具有某些特点的混沌运动，甚至产生某些特定的混沌轨道；③在系统处于混沌状态时，通过外部控制产生出人们所需要的各种输出。总之，所有的混沌控制的共同特点就是尽可能地利用混沌运动自身的各种特性来达到控制的目的。因此，混沌控制的含义比较广泛，主要包含下面几个方面：

(1) 混沌控制是指改变系统动力学特性使之呈现混沌运动（混沌反控制），该控制过程不必考虑所得到的运动形式。

(2) 混沌控制是引导问题，在相空间中将混沌状态引入预先设定的点或周期性轨道确定的小邻域内。

(3) 混沌控制是跟踪问题，通过施加控制使得受控系统达到预先给定的周期性动力学行为。

(4) 混沌控制是特殊而重要的镇定问题，使镶嵌在混沌吸引子中无穷个不稳定周期轨道之一稳定化。

这其中抑制问题含义最为广泛，只需消除系统的混沌；引导问题通常只是实施控制的准备；跟踪问题的含义最为严格，指被控系统按照预先确定的期望目标轨迹运动。混沌同步属于跟踪问题。常见的混沌同步的定义有 4 种：

(1) 完全同步是指从不同初始点出发的两个混沌系统，随着时间的推移轨道趋于一致。

(2) 相同步是指两个混沌系统的轨道的相位差锁定在 2π 以内，而它们的振幅仍然保持混沌态且不相关。

(3) 时滞同步是指具有固定时间延迟的两个混沌系统轨道是一致的。

(4) 广义同步是指两个混沌轨道之间建立一个确定的函数关系。

目前，控制混沌的理论主要应用于少数几个变量定义的混沌动力学中，高自由度的系统不易控制。在混沌控制的研究中，时空混沌的控制占有独特的地位。一方面，时空混沌的控制要比时间混沌的控制更为困难，因为在实际系统中，绝大多数同时具有时间和空间两种变量，所以只有同时研究这两个变量的时空系统才能真正地解决大量的混沌应用中的实际问题；另一方面，对高维时空混沌及控制的研究要比低维混沌复杂得多，人们对它的认识远远不如低维混沌那么清楚，这就成为一个更重要、更丰富并有挑战性的课题。因此，这一领域的研究具有更广阔的空间，并且具有很大的理论价值和应用潜力。

5.2.3　混沌控制研究的意义和应用

长期以来人们研究了混沌运动的规律，包括其产生的条件、轨道运动的特点、丰富的分岔和标度性质以及相关的各种特征量的变化行为等。之前人们更多地从观察的角度而不是影响的角度来研究混沌运动。而混沌控制则注重于分析混沌系统对外加驱动信号的响应，研究这种非线性响应规律，以及如何利用这种响应规律来影响和改造混沌运动并将其引向人们所期望的目标，这在实际系统中有着重要的应用价值。例如，电机中存在的混沌运动可能造成电机转矩的脉动，从而破坏系统的驱动性能。电力系统中的混沌可能导致系统电压的崩溃。心脏中的混沌可能导致心脏跳动异常等。这些情况下，混沌应该尽可能地被抑制和消除。

另外，在某些情况下，混沌是有用的。由于混沌系统能够展示其所有的动力学特性，这给设计者提供了更多的灵活性和机会。例如，美国国家航空航天局科学家利用小量剩余的肼燃料将宇宙飞船 ISEE－3/IEC 发送超过 5000 万里，从而穿过太阳系统，获得第一个彗星碰撞。这是控制作用利用天体力学三体问题对小扰动的敏感性的应用，这种应用不可能发生于非混沌系统，因为对于非混沌系统来说通常需要很大的控制作用力才能将系统轨线迅速指向或达到遥远的目标。

因此在一些实际系统中控制混沌显得极为重要。现在混沌控制的应用主要包括以下几个方面：

（1）混沌控制在工程上的应用，比如非线性电路的镇定、振动控制、加速溶液混合和化学反应、提高激光器性能等。例如，龙运佳等 1995 年研制出了具有很强几何非线性及物理非线性的混沌激振器，获得了国家专利。美国海军研究实验室的一个研究小组利用混沌跟踪控制法，在激光装置上不仅在很宽的功率范围内维持激光稳定运行，而且把激光输出功率提高到了 15 倍。

（2）混沌控制在通信方面的应用，如保密通信、混沌信号同步化、扩频、信息压缩与存储等。混沌保密通信是利用混沌系统中的状态作为密钥信号对信息信号进行编码，从而提高信号传输时的抗破译能力，利用混沌同步实现保密通信是近几年来比较热门的应用研究领域，直接利用混沌通信也十分活跃。把复杂的图像数据用一组能产生混沌吸引子的简单动力学模型代替，这样只需记忆存储这一组动力学方程组的参数，其数据量比原始图像数据大大减少，从而实现了图像数据压缩。

（3）混沌控制在智能信息处理方面的应用。混沌系统是自律产生动力学信息的系统，如果能够使其不失去自律性的信息转化为有用的信息，则可以利用简单器件实现较复杂的功能或动力学。具有某些约束的混沌现象，为实现非冯·诺依曼型搜索给出了重要的启示。此外，混沌理论还广泛应用于模式识别、非线性系统的辨识等方面。

（4）混沌控制在社会经济学方面的应用，例如，经济预测和调整、流行病分析、天气预报、风速预测、金融分析和地震预测等。考虑和利用混沌的某些特征，对于混沌控制系统的设计是非常有益的。可以为一些本质非线性系统设计比较简单的控制器或获得更好的控制性能，甚至使一些原本“无法控制”的对象获得控制。

（5）混沌控制在医疗和生物方面的应用。除了人们所熟知的脑神经系统属于混沌系统外，心肌细胞、血小板生成、心电图及肾小体等也都成为了“生物混沌学”的研究对象。现在有研究者正在利用混沌控制技术研究一种心脏整律器及去纤维颤动器。

（6）混沌控制在计算机方面的应用，比如实现丰富多彩的计算机图形、计算机图形压缩、研究超高容量的动态信息存储器等。模糊、神经、混沌合在一起被人们称为“新一代的模拟计算机技术”。

（7）混沌控制在神经网络方面的应用。将混沌与神经网络相融合，使神经网络由最初的混沌状态逐步退化到一般的神经网络，利用隐含层混沌状态的动力学特性使神经网络逃离局部极小点，从而保证全局最优，可用于联想记忆机器人的规划等。

（8）混沌控制在电力电子系统中的应用。大多数的电力电子电路都表现出很强的非线性现象。当电路中的一些参数发生变化或电路设计不合理时，经常会出现系统输出变得杂乱无章、不可控等现象。如果这种现象是由于系统进入混沌状态引起的，则可通过混沌控制的有效方法加以克服，从而提高系统性能；另外在电力电子系统中，还可以利用混沌的宽频特性抑制电磁干扰问题。

目前，随着混沌控制研究的深入，混沌控制的应用领域也在不断扩大和深入。

5.2.4 混沌控制的分类

从混沌控制原理上混沌控制方法可以分为反馈控制（闭环控制）和非反馈控制（开环控制）。反馈控制中反馈的对象可以是系统的参数或系统变量等，其特点是利用混沌对初始点的敏感性来稳定已经存在于系统中的不稳定轨道，不需要使用除系统输出或状态以外的任何有关给定被控系统的信息，不改变被控系统的结构，具有良好的轨道跟踪能力和稳定性；非反馈控制主要利用一个微小的外部扰动，如一个小的驱动信号、噪声信号、常量偏置或系统参数的弱调制来控制混沌，当系统达到控制目标时，施加的控制信号并不为零，稳定后的系统可能出现新的动力学行为（也可为原系统固有的不稳定周期轨道）。

反馈控制分为参数微扰 OGY 法及 OGY 的各种改进法、偶然正比技术（OPF）法、跟踪法、连续变量反馈法、正比变量脉冲反馈法、线性和非线性反馈法、直接反馈法、变量反馈法等；非反馈控制分为自适应控制法、参数共振法、神经网络法、人工智能法、外加强迫法和混沌信号同步法等。

从实现混沌控制的目标这个角度分析，可以划分为两大类：第一类是基于混沌奇异吸引子中镶嵌有无穷多不稳定周期轨道，控制目标是从这些轨道中选择所期望的周期轨道进行有效的控制，其特点是不产生新的动力学行为而只是将系统中已存在的轨道控制好。控制思想源于一个混沌吸引子可以嵌入到它的不稳定周期轨道的一个稠密子集中，当系统运动到所需状态附近就对某个易于测得和可调整的参数进行微扰反馈，通过若干次反复调整可实现特定轨道的稳定化控制。现有结果证明该方法基本不受噪声的影响。扰动的参数可以为系统参数、系统变量和外部参数等。控制优点是可以将混沌状态引到任意指定的周期轨道上，且不改变系统结构，具有良好的轨道跟踪能力和稳定性。缺点是必须事先确定目标函数或给定轨道，实现起来比较困难。

第二类控制则没有具体的控制目标，也不关心被控系统的终态是否为周期运动，只是通过合适的策略、方法及途径，有效抑制混沌行为，使 Lyapunov 指数下降进而消除混沌。例如，给系统直接加上一个微小的外部扰动以消除混沌，系统受控后的动力学行为可能与原系统大不相同，而产生新的动力学行为。扰动信号可分别为驱动信号、噪声信号、偏置常量和系统参数的弱调制等。这类控制的优点是设计简单，无需特定轨迹，易于实现。缺点是无法确保控制过程的稳定性。

5.2.5　混沌控制的方法

混沌控制的方法有如下几种：

1. *通过参数扰动（OGY）方法控制混沌*

当一个确定性系统的演化行为敏感地依赖于初始条件时，称其为混沌的。所谓敏感地依赖于初始条件，是指两条在初始状态非常接近的轨道随着时间的推移产生了指数级的分离。由于系统对初始条件的强烈敏感性，系统会呈现固有的不可预测性。许多年来，这样的特性使得混沌成为一个尽量避免的行为。

从原则上讲，通过对动力系统进行修改或者施加控制总会影响混沌运动的生存条件，从而可设法消除或抑制混沌运动。1987 年，Huble 和 Luscher 曾引入一种控制混沌的思想，在系统的驱动力上加一个合适项，使系统行为变成稳定的周期轨道，但所得到的运动不一定是系统原动力方程的解。这种方法需要知道系统的动力学模型，但无需反馈且有抗噪声的能力，通过控制一个力学摆的运动成功地演示了这种方法。然而，这些控制方法尚未利用混沌的内在动力学特性，实现中往往要对原系统做较大的修改或输入较大的控制能量。

随着对动力系统混沌特性研究的深入，人们意识到混沌吸引子具有非常精细和复杂的结构，开始出现基于混沌运动固有特性来制定的混沌控制策略。1990 年美国马里兰州大学的 3 位学者 Ott，Grebogi 和 Yorke 率先提出了混沌控制的概念和策略，称为 OGY 方法。OGY 方法利用混沌内在特性，只需对系统某一控制参数作时变微小摄动，即可将系统的混沌运动稳定到指定的周期运动上。因其具有模型无关、可控制任意周期轨道和进行微小参数控制等优点，在其建立至今的短短十几年中，得到了迅速的发展。

OGY 方法的基本原理如下：

对初始条件的极端敏感依赖，是混沌系统最显著的特性。除此以外，混沌系统还呈现其他两个重要的特性：①在混沌吸引子内部有无数个不稳定的周期轨道，也就是说，混沌吸引子的骨架是无数个不稳定周期轨道的集合。②混沌吸引子的动力学行为是各态遍历的，这意味着，在系统的时间演化过程中，系统遍历了内嵌于混沌吸引子的每个不稳定周期轨道的所有点的任意小的邻域。因此，混沌运动可以被看作在任意给定的时间追随稳定的周期行为，然而又随机的从一个周期轨道跃至另一个周期轨道。

由于混沌动力学的各态遍历特性保证了状态轨道必将接近内嵌于混沌吸引子的任意不稳定周期轨道，因此可选择某个符合性能指标要求的不稳定周期轨道作为目标轨道，当混沌轨道各态遍历的经过目标轨道时，在这个目标周期轨道的微小邻域，系统的动力学可以看作是线性的，此时对控制参数连续地施加合适的参数扰动就可以使原本不稳定的周期轨道趋于稳定。

实际上，如果小的扰动可以引起时间历程上大的变化，那么一个合适的扰动可以使混沌轨道到达吸引子内部任意的状态，由此产生一系列期望的动力学行为。因此，可以在混沌系统内部利用极小的扰动“制造”无数个期望的动力学行为，无论是周期还是非周期的。当然，这对于非混沌系统是不可想象的，因为产生目标动力学特性的扰动大小，在非混沌系统中必须和动力学变量的未扰演化幅度是同一级别的。

使用OGY方法对混沌系统控制时，可以不需要知道系统的确切动力行为，但必须知道混沌吸引子上的期望不稳定周期轨道，这个可以使用相空间重构技术，通过实验连续测量系统的某一状态变量，利用数据构造庞加莱截面，来分析系统的动力学行为。

设离散混沌系统为：

$$x_{n+1}=f(x_n,\ p) \tag{5-2}$$

式中：$x_n\in R^2$；$f(\cdot)$ 是充分光滑的二维向量函数；$p\in R$ 是系统外部可调的控制参数。假设在 $p=p_0$ 时，系统处于混沌状态。

不失一般性，假设期望轨道是一个平衡点，则有：

$$x_F=f(x_F,\ p_0)$$

设定一个很小的控制范围，即在很小的范围内调整参数 p：

$$\Delta p=|p-p_0|<\delta,\ \delta\ll 1$$

它的控制思想就是，通过对参数的微调稳定原系统式（5-2）的不稳定周期轨道。当对参数 p 作一微小调整 Δp 时，有 $p_1=p_0+\Delta p$，不稳定不动点必定受到影响，会有一个微小的移动。但因扰动很小，所以变化后的不动点在原不动点附近。所以得到：

$$x_F(p_1)-x_F(p_0)=Df_x[x_F(p_1)-x_F(p_0)]+Df_p\Delta p$$

式中：Df_x 是 $f(\cdot)$ 在点 $x=x_F(p_0)$ 处的雅克比矩阵；Df_p 是 $f(\cdot)$ 在点 $p=p_0$ 处的雅克比矩阵。令 $\Delta x=x_F(p_1)-x_F(p_0)$，$g=(I-Df_x)^{-1}\cdot Df_p$，则有：

$$\Delta x=g\Delta p$$

为了研究系统在不稳定不动点附近的稳定性，将系统线性化，得到：

$$\Delta x_{n+1}=Df_x\Delta x_n,\ \Delta x_n=x_n-x_F$$

因为期望周期轨道不稳定，所以表征系统运动的矩阵必定有一个绝对值大于1的特征根 λ_u 和一个绝对值小于1的特征根 λ_s。λ_u 对应于不稳定流形上的运动，λ_s 对应稳定流形上的运动。即：

$$|\lambda_u|>1,\ |\lambda_s|<1$$

λ_u 和 λ_s 对应的向量 e_u 和 e_s 分别表示不动点的不稳定方向和稳定方向。它们可以由下式求出：

$$Df_xe_u=\lambda_ue_u,\ Df_xe_s=\lambda_se_s$$

同时它们的双正交对偶向量也可以求出：

$$h_u^{\mathrm T}f_x=\lambda_uh_u^{\mathrm T},\ h_s^{\mathrm T}f_x=\lambda_sh_s^{\mathrm T}$$

它们的双正交性和归一化性质可以由以下的点积确定。

$$h_u^{\mathrm{T}} e_u = h_s^{\mathrm{T}} e_s = 1$$

$$h_u^{\mathrm{T}} e_s = h_s^{\mathrm{T}} e_u = 0$$

上式中，归一化条件可以在任意给定 e_u，e_s 下，确定 h_u^{T}，h_s^{T}。雅克比矩阵 Df 可直接用双正交矢量叉积表示为：

$$Df_x = \lambda_u e_u \otimes h_u^{\mathrm{T}} + \lambda_s e_s \otimes h_s^{\mathrm{T}}$$

当参数 $p=p_0$ 时系统呈现混沌运动，在 t_n 时刻启动控制，使 $p_1=p_0+\Delta p$，由于施加的控制，不动点位置发生了移动，混沌轨道在新的不动点附近的线性化方程可以表示为：

$$x_{n+1} - x_F(p_1) = Df_x\left[x_n - x_F(p_1)\right]$$

控制目的是使 x_{n+1} 移动到点 x_F 的稳定方向上，即使 $\Delta x_{n+1}=x_{n+1}-x_F$ 在该点不稳定方向上的分量为 0。

$$\begin{aligned}\Delta x_{n+1} = x_{n+1} - x_F &= Df_x\left[x_n - x_F(p_1)\right] + x_F(p_1) - x_F \\ &= (\lambda_u e_u \otimes h_u^{\mathrm{T}} + \lambda_s e_s \otimes h_s^{\mathrm{T}})(\Delta x_n - \Delta x_F) + \Delta x_F \\ &= (\lambda_u e_u \otimes h_u^{\mathrm{T}} + \lambda_s e_s \otimes h_s^{\mathrm{T}})(\Delta x_n - g\Delta p) + g\Delta p \end{aligned} \tag{5-3}$$

对于上述提出的控制问题，使 $\Delta x_{n+1}=x_{n+1}-x_F$ 在不稳定方向的分量为零，需要满足

$$h_u{}^{\mathrm{T}} \Delta x_{n+1} = 0$$

即：

$$\lambda_u h_u^{\mathrm{T}} \Delta x_n - \lambda_u h_u^{\mathrm{T}} g\,\Delta p + h_u^{\mathrm{T}} g\,\Delta p = 0$$

由此解出控制规律：

$$\Delta p = \frac{\lambda_u h_u^{\mathrm{T}} \Delta x_n}{(\lambda_u - 1)\ h_u{}^{\mathrm{T}} g} \tag{5-4}$$

由于 p 的调节受到式（5-3）的限制，式（5-4）并不是对任意的 Δx_n 都能启动的。令 $\Delta x_n^u = h_u^{\mathrm{T}} \cdot \Delta x_n$，由式（5-3）、式（5-4）得到控制启动条件为：

$$|\Delta x_n^u| < \left(1 - \frac{1}{\lambda_u}\right) h_u^{\mathrm{T}} g \delta$$

从以上分析过程，可以将 OGY 控制方法总结为以下步骤：

（1）从混沌吸引子上选择一条满足要求的不稳定周期轨道。

（2）等待系统遍历到期望目标轨道附近，利用局部流形特征，微调系统参数使系统状态下的一次迭代正好位于局部稳定流形上。

（3）将参数复原，位于局部稳定流形上的点自动渐进收敛到控制目标。

因此，可以将 OGY 方法概括为一旦系统运动到控制目标附近就向稳定方向拉一下。

OGY 方法的优点是：

（1）不需要确切知道混沌系统的动力学行为，这点在实际系统难以建模或模型不精确的情况下很重要。

（2）使用微小的控制降低了代价，又基本保证了原系统的性质不变，很有实用价值。

OGY 方法的缺点是：

（1）在等待系统进入目标轨道附近时，可能会等待很长时间，降低了控制的性能，但可以利用混沌打靶技术，将轨线带入控制区，但这无疑增加了控制的代价。

（2）因为控制使用的是脉冲控制，容易受到噪声的影响，这就可能使得控制中必须多

次进行调节才能使系统的状态落到局部稳定流形上。

(3) 控制目标往往是未知的，特别是混沌吸引子中的不稳定周期轨道，需要使用特定的技术抽取目标周期轨道，这需要进行复杂的计算。

(4) 很多连续的系统难以找到适当的庞加莱截面对其离散化，这就限制了 OGY 法的应用范围。

2. 线性反馈控制

线性反馈控制方法是经典控制理论中的一个基本方法，该方法可应用于离散的 Henon、Lozi 系统和连续的 Chua 电路和 Duffering 振子的混沌控制。下面以 Chua 电路为例简单介绍该控制方法的工作原理。

Chua 电路的等效状态方程可表示为：

$$\begin{cases}\dot{x}=p\,[-x+y-f\,(x)]\\ \dot{y}=x-y+z\\ \dot{z}=-qy\end{cases}$$

式中：p 和 q 均大于 0，它们是系统两个主要的分岔参数。非线性项 $f\,(x)$ 为：

$$f\,(x)\;=m_0x+\frac{1}{2}\,(m_1-m_0)\,(|x+1|-|x-1|)$$

式中：m_0 和 m_1 均小于 0。

设 $[\bar{x}\,(t),\;\bar{y}\,(t),\;\bar{z}\,(t)]$ 为 Chua 电路的一个不稳定极限环，控制的目的就是将系统稳定在该不稳定极限环的一个小邻域内。Chen 等证明，通过如下线性反馈控制方式，可将系统轨道稳定在该极限环上：

$$\begin{bmatrix}u_1\\u_2\\u_3\end{bmatrix}=K\begin{bmatrix}\bar{x}-x\\ \bar{y}-y\\ \bar{z}-z\end{bmatrix}=\begin{bmatrix}0&0&0\\0&K_{22}&0\\0&0&0\end{bmatrix}\begin{bmatrix}\bar{x}-x\\ \bar{y}-y\\ \bar{z}-z\end{bmatrix}$$

式中

$$0<\frac{1}{m_0+1}\leqslant K_{22}\leqslant-\frac{1}{m_1+1}$$

该控制方法的控制框图如图 5-1 所示。

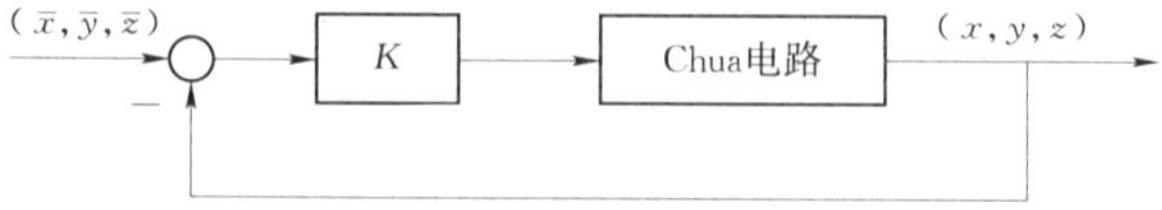

图 5-1 线性反馈控制方法框图

对于更一般的混沌系统的控制参数可通过分析被控周期轨道附近局部线性化后的稳定性确定控制参数。该方法在被控系统轨道达到控制目标时，控制量为 0。

上述线性反馈控制的主要特点是系统的任意解都可作为控制目标，包括不动点，不稳定周期轨道等，而且控制时并未直接改变系统的参数，仅靠状态反馈实现控制，控制器的结构简单，而且不需要精确知道系统的参数，对系统小的参数变化和扰动具有一定的鲁棒性。与 OGY 方法相区别，控制作用可在任意时刻施加。该方法要计算控制目标的解析解或近似解析解，该解不易得到或计算量较大。对于某些复杂系统，线性状态反馈控制在实现上具有一定的难度。

3. 连续反馈控制法

尽管 OGY 方法及其改进法对混沌的有效控制使其广泛地应用于力学、光学和环境科学等领域中，但由于它必须获得庞加莱截面，并且需要确定所需的不稳定周期轨道及不动点的特征值和特征向量，这使它的应用受到一定的限制。在 OGY 控制方法的基础上，德国科学家 K. Pyragas 在 1993 年提出了外力反馈控制法和延迟反馈控制法。这两种方法都可以实现对混沌吸引子的连续控制，使不稳定周期趋于稳定。

(1) 外力反馈控制法。外力反馈控制的特点是用强迫信号激励系统，并与响应信号比较，给出控制信号对系统微扰。其前提是有可控的无穷多周期和非周期轨道，要求无微扰系统存在混沌奇异吸引子。

考虑非线性常微分方程模拟的动力系统，为简单起见，认为微扰控制仅扰动第一个方程的响应变量：

$$\begin{cases} \dfrac{dy}{dt}=P(y,x)+F(t) \\ \dfrac{dx}{dt}=P(y,x) \end{cases}$$

式中：y 为响应变量；x 为其他不可测或无关的量。

在混沌吸引子范围内存在许多不同的周期信号，分别与不同稳定周期轨道相应。选其中 1 条混沌轨道（周期信号）$y_i(t)$，为达到控制混沌的目的，须专门设计外部信号发生器，使其产生的信号等于或正比 $y_i(t)$。将其与响应信号 $y(t)$ 之差 $F(t)$ 作为微扰控制信号：

$$F(t)=K[y_i(t)-y(t)]=KD(t)$$

其中，K 为实验上可调的微扰权重因子，称为控制因子。适当调节 K 即可达到控制混沌的目的。系统方框图如图 5-2 所示。

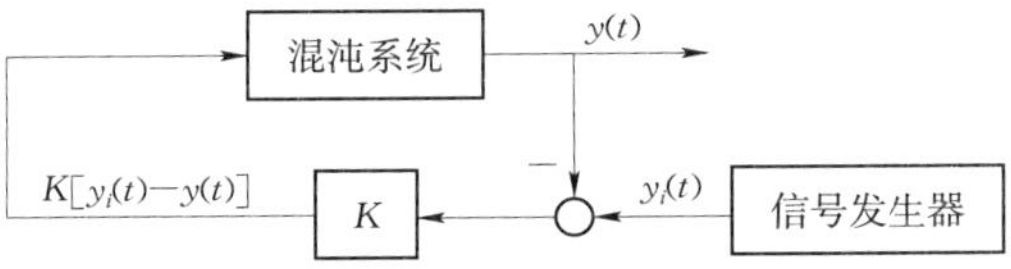

图 5-2　外力反馈控制法方框图

系统实现稳定化后，输出信号很接近于 $y_i(t)$，而 $F(t)$ 的涨落非常小。因此与 OGY 方法一样，仅用小的外力就可实现不稳定周期轨道的稳定化。这种方法已经在 Rossler 系统、Lorenz 系统、Rabinovich 系统、Fabrikant 系统和 Duffing 振子以及其他一些系统中得到了验证。

(2) 延迟反馈控制法。外力反馈控制法需要专门设计一台混沌信号发生器，这在技术实现上会有一定的难度。为此，K. Pyragas 又提出了延迟反馈控制混沌的方法，该方法直接把系统输出信号取出一部分，经过时间延迟后再反馈到系统中去作为控制信号。设 y 是某连续时间混沌动力系统的一个可测输出信号，则控制量的形式为：

$$u(t)=K[y(t-\tau)-y(t)]$$

其中，τ 为延迟时间，如果 τ 等于某一不稳定周期轨道的周期 T_i，当系统沿这条轨道运行时，$u(t)=0$，而当 $y(t)$ 刚离开该轨道时，$y(t-\tau)$ 仍在轨道上，控制量将调节 $y(t)$ 使其回到轨道上。

该方法的控制原理如图 5-3 所示。

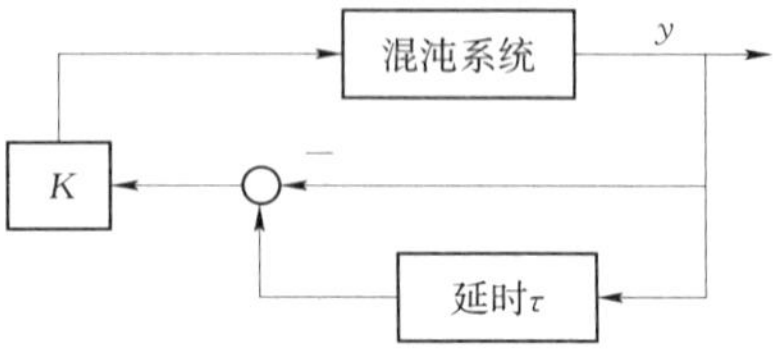

图 5-3 延迟反馈控制原理图

该方法与线性反馈控制方法相比，其特点是将线性反馈控制方法中的控制目标用系统输出信号的时间延迟信号 $y(t-\tau)$ 来代替，通过适当选择 K 和 τ 可获得不同的周期轨道。这样就使得该方法具有两个突出的优点：一是不需要确定被控不稳定周期轨道的精确解析解，就可以完成对不同周期轨道的跟踪控制；二是只需要一个延时处理便可以实现控制，很容易用模拟器件完成。

4. 混沌的同步方法

混沌同步属于一种广义的混沌控制，是指两个或多个混沌系统在耦合或驱动作用下使其混沌运动达到一致的过程。混沌同步主要有完全同步、相同步、时滞同步和广义同步等几种。1990 年，美国海军实验室的 Pecore 和 Carrol 首次提出了一种混沌同步方法，并在电子线路上首次观察到了混沌同步的现象。在随后的十多年里，不断有新的混沌同步方法出现，其应用领域也从物理学扩展到保密通信、化学、生物学和信息科学等领域。

对于两个或多个系统：

$$\dot{x}_i=f_i(x_i),\ x\in R^n,\ i\geqslant 2$$

混沌完全同步就是要寻求可行的控制方法，使得：

$$\lim_{t\to\infty}(x_i-x_j)=0,\ i\neq j$$

从理论上讲，如果两个系统参数完全相同，并且初始条件也相同，就可使这两个系统完全同步。但是这实际上是很难实现的。因为系统参数必然有小的不同，同时系统中也存在噪声，由于混沌系统对于初值和参数极度敏感，任何小的参数“失配”或噪声都将使同一初始条件出发的两个混沌轨迹出现极大区别，因此混沌同步要有专门的方法。对于混沌的完全同步，常用的方法有驱动—响应同步方法、主动—被动同步方法、线性耦合的同步方法以及基于观测器的同步方法等。

(1) 驱动—响应同步方法。驱动—响应同步方法是由 Pecore 和 Carrol 最先提出的，简称 PC 同步法。该方法的基本思想是将混沌的驱动系统分解成一个稳定的子系统和一个不稳定的子系统，对不稳定的子系统复制一个响应系统，当响应系统的条件 Lyapunov 指数均为负值时，驱动系统和响应系统同步。这一方法的局限性是必须将原系统分解成一个稳定的子系统和一个不稳定的子系统。并且通过计算响应系统的所有条件 Lyapunov 指数来判定驱动系统和响应系统是否同步，而并非所有的非线性系统都能找到易于判别其导数为负的 Lyapunov 函数。

(2) 主动—被动同步方法。由于驱动—响应同步法需要将特定的系统进行分解，在实际应用中受到较大的限制。Kocarev 和 Parlitz 提出了一种改进的拆分方法，即主动—被动同步分解法。该方法的主要思想是通过把耦合变量或驱动变量引入复制系统，导出系统变量差的微分方程，得到总体系统的误差动力学方程，然后再通过线性化方法或 Lyapunov 函数方法来证明它们达到同步。由于该控制方法可以任意的选择驱动信号的函数，比较灵活实用，可以进一步应用到超混沌系统和时空混沌系统的同步控制中。该控制方法在基于混沌的保密通信方面也有十分重要的应用。

（3）线性耦合的同步方法。线性耦合方法是混沌同步的一种简单而直观的方法，两个系统的线性耦合同步控制可以用下式表示：

系统 1：$\dot{x}=f_1(x)$

系统 2：$\dot{y}=f_2(y)+\Delta(x-y)$

式中：x，$y\in R^n$，$\Delta=diag\left[\delta_1,\ \cdots,\ \delta_n\right]$ 为对角阵。系统 1 与系统 2 的同步问题可转化成为设法寻找 Δ，使得 $t\to\infty$时，$y(t)\to x(t)$。

下面两个定理证明了线性耦合混沌同步的可控性。

【定理 5-1】　如果 $f_1=f_2$，并且 $|x(0)-y(0)|$ 足够小，存在 n 个有限值 $\tilde{\delta}_i$，$i=1$，2，…，n，满足 $\delta_i>\tilde{\delta}_i$ 时，$y(t)\to x(t)$。

【定理 5-2】　如果 $f_1\neq f_2$，为了简单起见，设 $\delta_i=k$，$i=1$，2，…，n，k 为非负实数，对于 $\varepsilon=\dfrac{1}{k}$和足够小的 $|x(0)|+|y(0)|$，存在一个 t_0，在时间区间 $t_0\leqslant t\leqslant\infty$内，随 $\varepsilon\to 0^+$，$y(t)\to x(t)$。

（4）基于观测器的同步方法。将混沌系统表示为如下的一般形式：

$$\begin{cases}\dot{x}=f(x)\\ s=h(x)\end{cases}$$

式中：$x\in R^N$ 为系统的状态向量；$s\in R^M$ 为系统的输出向量；f 为描述系统的动力学方程。

设上述系统为驱动系统，按照同步的驱动—响应框架，考虑如下的响应系统：

$$\dot{y}=g\left[y,\ u(s,y)\right]$$

式中：$y\in R^N$；g 为描述系统的动力学方程；u 为耦合控制。

因此，以上的完全同步问题归结为如何设计耦合控制器 u，使得：

$$\lim_{t\to\infty}\|y-x\|=0$$

成立。由于响应系统的动力学行为取决于驱动系统，因此基于观测器的完全同步问题可以归结为控制理论中的观测器设计问题。

5. 反混沌控制方法

反混沌控制的目的与混沌控制相反，是要产生或维持原有的混沌状态。反混沌控制的研究起步较晚，目前比较成熟的方法也不多。其中一种典型混沌控制方法是 Chen 的反馈控制方法。该方法针对离散系统采用非线性反馈，使受控离散系统既具有正的 Lyapunov 指数，又能够将其轨迹控制在有限相空间中，在这两个因素的共同作用下实现离散系统的反混沌控制。该方法控制量可以很小，但在实际应用中也存在一定的困难。

第6章 神 经 网 络

作为人工智能中联结主义学派研究的主要内容，人工神经网络（Artifical Nellral Network，ANN）对机器智能的理解是通过模拟人脑结构来实现的。1943 年，美国神经生理学家麦克洛奇（W. McCulloch）和数学家皮兹（W. Pitts）提出了著名的单神经元 M - P 模型，开创了神经网络研究的时代，人类从此开始探索大脑智能的奥秘。

ANN 在过去的 20 余年间获得了重要进展，该领域的论文专著、期刊和会议论文剧增，对推动这一思潮起到了重要作用。但是必须看到，尽管对 ANN 的多数研究均集中于网络结构、学习算法、硬件实现和实际应用领域，并且在许多工程领域，如非线性系统方面取得了不错的研究成果，但 ANN 技术本身也有若干问题亟待解决。首先，网络达不到开发多种多样知识的要求，单靠联结机制很难解决人工智能中的全部问题。其次，Hebb 学习规则缺少降低权值的调整机制、Delta 学习规则容易陷入局部极小等严重缺陷，缺少可操作的理论来保证学习过程的收敛性。不过仍可以确信的是，ANN 是个很有希望的发展方向，计算机技术为其发展提供了坚实的技术基础，ANN 自身也有很多适合于控制的突出特性，特别是大规模人工神经网络硬件也取得了较大的进展。

目前，对 ANN 的研究多集中于新的网络拓扑结构、新的学习算法和新的工程应用等。采用不同组件构成不同的网络，不断丰富着 ANN 的研究内容。

6.1 神经网络研究的兴起与发展

人工神经网络技术是当前机器学习研究的热点之一。人工神经元的研究起源于脑神经元学说。19 世纪末，在生物、生理学领域，Waldeger 等人创建了神经元学说。人们认识到神经系统是由神经元组成的。大脑皮层包括有 100 亿个以上的神经元，它们互相联结形成神经网络，实现机体与内外环境的联系，协调全身的各种机能活动。

人工神经网络是由简单的处理单元组成的大量并行分布的处理机，具有一定的自适应与自组织能力。通过在学习或训练过程中改变突触权重值，以适应周围环境的要求。

神经网络的研究始于 20 世纪 40 年代，大致经历了由兴起、萧条和兴盛 3 个阶段。

1943 年，神经解剖学家 McCulloch 和数学家 Pitts 根据生物神经元的基本生理特征提出了 MP 神经元模型，揭开了神经网络研究的序幕。

1949 年，生理学家 D. O. Hebb 提出了 Hebb 规则，为神经网络的学习算法奠定了基础。

1957 年，Rosenblatt 提出感知机模型。次年，又提出了一种新的解决模式识别问题的监督学习算法，并证明了感知机收敛定理。

1969年，Minsky和Papert所著的《Perceptron》一书指出单层感知器的处理能力十分有限，甚至连异或分类这样的问题也不能解决，而多层感知机无有效的学习算法。由于Minsky对感知器的悲观态度以及其在人工智能领域的权威性，这些论点使得大批研究人员对于人工神经网络的前景失去信心。从此人工神经网络的研究进入了萧条期。不过，在这段期间，仍然有许多学者坚持人工神经网络的研究，并取得了一定的突出结果。其中典型的代表有：1967年，日本学者甘利俊一（Shun Ichi Amarri）提出了自适应模式分类的学习理论；1972年芬兰学者T. Kohonen提出了自组织映射理论。同年，日本学者K. Fukushima提出了认知机模型。1976年，美国学者S. A. Grossberg提出了自适应谐振理论（Adaptive Resonance Theory，ART）。

到20世纪80年代，人工神经网络的研究迎来了它的又一个新的转折期。1982年和1984年，美国加州理工学院生物物理学家J. Hopfield教授提出了离散型和连续型两种Hopfield网络，并在TSP优化计算等应用方面取得令人震惊的突破性进展。1984年，G. Hinton等人结合模拟退火算法提出了Boltzmann机（BM）网络模型。1986年，D. E. Rumelhart和J. L. Mcclelland提出了多层前馈网络的误差反向传播（Back Propagation，BP）学习算法，解决了Minsky对神经网络学习算法方面的悲观担忧。这使得神经网络的研究再次掀起高潮，从此神经网络的研究步入兴盛期。

1988年，Broomhead和Lowe用径向基函数（Radial Basis Functions，RBF）提出了分层反馈网络设计方法。特别是20世纪的最后10年，神经网络领域的研究取得了新发展，许多关于神经网络的新理论和新应用层出不穷。尤其90年代初期Vapnik等人提出了以有限样本学习理论为基础的支持向量机（Support Vector Machines，SVM）。支持向量机的特征在于Vapnik－Chervonenkis（VC）维特征蕴含在向量机的设计中，VC维数为衡量神经网络样本学习能力提供了一种有效的量度。

现在的人工神经网络研究处于平稳发展阶段。随着人工神经网络理论的不断完善和发展，神经网络的应用研究不断取得新的进展。其应用领域涉及计算机视觉、语言识别、优化计算、智能控制、系统建模、模式识别、理解与认知、神经计算机、知识推理等诸多领域。涉及神经生物学、认知科学、数理科学、心理学、信息科学、计算机科学、动力学和生物电子学等诸多学科。尤其是美国和日本逐渐实现人工神经网络的硬件化，生产了一些神经网络专用芯片，并逐步形成产品。

目前，包括我国在内的诸多国家都在对人工神经网络方面的研究投入大量的资金支持。相信不久，大量的新模型、新理论和新的应用成果将不断涌现出来。

6.2　人工神经网络智能模型

神经网络中，尽管每个神经元结构、功能都不复杂，但神经网络的行为并不是单个单元行为的简单相加，网络的整体动态行为是极其复杂的，可以组成高度非线性动力学系统，从而可以表达很多复杂的物理系统。以下从神经元模型、网络结构和网络学习方式等方面对网络技术进行描述。

6.2.1　生物神经元结构与功能

人类大脑皮层中有大约100亿个神经元，60万亿个神经突触以及它们的连接体。神经元是信息处理的基本单元。如图6-1所示，神经元的基本结构可分为胞体和突起两部分。胞体包括细胞膜、细胞质和细胞核；突起由胞体发出，分为树突（dendrite）和轴突（axon）两种。

树突较多，粗而短，反复分支，逐渐变细。树突具有接受刺激并将冲动传入细胞体的功能。

轴突一般只有1条，细长而均匀，中途分支较少，末端则形成许多分支，每个分支末梢部分膨大呈球状，称为突触小体。轴突的主要功能是将神经冲动由胞体传至其他神经元或效应细胞。轴突传导神经冲动的起始部位，是在轴突的起始段，沿轴膜进行传导。

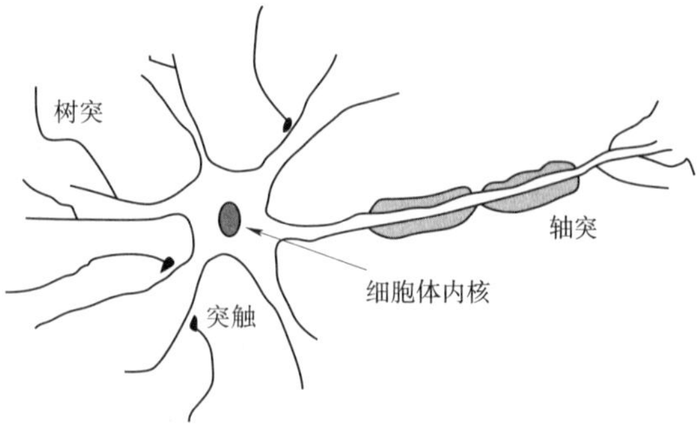

图6-1　生物神经元模型示意图

突触是一个神经元和另一个神经元连接的部分，由突触前、后膜以及两膜间的窄缝——突触间隙所构成。胞体与胞体、树突与树突以及轴突与轴突之间都有突触形成，但常见的是某神经元的轴突与另一神经元的树突间所形成的轴突——树突突触，以及与胞体形成的轴突——胞体突触。

神经元的基本功能是通过接受、整合、传导和输出信息实现信息交换，具有兴奋性、传导性和可塑性。

6.2.2　人工神经网络模型

人工神经网络模型是一种模仿动物神经网络行为特征，进行分布式并行信息处理的数学模型。是生物神经网络的抽象、简化和模拟，反映了生物神经网络的基本特性。人工神经网络由大量处理单元互连而成，依靠系统的复杂程度，通过调整内部大量节点之间相互连接的关系，从而达到处理信息的目的。人工神经网络通常具有自学习和自适应的能力，可以通过预先提供的一批相互对应的输入—输出数据，分析和掌握其中蕴含的潜在规律，并根据这些规律，用新的输入数据来推算输出结果。这一学习分析的过程被称为“训练”。

人工神经元是组成人工神经网络的基本单元，一般具有3个要素：

（1）具有一组突触或联结，神经元 i 和神经元 j 之间的联结强度用 w_{ij} 表示，称为权值。

（2）具有反映生物神经元时空整合功能的输入信号累加器。

（3）具有一个激励函数用于限制神经元的输出和表征神经元的响应特征。

一个典型的人工神经元模型如图6-2所示。

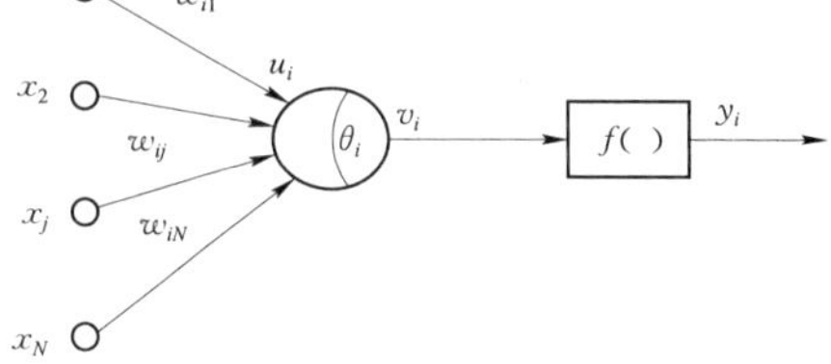

图6-2　神经元模型

其中，x_j（$j=1, 2, \cdots, N$）为神经元 i 的输

入信号，w_{ij} 为突触强度或联结权值。u_i 是神经元 i 的净输入，是输入信号的线性组合。θ_i 为神经元的阈值，也可用偏差 b_i 表示，v_i 是经偏差调整后的值，称为神经元的局部感应区。

$$u_i = \sum_j w_{ij} x_j$$

$$v_i = u_i - \theta_i = u_i + b_i$$

$f(\cdot)$是神经元的激励函数，y_i 是神经元 i 的输出。

$$y_i = f(v_i)$$

激励函数的形式有很多种，常用的基本激励函数有以下 3 种：

（1）离散型激励函数。离散型激励函数又可分为单极性和双极性两种，单极性的离散激励函数可选为阶跃函数，如图 6-3 所示。

$$f(v)=\begin{cases}1, & \text{if}(v\geqslant 0)\\ 0, & \text{else}\end{cases}$$

双极性的离散激励函数可选为符号函数，如图 6-4 所示。

$$f(v)=Sign(v)=\begin{cases}+1, & \text{if}(v\geqslant 0)\\ -1, & \text{else}\end{cases}$$

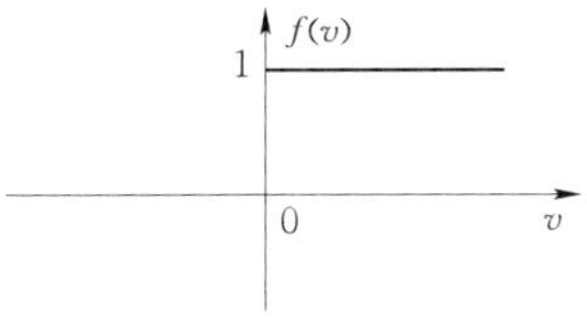

图 6-3 阶跃函数

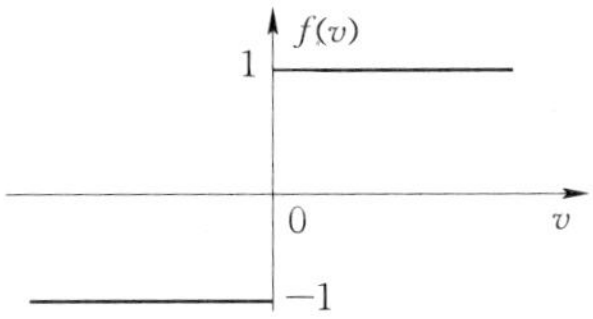

图 6-4 符号函数

（2）分段线性函数。单极性分段线性函数，如图 6-5 所示。

$$f(v)=\begin{cases}1, & \text{if } (v\geqslant 1)\\ v, & \text{if } (0<v<1)\\ 0, & \text{if } (v\leqslant 0)\end{cases}$$

双极性分段线性函数，如图 6-6 所示。

$$f(v)=\begin{cases}+1, & \text{if } (v\geqslant 1)\\ v, & \text{if } (-1<v<1)\\ -1, & \text{if } (v\leqslant -1)\end{cases}$$

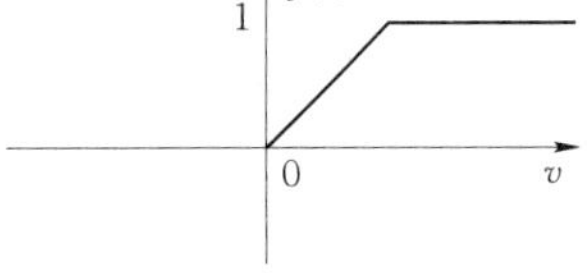

图 6-5 单极性分段线性函数

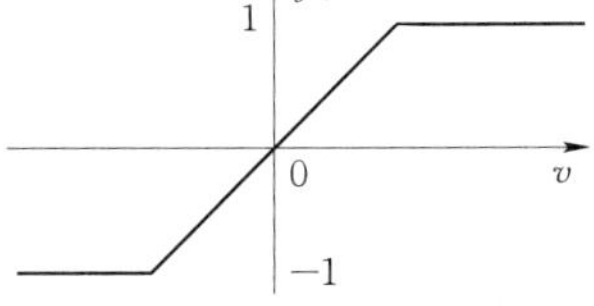

图 6-6 双极性分段线性函数

（3）Sigmoid 函数。Sigmoid 函数也称为 S 形函数，由于其具有单调、连续、光滑、处处可导等优点，是目前人工神经网络中最常使用的激励函数。它也有单极性和双极性两种形式。单极性函数形式如图 6-7 所示。

$$f(v)=\frac{1}{1+\exp(-av)}$$

双极性 Sigmoid 函数可采用双曲正切函数如图 6-8 所示。

$$f(v)=\frac{1-e^{-cv}}{1+e^{-cv}}$$

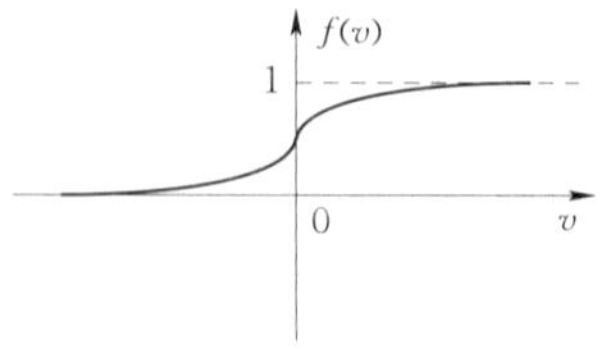

图 6-7 Sigmoid 函数

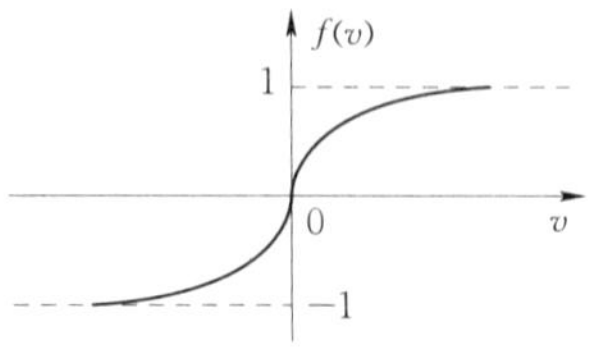

图 6-8 双曲正切函数

6.2.3 人工神经网络的结构

人工神经网络的种类很多，从网络结构的角度可分为前向（前馈）型网络和反馈型网络。前向型网络的典型代表是 BP 神经网络，反馈型网络的典型代表是 Hopfield 网络。还有一部分网络是在这两者的基础上派生出来的新型网络。另外还有一些学者结合其他学科的知识提出了大量新型复合神经网络模型。

(1) 前向型网络。网络中的各个神经元只接受前一级的输入，并输出到下一级，网络中没有反馈，输入与输出的神经元与外界相连。

典型的 3 层前向网络结构如图 6-9 所示，网络是具有一个隐藏层和一个输出层的全连接网络。在分层网络中，神经元（节点）以层的形式组织，输入层的源节点提供激活模式的输入向量，构成第二层（第一隐藏层）神经元的输入信号，最后的输出层给出相应于源节点的激活模式的网络输出。网络各神经元之间不存在反馈，通常又称之为前馈网络。

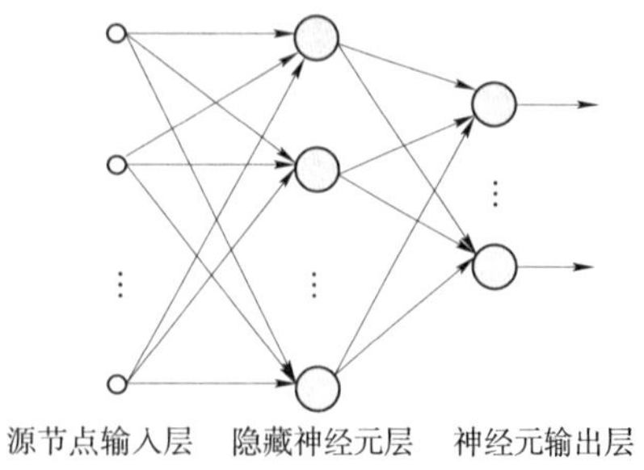

图 6-9 前向型神经网络

典型的前向型网络包括感知器、BP（反向传播）网、RBF（径向基函数）网和 CMAC（小脑模型控制器）网等。

(2) 反馈型网络。也叫做递归网络，存在一些神经元的输出经过若干个神经元后，再反馈到这些神经元的输入端，即输出层到输入层存在反馈环。网络结构如图 6-10 所示。

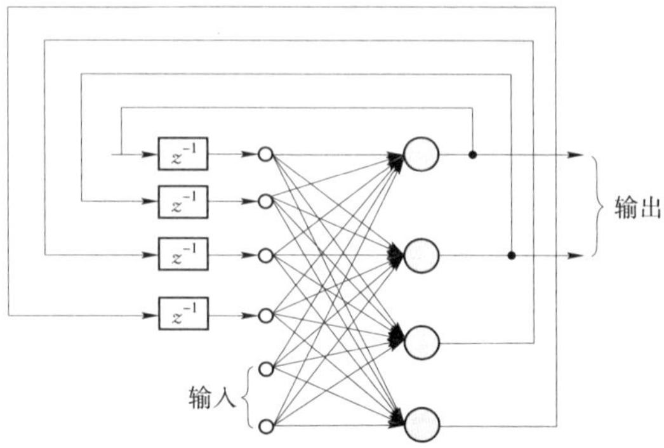

图 6-10 反馈型神经网络

图中，z^{-1}表示单元延迟运算符。反馈环的存在，对网络的学习能力和性能有深刻的影响。典型的反馈网络包括 Hopfield 网络、Elman 神经网络等，前者是反馈网络中最简单且应用最广泛的模型，为全互联结构，即每个神经元与其他神经元都相连；后者包含一个双曲正切 S 形隐含层和一个线性输出层，S 形隐含层接收网络输入和自身的反馈，线性输出层从 S 形隐含层得到输入。

6.2.4 人工神经网络的学习方式

人工神经网络的最大优点之一就是网络具有学习能力，神经网络可以通过向环境学习获取知识来改进自身性能。性能的改善通常是按照某种预订的度量，通过逐渐修正网络的参数（如权值、阈值等）来实现的。根据环境提供信息量的不同，神经网络的学习方式大致可分为 3 种。

1. 监督学习（有导师学习）

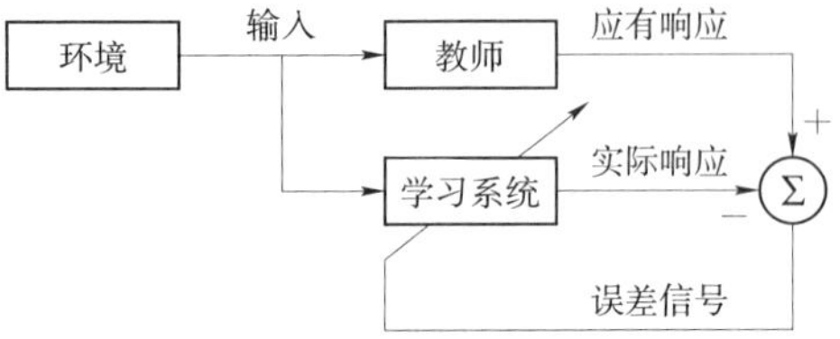

图 6-11 监督学习

这种学习方式需要外界环境给定一个“导师”信号，可对一组给定输入提供期望的输出。这种已知的输入输出数据称为训练样本集，神经网络根据网络的实际输出与期望输出之间的误差来调节网络的参数，实现网络的训练学习过程，其原理框图如图 6-11 所示。

2. 无监督学习（无导师学习）

这种学习方式外界环境不提供“导师”信号，只规定学习方式或某些规则，具体的学习内容随系统所处环境（即输入信号情况）而异，网络根据外界环境所提供数据的某些统计规律来实现自身参数或结构的调节，从而表示出外部输入数据的某些固有特征。系统可以自动发现环境特征和规律性，具有更近似人脑的功能。其原理框图如图 6-12 所示。

3. 再励学习（强化学习）

这种学习方式介于监督学习和无监督学习之间，外部环境对网络输出给出一定的评价信息，网络通过强化那些被肯定的动作来改善自身的性能。其原理框图如图 6-13 所示。

图 6-12 无监督学习

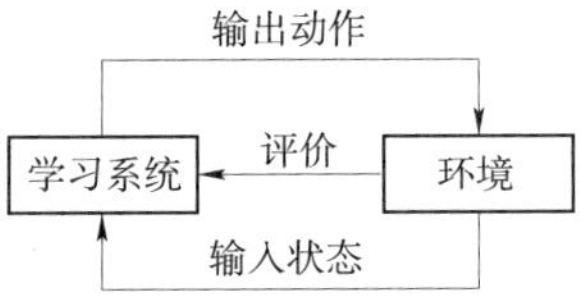

图 6-13 再励学习

常见的学习规则有 Hebb 学习、纠错学习、基于记忆的学习、随机学习和竞争学习等。

Hebb 学习规则是最古老也是最著名的学习规则，是为了纪念神经心理学家 Hebb 而命名的，主要用于调整神经网络的突触权值，可概括为：

(1) 如果一个突触（连接）两边的两个神经元被同时（即同步）激活，则该突触的能量就被选择性地增加。

(2) 如果一个突触（连接）两边的两个神经元被异步激活，则该突触的能量就被有选择地削弱或者消除。

纠错学习也称为 Delta 规则或 Widrow-Hoff 规则，学习过程通过反复调整突触权值使代价函数达到最小或使系统达到一个稳定状态来完成。

基于记忆的学习主要用于模式分类，在基于记忆的学习中，过去的学习结果被储存在一个大的存储器中，当输入一个新的测试向量时，学习过程就将该测试向量归到已存储的某个类中。

随机学习算法也称为Boltzmann学习规则，是为了纪念Ludwig Boltzmann而命名的。该学习规则是由统计力学思想而来的，在此学习规则基础上设计出的神经网络称为Boltzmann机，其学习算法实质就是模拟退火算法。

竞争学习规则有3项基本内容：

（1）一个神经元集合，除了某些随机分布的突触权值之外，所有的神经元都相同，因此对给定的输入模式集合有不同的响应。

（2）每个神经元的能量都被限制。

（3）一个机制：允许神经元通过竞争对一个给定的输入子集作出响应。赢得竞争的神经元称为全胜神经元。

在竞争学习中，神经网络的输出神经元之间相互竞争，在任一时间只能有一个输出神经元是活性的。而在基于Hebb学习的神经网络中几个输出神经元可能同时是活性的。

6.3 典型神经网络

6.3.1 BP神经网络

20世纪70年代，P. Werbos在其博士论文中，首次谈到了BP（Back Propagation，反向传播）的概念，直到1985年，Rumelhart等人将BP理论在网络中实现，提出了最为著名的前向型多层反向传播算法，网络的学习包括正向传播（计算网络输出）和反向传播（实现权值调整）两个过程，因此，准确地讲，称之为Error BP网络更为合适。

从网络结构上看，BP网属于前向网；从网络训练过程上看，BP网属于有监督网；从学习算法来看，BP网采用的是Delta学习规则；而从隐藏层激活函数类型上，BP网通常采用Sigmoid函数。

1. 网络结构

如图6-14所示给出了含有一个隐藏层的BP网络结构，其中，i为输入层神经元数，$X=[x_1, x_2, \cdots, x_i]^T$为网络的输入向量，$j$为隐藏层神经元数，$k$为输出层神经元数，写作$i-j-k$结构。$[w_{ij}]$表示输入层到隐藏层的权值矢量，$[w_{jk}]$表示隐藏层到输出层的权值矢量。

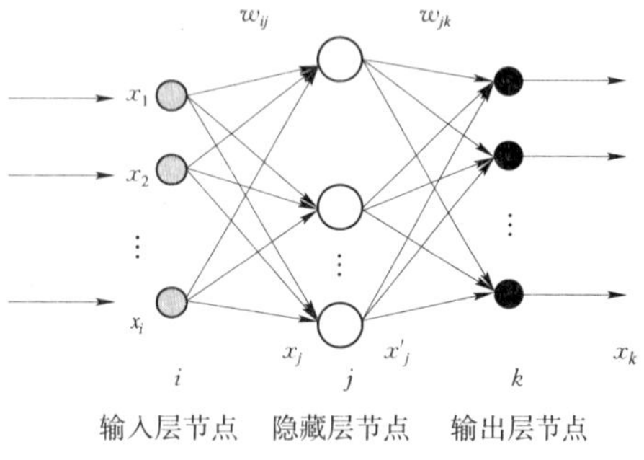

图6-14 BP神经网络结构

2. 网络学习算法

BP算法的训练过程包括正向传播和反向传播两部分。借助于有监督（Supervised Learning）网络的学习思想，在正向传播过程中，由导师对外部环境进行了解并给出期望的输出信号（理想输出），而网络自身的输入信息经隐藏层，传向输出层，信息通过逐层处理，得到实际输出值，当理想输出和实际输出存在差异（某个精度上），网络转至反向传播过程。其基本思想是借助非线性规划中的“梯度下降法（Gradient Ascent）”，即采用梯度搜索技术，认为参数沿目标函数的负梯度方向改变，可以使网络理想输出和实际输出的误差均方差（RMS）达到最小。

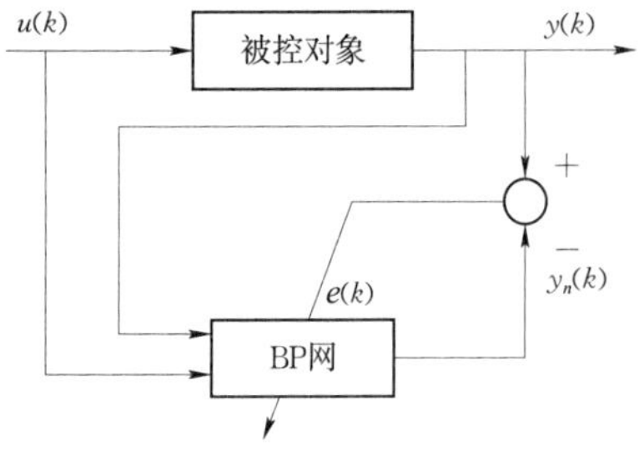

图 6－15 BP 神经网络逼近器

以 BP 网作为“通用逼近器”为例，给出其对非线性函数（系统）进行逼近的学习过程。如图 6－15 所示为逼近器结构图。其中，k 为采样时间，$u(k)$为控制信号，直接作用于被控对象，$y(k)$为过程的实际输出（理想输出，称为导师信号），两者共同作为 BP 逼近器的输入信号。$y_n(k)$为 BP 网络的实际输出，将理想输出和网络实际输出的误差作为逼近器的调整信号 $e(k)$。

（1）正向传播：计算网络的实际输出。隐藏层神经元（对应第 j 个）输入为所有输入神经元的加权之和，即：

$$x_j = \sum_i w_{ij} x_i$$

式中：$i=2$，代表输入层的两个神经元。方程仅给出一般表达式，以下不再做特殊说明。

隐藏层神经元（对应第 j 个）的输出 x_j' 为 x_j 的 Sigmoid 函数，即：

$$x_j' = f(x_j) = \frac{1}{1+\mathrm{e}^{-x_j}}$$

则：

$$\frac{\partial x_j'}{\partial x_j} = \frac{\mathrm{e}^{-x_j}}{(1+\mathrm{e}^{-x_j})^2} = x_j'(1-x_j')$$

输出层神经元的输出为：

$$y_n(k) = \sum_j w_{jk} x'_j$$

本例为单输出网络，权值 w_{jk} 中 $k=1$，代表输出层仅有一个神经元。

调整信号为理想输出和网络实际输出的误差，即：

$$e(k) = y(k) - y_n(k)$$

误差纠正学习的最终目的是使某一基于 $e(k)$的目标函数达到最小，以使网络的每一个输出神经元的实际输出在某种统计意义上最逼近于期望输出。最常用的目标函数为均方误差函数，即误差性能指标函数，表示为：

$$J = \frac{1}{2} e(k)^2$$

正如上面所讲，BP 网的学习训练是希望 $y_n(k)$最逼近 $y(k)$，在第一步迭代中，输入到隐藏层的神经元权值矢量$\boldsymbol{W}_1=[W_{ij}]$、隐藏层到输出层的神经元权值矢量$\boldsymbol{W}_2=[W_{jk}]$都需要计算机随机值(避免初值设为相等，导致所有权值调整量相同)，使得误差$e(k)$存在，表明下一步需要进行权值的调节，BP 学习进入反向传播过程。

（2）反向传播：采用 Delta 学习算法，调节各层之间的权值矢量。首先调节输出层到隐藏层的权值矢量 w_{jk}，设相邻两次采样时间对应的变化量为 Δw_{jk}，则：

$$\Delta w_{jk} = -\eta \frac{\partial J}{\partial w_{jk}} = \eta e(k) \frac{\partial y_n(k)}{\partial w_{jk}} = \eta e(k) x_j' \tag{6-1}$$

求解偏导的过程称为连锁法（Chain Rule）。

式中：$\eta \in [0, 1]$称为学习效率，或步长，通常取 $\eta=0.5$。

则 $k+1$ 时刻，网络的权值调整为：

$$w_{jk}(k+1)=w_{jk}(k)+\Delta w_{jk}$$

为了避免权值的学习过程发生震荡、收敛速度慢，引入动量因子 α，修正后的权值矢量表示为：

$$w_{jk}(k+1)=w_{jk}(k)+\Delta w_{jk}+\alpha[w_{jk}(k)-w_{jk}(k-1)] \tag{6-2}$$

式（6-2）表明，下一时刻的权值不但与当前时刻权值有关，同时追加了上一时刻权值变化对下一时刻权值的影响，该方法被称为 BP 的改进算法，$\alpha\in[0,1]$也叫做惯性系数、平滑因子或阻尼系数（减小学习过程的振荡趋势），通常取 $\alpha=0.05$；$[w_{jk}(k)-w_{jk}(k-1)]$称为惯性项。

依此原理，再次应用连锁法，隐藏层到输入层的权值矢量 w_{ij} 的学习算法为：

$$\Delta w_{ij}=-\eta\frac{\partial J}{\partial w_{ij}}=\eta e(k)\frac{\partial y_n(k)}{\partial w_{ij}}$$

式中：$\frac{\partial y_n(k)}{\partial w_{ij}}=\frac{\partial y_n(k)}{\partial x_j'}\times\frac{\partial x_j'}{\partial x_j}\times\frac{\partial x_j}{\partial w_{ij}}=w_{jk}(k)\frac{\partial x_j'}{\partial x_j}x_i=w_{jk}(k)x_j'(1-x_j')x_i$。

$k+1$ 时刻，网络的权值为：

$$w_{ij}(k+1)=w_{ij}(k)+\Delta w_{ij}+\alpha[w_{ij}(k)-w_{ij}(k-1)]$$

在程序设计中，对所有权值矢量赋以随机任意小值，预先设计迭代步数，或给出网络训练的最终目标，如 $J=10^{-10}$，使网络跳出递归循环。BP 学习算法的程序框图如图 6-16所示。

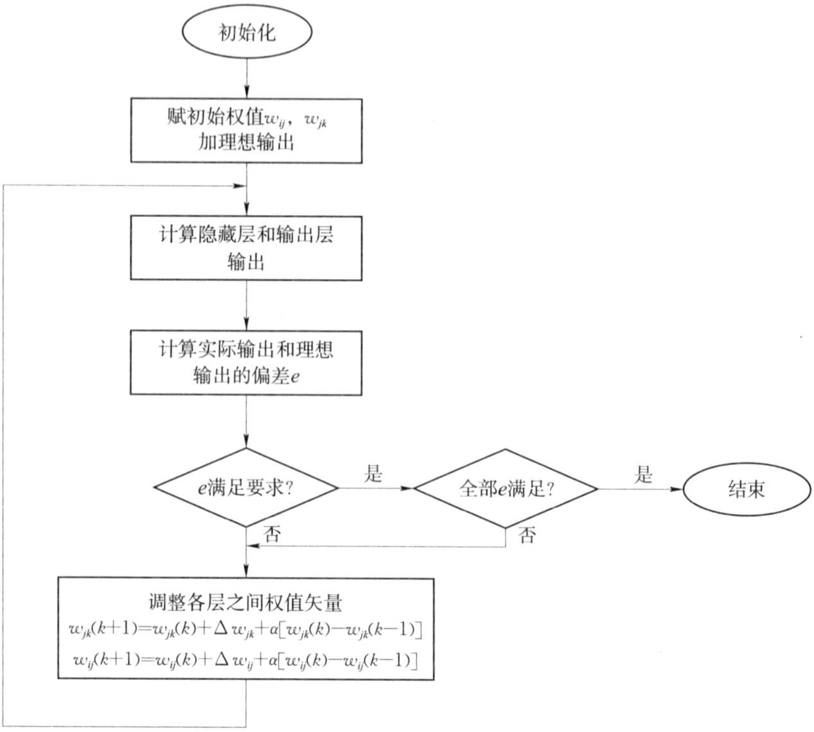

图 6-16　BP 算法程序框图

3. BP 网络的改进算法

(1) 引入惯性项。如上描述的方法，称作具有阻尼项（惯性项）的权值调整算法。

(2) 变步长算法。它是指在网络训练中，每一步的步长能够自适应的改变，而不是仅靠经验在程序初始阶段设定。观测连续两次训练的误差值，如果误差下降则增大学习率；误差反弹在一定范围内，则保持步长；误差反弹超过一定限度，则减小步长，具体描述为：

$$\text{if}\quad E(t)<E_{\min}\times er\quad \text{then}\quad \eta(t+1)=\eta(t)\times in$$
$$\text{else}\quad \eta(t+1)=\eta(t)\times de$$

式中：$E_{\min}$为前 t 次迭代的最小误差；er 为反弹许可率；in 为学习步长增加率；de 为学习步长减小率。

学习效率 η 的选择对于 BP 网络的学习至关重要，在学习的初始阶段，可以选择较大的 η 使学习速度加快，而当临近最佳点时，η 必须相当小，否则会导致神经元的连接权值产生反复震荡而不能收敛。

显而易见，变步长算法的好处就为每一步的步长在迭代过程总自适应地进行调整提供了一种机制，使得对于不同的连接权值实际上采用了不同的学习效率，即误差性能指标函数 J 在超曲面上在不同的方向按照各自比较合理的步长向极小点逼近。

(3) 改进激活函数。对于典型 Sigmoid 型激活函数 $f(x)=\dfrac{1}{1+e^{-x}}$，引入参数 a、c，可对其进行偏值和形状的调节，表达式为：

$$f(x)=\frac{1}{1+\exp[-a(x+c)]}$$

式中：参数 c 表示偏值，取正可以使激活函数向左水平移动，反之，向右水平移动。参数 a 的作用是调节 sigmoid 函数的形状，较大的 a 可使函数形状逼近一个阶跃函数，较小的 a 可使函数形状变得较为平坦。如图 6－17 所示为具有可调 a、c 的 sigmoid 函数图形。

对于较为平坦的 sigmoid 函数，其值在更大范围的输入空间为非零值，体现 BP 网全局逼近的特性也越强。

另外，选择其他类型的扁平激活函数，如双曲正切函数代替 Sigmoid 函数，也可以在一定程度上提高收敛速度。使用中，可根据特定问题，确定合适的算法方案。目前，BP 网络的改进算法有许多种形式和结构，感兴趣的读者可参阅相关参考文献。

4. BP 网络的特点

(1) BP 网的层与层之间采用全互联方式，即相邻层任意一对神经元都有连接。同一层的处理单元（神经元）是完全并行的，层间的信息传递是串行的，由于层间节点数目要远大于网络层数，因此是一种并行推理。个别神经元的损坏，只对输入输出关系产生较小影响，故网络具有很好的容错性能。

(2) BP 网的突出性能还体现在其具有较强的泛化能力（Generalization Ability，也称综合能力或概括能力），可对其理解为：①用较少的样本进行训练时，网络能够在给定的区域内达到要求的精度；②用较少的样本进行训练时，网络对未经训练的输入也能给出合适的输出；③当神经网络输入矢量带有噪声时，即与样本输入矢量存在差异时，神经网络

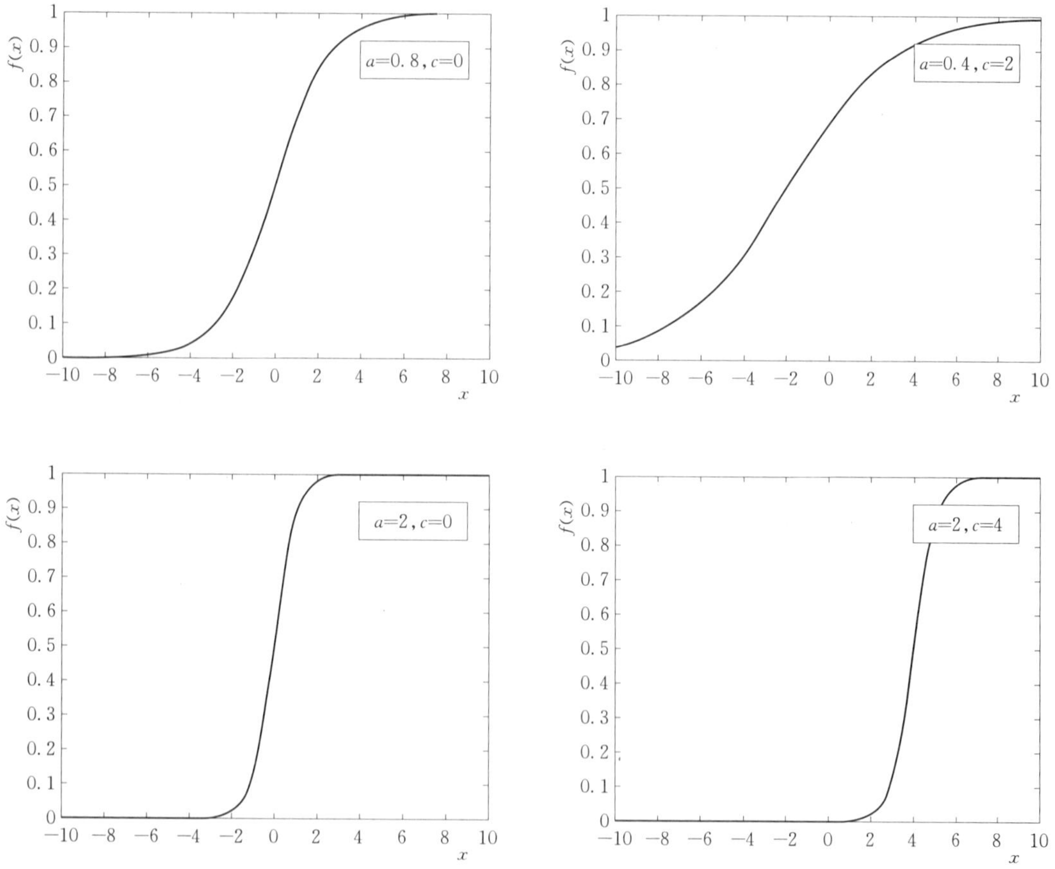

图 6-17 不同参数下 sigmoid 函数的曲线变化

的输出同样能够准确地呈现应有的输出。

(3) Kolmogorov 定理证明，对于任意 $\varepsilon>0$，存在一个结构为 $n-(2n+1)-m$ 的 3 层 BP 网络，能够以任意 ε^2 误差精度内逼近连续函数 f：$[0,\ 1]^n \rightarrow R^m$。而对于多层 BP 网络，理论上也可以证明，只要采用足够多的隐层和隐层节点数，利用扁平函数或线性分段多项式函数作为激活函数，可以对任意感兴趣的函数以任意精度进行逼近，因此，多层前向网络是一种通用的逼近器。但对于特定问题，直接确定网络的结构尚无理论上的指导，仍需根据经验进行试凑。

(4) J 的超曲面可能存在多个极值点，按梯度下降法对网络权值进行训练，很容易陷入局部极小值，即收敛到初值附近的局部极值。

(5) 由于 BP 网隐藏层采用的是 Sigmoid 函数，其值在输入空间中无限大的范围内为非零值，因而是一种全局逼近网络。也正是由于 BP 网的全局逼近性能，每一次样本的迭代学习都要重新调整各层权值，使得网络收敛速度慢，难以满足实际工况的实时性要求。而 RBF 网络所采用的是高斯基函数，大大加快了网络的学习速度，适合于实时控制的要求，详细算法在 6.4 节给出。

目前，对 ANN 技术的使用主要体现在以下 4 个方向：

(1) 通用逼近器——如上所述，完成对非线性函数或非线性系统的逼近，它有类似于投影的特性，可以自动寻找非线性的方位，从而有效地表达，尽管同决策树、小波级数及模糊系统相比，神经网络收敛速度不占明显优势，但快速学习算法等引入，使得网络的收敛速度明显提升。

(2) 模式识别——利用其自学习、自组织、并行处理特性及强容错、联想能力，利用样本训练构成模式识别知识库，对所需要的输入模式进行识别。

(3) 系统辨识——在系统辨识中，被控对象输出对输入的敏感度函数被称为雅克比(Jacobian) 信息，表示为输出对输入的偏导数，通常无法得到，不可实现，而 ANN 可以很轻松高效地实现对这一信息的辨识。

(4) 神经网络控制——ANN 技术本身具有很适合控制的特性，人们归结了其用于控制的 7 种典型类型，如 ANN 监督控制、ANN 自适应控制和 ANN 内模控制等，为解决复杂的非线性、不确定、不确知系统的控制问题开辟了新途径。

BP 网络作为最为典型的 ANN，已在模式识别、图像处理、函数拟合、优化计算、软测量、信息融合以及机器人控制等领域取得了广泛的应用。下面以模式识别应用 (Pattern Recognition) 为例，给出一个 BP 网在模式识别中的应用实例。

5. 神经网络应用实例解析

在现实世界中，声音、图像、文字、震动和温度等都以各种模式存在着，随着对人工智能研究的深入，人们希望对这些模式的描述、辨识、分类和解释等过程通过计算机来完成。大多数的人工智能都是以符号为基础，在此意义下，可以将图像、声音等变换为一定的符号信息，如“0”、“1” 等数值数据。

设参考模式（或称模板）为 4 输入、3 输出的样本，如表 6-1 所示。

表 6-1　　参 考 模 式

输入				输出		
1	0	0	0	1	0	0
0	1	0	0	0	0.5	0
0	0	1	0	0	0	0.5
0	0	0	1	0	0	1

如表 6-2 所示为测试样本的输入模式。

表 6-2　　测试样本的输入模式

输入			
0.950	0.002	0.003	0.002
0.003	0.980	0.001	0.001
0.002	0.001	0.970	0.001
0.001	0.002	0.003	0.995
0.500	0.500	0.500	0.500
1.000	0.000	0.000	0.000
0.000	1.000	0.000	0.000
0.000	0.000	1.000	0.000
0.000	0.000	0.000	1.000

注意：若输入、输出样本参数值不在［－1～1］的区间，则必须进行归一化处理，即：

$$y_i=\frac{2\times(x_i-x_{i\min})}{x_{i\max}-x_{i\min}}-1$$

测试结束后，经下式得到还原值：

$$x_i=\frac{1}{2}(x_{i\max}-x_{i\min})y_i+(x_{i\max}+x_{i\min})$$

式中：y_i 为变换后的样本数据；x_i 为原样本数据；$x_{\max}=\max\{x_i^1, x_i^2, \cdots, x_i^p\}$对应样本值的最大值；$x_{\min}=\min\{x_i^1, x_i^2, \cdots, x_i^p\}$对应样本值的最小值；$p$ 为样本个数。

运用改进的 BP 神经网络对上述样本进行训练。

（1）*BP* 网络初始参数。设网络结构为 4－9－3，初始权值矢量 $W_1=[w_{ij}]$ 和 $W_2=[w_{jk}]$ 取［－1，＋1］之间的随机值，学习效率为 $\eta=0.50$，动量因子为 $\alpha=0.05$。网络训练的最终目标为 $J=10^{-20}$。

（2）测试结果。如表 6－3 所示为测试样本及结果。

表 6－3　测试样本及结果

输入				输出		
0.950	0.002	0.003	0.002	0.9645	0.0032	0.0179
0.003	0.980	0.001	0.001	0.0051	0.4931	0.0058
0.002	0.001	0.970	0.001	0.0059	0.0037	0.4948
0.001	0.002	0.003	0.995	0.0007	0.0007	0.9967
0.500	0.500	0.500	0.500	0.3529	0.0914	0.4390
1.000	0.000	0.000	0.000	1.0000	－0.0000	0.0000
0.000	1.000	0.000	0.000	－0.0000	0.5000	－0.0000
0.000	0.000	1.000	0.000	－0.0000	－0.0000	0.5000
0.000	0.000	0.000	1.000	－0.0000	－0.0000	1.0000

如图 6－18 所示为 BP 网络对样本训练的收敛过程。

整个网络的训练步数为 $k=358$，程序在嵌有 Vista 系统的 PC 机上总运行平均时间为 0.2810s。从仿真结果看，该改进的 BP 神经网络具有很好的逼近非线性系统能力，样本训练的收敛过程也很快。

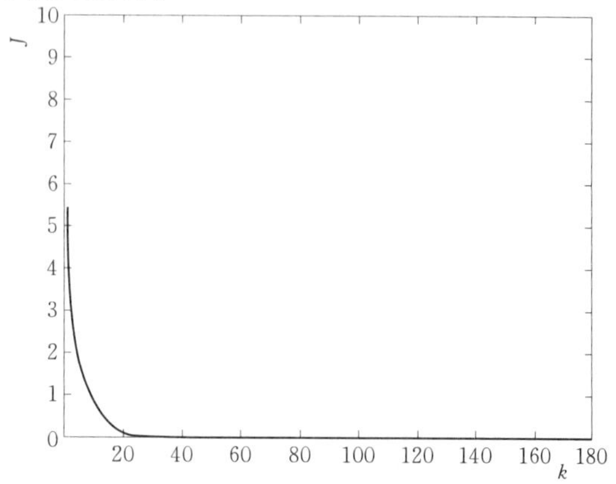

图 6－18　BP 网收敛过程

6.3.2 RBF 神经网络

RBF（Radial Basis Function，径向基函数）网络的理论与径向基函数理论有着密切的联系，因而有较为坚实的数学基础。RBF 网络结构简单，为具有单隐层的三层前向网络，网络的第一层为输入层，将网络与外界环境连接起来；第二层为径向基层（隐藏层），其作用是输入空间到隐层空间之间进行非线性变换；第三层为线性输出层，为作用于输入层的信号提供响应。

1. 径向基函数

RBF 是数值分析中的一个主要研究领域，该技术就是要选择一个函数具有下列形式：

$$F(x)=\sum_{i=1}^{I} w_i \varphi(\| x-c_i \|) \tag{6-3}$$

式中：$\{\varphi(\| x-c_i \|) \mid i=1, 2, \cdots, I\}$是 I 个任意函数的集合，称为径向基函数；$\| \cdot \|$表示范数，通常是欧几里得范数；数据 c_i 与 x 具有相同的维数，表示第 i 个基函数的中心，当 x 远离 c_i 时，$\varphi(\| x-c_i \|)$很小，可以近似为零。实际上，只有当$\varphi(\| x-c_i \|)$大于某值（例如 0.05）时，才对相应的权值 w_i 进行修正。

典型的径向基函数包括：

（1）多二次（Multiquadrics）函数。

$$\varphi(x)=(x^2+p^2)^{\frac{1}{2}} \qquad p>0, \ x \in R$$

（2）逆多二次（Inverse multiquadrics）函数。

$$\varphi(x)=\frac{1}{(x^2+p^2)^{\frac{1}{2}}} \qquad p>0, \ x \in R$$

（3）高斯（Gauss）函数。

$$\varphi(x)=\exp\left(-\frac{x^2}{2\sigma^2}\right) \qquad \sigma>0, \ x \in R$$

（4）薄板样条（Thin plate spline）函数。

$$\varphi(x)=\left(\frac{x}{\sigma}\right)^2 \lg\left(\frac{x}{\sigma}\right) \qquad \sigma>0, \ x \in R$$

函数的曲线形状如图 6-19 所示。

由于 Gauss 函数形式简单、径向对称、解析性和光滑性好，即便对于多变量输入也不增加太多复杂性，一般选取 Gauss 函数作为 RBF 神经网络的径向基函数。表示为：

$$g_i(x)=g_i(\| x-c_i \|)=\exp\left(-\frac{\| x-c_i \|^2}{2\sigma_i^2}\right) \qquad i=1, 2, \cdots, I$$

式中：σ_i 为第 i 个感知的变量，它决定了该基函数围绕中心点的宽度；I 为隐藏层激活函数的个数；$g_i(x)$在 c_i 处有一个唯一的最大值，随着$\| x-c_i \|$的增大，$g_i(x)$迅速衰减到零；对于给定的输入 $x \in R^n$，只有一小部分靠近 x 中心的被激活。

σ_i 决定了高斯基函数形状的宽度，其值越大，曲线越宽，对网络输入的覆盖范围越大，激活的敏感性越差；其值越小，曲线越窄，对网络输入的覆盖范围越小，激活的敏感性越好。c_i 代表高斯基函数的中心，网络的输入值与中心越近，表明激活函数对输入的敏感性越好，反之越差。

2. 径向基函数网络结构

RBF 神经网络的基本思想是：径向基函数作为隐单元的“基”，构成隐藏层空间，通过输入空间到隐藏层空间之间的非线性变换，将低维的模式输入数据变换到高维空间，使低维空间线性不可分转换到高维空间的线性可分。

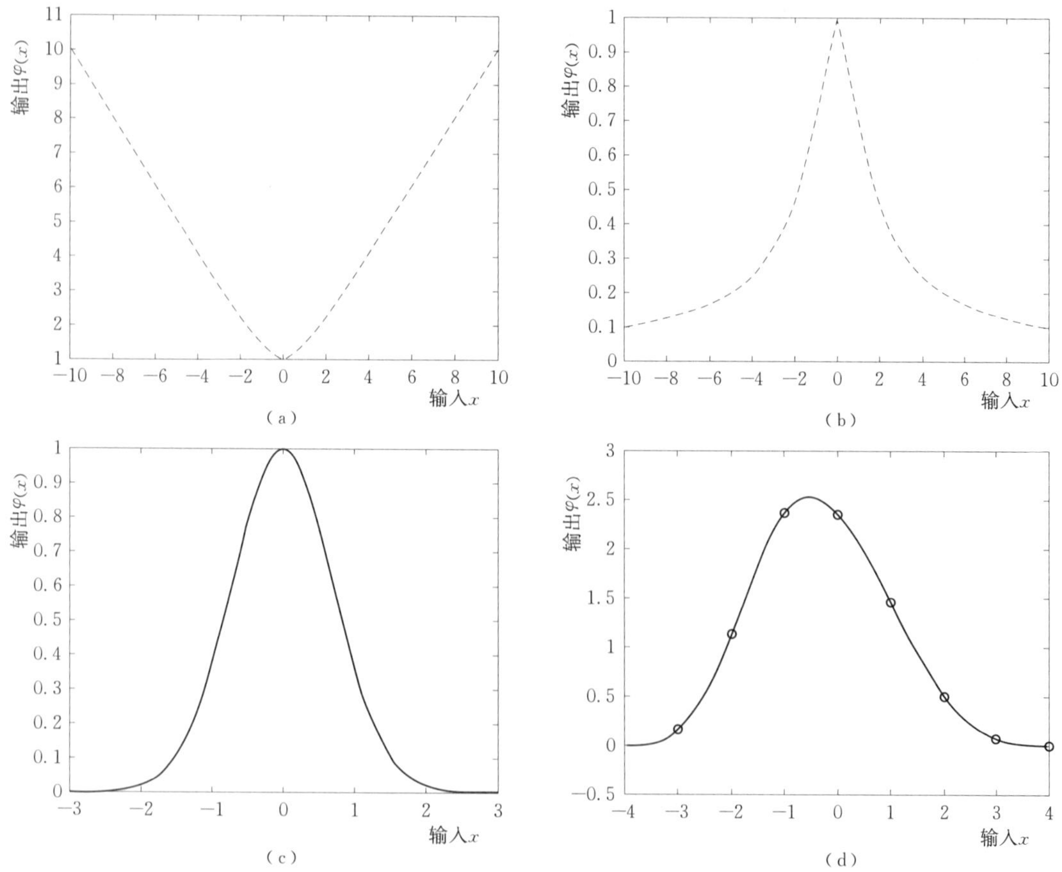

图 6-19 径向基函数曲线形状

(a) 多二次函数；(b) 逆多二次函数；(c) 高斯函数；(d) 薄板样条函数

由式（6-3），RBF 网络输出函数表示为（对应第 k 个输出神经元）：

$$F_k(x) = \sum_{i=1}^{I} w_{ik} g_i(x) \qquad k = 1,2,\cdots,n$$

式中：$X=(x_1, x_2, \cdots, x_m)^{\mathrm{T}} \in R^m$ 为输入变量；m 为输入神经元个数；$W=(w_1, w_2, \cdots, w_I)^{\mathrm{T}} \in R^I$ 为输出层权矢量；I 为径向基函数的个数（中心的个数）。

RBF 网络结构图如 6-20 所示。

从图 6-20 可以看出，输入层完成 $x \rightarrow g_i(x)$ 的非线性映射，输出层实现从 $g_i(x) \rightarrow F_k(x)$ 的线性映射。

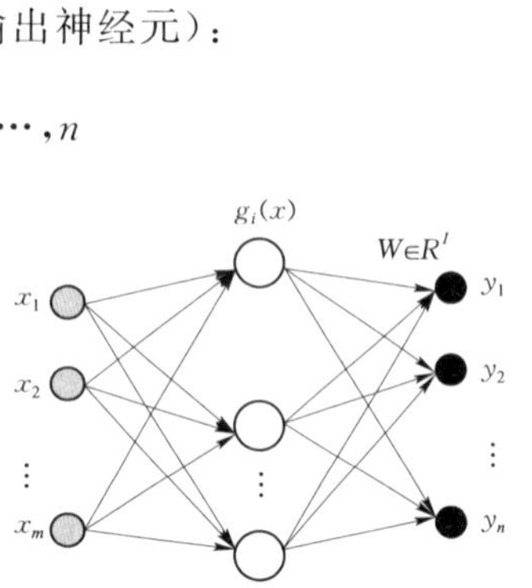

图 6-20 RBF 网络拓扑结构图

3. 网络学习算法

仍以 RBF 网络作为通用逼近器为例，给出其对非线性函数（系统）进行逼近的学习过程。如图 6-21 所示为逼近器结构图。其中，k 为采样时间，$u(k)$为控制信号，直接作用于被控对象，$y(k)$为过程的实际输出（称为导师信号），两者共同作为 RBF 逼近器的输入信号。$y_n(k)$为 RBF 网络的实际输出，将理想输出和网络实际输出的误差作为逼近器的调整信号 $e(k)$。

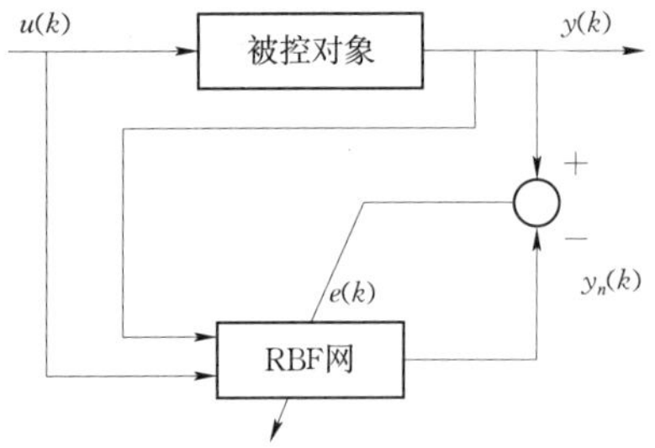

图 6-21 RBF 神经网络逼近器

在 RBF 网络结构中，设 $\boldsymbol{X}=[x_1, x_2, \cdots, x_m]^T$ 为网络的输入向量，隐藏层的径向基向量表示为 $\boldsymbol{G}=[g_1, g_2, \cdots, g_i]^T$，即：

$$g_i=\exp\left(-\frac{\| X-C_i \|^2}{2\sigma_i^2}\right) \quad i=1, 2, \cdots, I$$

式中：隐藏层第 i 个节点中心向量为 $\boldsymbol{C}_i=[c_{ij}]^T=[c_{i1}, c_{i2}, \cdots, c_{im}]^T$，$j=1, 2, \cdots, m$。

设网络的基宽向量为：

$$\Sigma=[\sigma_1, \sigma_2, \cdots, \sigma_i]^T$$

式中：σ_i 为节点 i 的基宽参数。

网络的权值矢量表示为：

$$\boldsymbol{W}=[w_{ik}]^T=[w_1, w_2, \cdots, w_i]^T \quad (k=1，网络只有一个输出节点)$$

则 RBF 网络的实际输出为：

$$y_n(k)=w_1 g_1+w_2 g_2+\cdots+w_i g_i$$

调整信号为理想输出和网络实际输出的误差，即：

$$e(k)=y(k)-y_n(k)$$

建立目标函数，即误差性能指标函数为：

$$J=\frac{1}{2}e(k)^2=\frac{1}{2}[y(k)-y_n(k)]^2$$

借助梯度下降法、连锁法和带有惯性项的权值修正法，对待训练的各组参数进行修正，算法如下：

$$\Delta w_i=-\eta\frac{\partial J}{\partial w_i}=\eta e(k)\frac{\partial y_n(k)}{\partial w_i}=\eta e(k)g_i$$

$$w_i(k+1)=w_i(k)+\Delta w_i+\alpha[w_i(k)-w_i(k-1)]$$

$$\Delta\sigma_i=-\eta\frac{\partial J}{\partial\sigma_i}=\eta e(k)\frac{\partial y_n(k)}{\partial g_i}\times\frac{\partial g_i}{\partial\sigma_i}=\eta e(k)w_i g_i\frac{\| \boldsymbol{X}-\boldsymbol{C}_i \|^2}{\sigma_i^3}$$

$$\sigma_i(k+1)=\sigma_i(k)+\Delta\sigma_i+\alpha[\sigma_i(k)-\sigma_i(k-1)]$$

$$\Delta c_{ij}=-\eta\frac{\partial J}{\partial c_{ij}}=\eta e(k)\frac{\partial y_n(k)}{\partial g_i}\times\frac{\partial g_i}{\partial c_{ij}}=\eta e(k)w_i g_i\frac{x_j-c_{ij}}{\sigma_i^2} \quad j=1,2,\cdots,m$$

$$c_{ij}(k+1)=c_{ij}(k)+\Delta c_{ij}+\alpha[c_{ij}(k)-c_{ij}(k-1)]$$

式中：$\eta\in[0, 1]$为学习效率；$\alpha\in[0, 1]$为动量因子。

在程序设计中，对所有权值矢量 $\boldsymbol{W}$、基宽向量 Σ 和中心矢量$\boldsymbol{C}_i$（$i=1, 2, \cdots, I$）赋以随机任意小值，预先设计迭代步数，或给出网络训练的最终目标，如 $J=10^{-10}$，使网络跳出递归循环。

4. RBF 网与 BP 网的对比

（1）从结构上看，两者均属于前向网络，RBF 网为三层网络，即只有一个隐藏层；而 BP 网的拓扑结构可以实现多隐藏层。

（2）在训练中，如果不考虑阈值向量，BP 网络主要训练 2 组参数，分别是输入层到隐藏层的权值向量以及隐藏层到输出层的权值向量；而 RBF 网络不仅需要训练隐藏层到输出层的权值向量，还要对基宽参数和中心矢量进行训练。这是由网络学习训练的机理决定的，首先，通过若干隐层节点，用聚类方式覆盖全部样本模式，需要学习中心向量 $\boldsymbol{C}_i$ 和基宽参数 σ_i，然后，修改隐层到输出层权值 $\boldsymbol{W}=[w_{ik}]^T$，以获得最小误差。

（3）RBF 网的激活函数多采用高斯基函数，其值在输入空间的有限范围内为非零值，因而是一种局部逼近的神经网络。相比 BP 网，RBF 网具有学习收敛快的优点，适合于实时性要求高的场合。

（4）RBF 网络中隐含层节点数比采用 Sigmoid 型激活函数的前向网络所用数目多很多。这是由于 RBF 网络只对输入空间的较小范围产生响应。

（5）RBF 网络在功能上与模糊系统有一定的联系，与 BP 网络相比，其更适合用于设计模糊神经网络系统。

在技术上，很难找到不同形式和类型的基函数作用于同一个 RBF 网络中，同时也很难证明可以在同一个 RBF 网络中采用不同类型的激活函数。理论已经证明，只要隐藏层选择足够的神经元，一个 RBF 网络可以以任意期望精度逼近任意函数。RBF 网络良好的数学基础已使其在函数逼近、函数插值以及数值分析等领域得到广泛地应用。

5. 逼近器输入与激活函数的覆盖范围设定

如果 RBF 网络的隐藏层节点数为 7，且均采用高斯基函数进行激活，如果初始基宽向量选为 $\boldsymbol{\sigma}=[0.5\ \ 0.5\ \ 0.5\ \ 0.5\ \ 0.5\ \ 0.5\ \ 0.5]^T$，中心向量选为 $\boldsymbol{c}=[-4.5\ \ -3\ \ -1.5\ \ 0\ \ +1.5\ \ +3\ \ +4.5]^T$（若只有一个输入节点），则这组隐藏层节点激活函数图形如图 6-22所示。

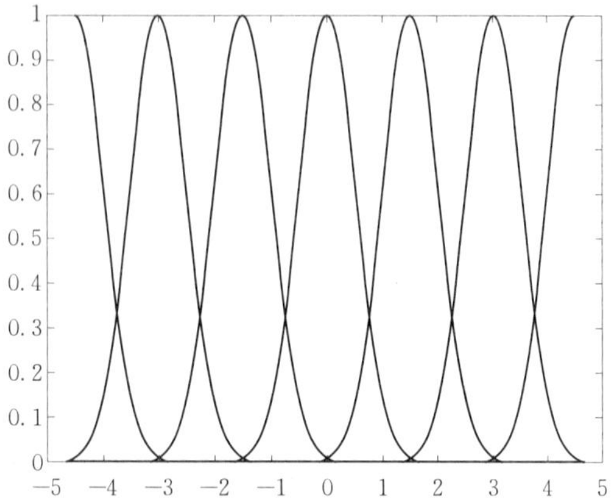

图 6-22　隐藏层节点参数初始设置

则 RBF 网络的输入值应在 $[-4.5\ \ +4.5]$ 范围内设定，如本例中，$x=4.5\sin(2\pi t)$。

可见，RBF 隐藏层节点的中心向量 $\boldsymbol{C}_j$ 和基宽参数 b_j 的选择是困难的，因为要充分考虑被逼近对象的输入值在隐层高斯基函数的有效映射范围之内，如若不然，非线性逼近效果很差，甚至不能实现"万能逼近"，这也是 RBF 网络难以广泛应用的原因。

6. 类高斯函数

在高斯函数的基础上，还可以设计出类高斯函数，成为隶属函数曲线中描述模糊子集的一种比较合理的形式。其数学表达式为：

$$A=e^{\frac{-|x-\bar{x}|^{\gamma}}{\sigma}}$$

式中：$\gamma>0$，$\sigma>0$。

类高斯函数充分利用了原高斯函数中两个特征参数 γ 和 σ 的信息，并通过改变它们的值来接近几种传统的隶属函数，特点是连续且处处可微，同时，适当地选择 γ 和 σ 值时，类高斯函数能够接近于三角形隶属函数、梯形隶属函数、高斯隶属函数（$\gamma=2$）甚至矩形隶属函数，构造了隶属函数的"泛模型"。本章 6.4 节将以类高斯基函数设计自适应神经模糊推理系统的隶属函数，实现机器人足球比赛射门点的确定问题。

6.3.3 CMAC 神经网络

1975 年，J. S. Albus 提出小脑模型控制器（Cerebellar Model Articulation Controller，CMAC）。它是仿照小脑如何控制肢体运动的原理而建立的神经网络模型，其并不具备人工神经网络的层次连接结构，也不具备动力学行为，而只是一种非线性映射。W. T. Miller 等人随后将 δ（Delta）算法引入到 CMAC 的学习中，利用其成功地实现了机器人手臂协调运动控制，成为神经网络在机器人控制中的一个经典范例。

1. CMAC 网络结构

CMAC 是典型的前向网络，一个简单的 CMAC 模型结构如图 6－23 所示。

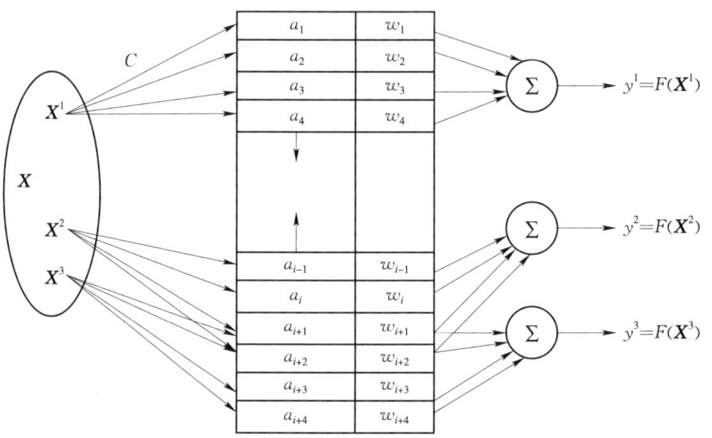

图 6－23　CMAC 模型结构

图 6－23 中，$\boldsymbol{X}$ 表示 n 维输入状态空间，A 为具有 m 个单元的存储区（联想记忆空间）。设 CMAC 网络的输入向量用 n 维输入状态空间 $\boldsymbol{X}$ 中的点 $\boldsymbol{X}^p=(x_1^p, x_2^p, \cdots, x_n^p)^{\mathrm{T}}$ 表示，对应的输出向量用 $y^p=F(x_1^p, x_2^p, \cdots, x_n^p)$ 表示，这里，$p=1, 2, 3$。A 中的每个元素只取 0 或 1 两种值，输入空间的一个点 $\boldsymbol{X}^p$ 将同时激活 A 中的 C 个元素（如图 6－23 所示，$C=4$），使其同时为 1，而其他多数元素为 0，网络的输出 y^p 为 A 中 4 个被激活单元对应的权值之和。C 称为泛化参数，它规定了网络内部影响网络输出的区域大小。

2. 网络学习算法

CMAC 网络由输入层、中间层和输出层组成。CMAC 网络的设计主要包括输入空间的划分、输入层至输出层非线性映射的实现、输出层权值自适应线性映射。网络的工作过程由以下两个基本映射实现。

（1）概念映射（$\boldsymbol{X}\rightarrow A$）。概念映射实质上就是输入空间 $\boldsymbol{X}$ 至概念存储器 A 的映射。

鉴于在实际应用中要实现硬件对网络结构的模拟，网络中输入向量的各个分量均来自于不同的传感器，其值一般为模拟量，而 A 中的每个元素或者为 1，或者为 0，因此就必须将 $\boldsymbol{X}^p$ 量化，即使其成为输入空间中的离散点，以实现空间 $\boldsymbol{X}$ 的点对 A 空间的映射。

设输入向量每个分量可量化为 q 个等级，则 n 个分量可组合为输入状态空间 q^n 种可能的状态 $\boldsymbol{X}^p$，$p=1, 2, \cdots, q^n$。而每一个状态 $\boldsymbol{X}^p$ 都要映射为 A 空间存储区的一个集合

A^p，A^p 中的 C 个元素均为 1。

设输入状态空间向量为 $\boldsymbol{X}^p=(x_1^p, x_2^p, \cdots, x_n^p)^{\mathrm{T}}$，量化编码为 $[x^p]$，则映射后的向量可表示为：

$$A^p=S([x^p])=[s_1(x^p), s_2(x^p), \cdots, s_C(x^p)]^{\mathrm{T}} \tag{6-4}$$

式中：$s_j([x^p])=1$，$j=1, 2, \cdots, C$。

映射原则为：在输入空间相邻的两个点，在 A 空间有部分的重叠单元被激励。距离越近，重叠越多；距离越远，重叠越少。正如图 6-23 所示，$\boldsymbol{X}$ 空间的两个相邻样本 $\boldsymbol{X}^2$ 和 $\boldsymbol{X}^3$ 在 A 中的映射 A^2 和 A^3 出现了交集 $A^2 \cap A^3$，即其对应的 4 个权值中有两个是相同的，因此由权值累加之和计算的输出也比较接近。从函数映射的角度看，这一特点可起到泛化的作用。类似地，距离较远的两个样本 $\boldsymbol{X}^1$ 和 $\boldsymbol{X}^3$ 所映射的 $\boldsymbol{X}^1 \cap \boldsymbol{X}^3$ 为空，这种泛化不起作用，因此称为局部泛化。从分类角度看，不同输入样本在 A 中产生的交集起到了将相近样本聚类的作用。

（2）实际映射（$A \rightarrow A_p$）。实际映射是由概念存储器 A 中的 C 个单元，用编码技术映射至实际存储器 A_p 的 C 个单元。如图 6-24 所示为 $A \rightarrow A_p$ 的映射。

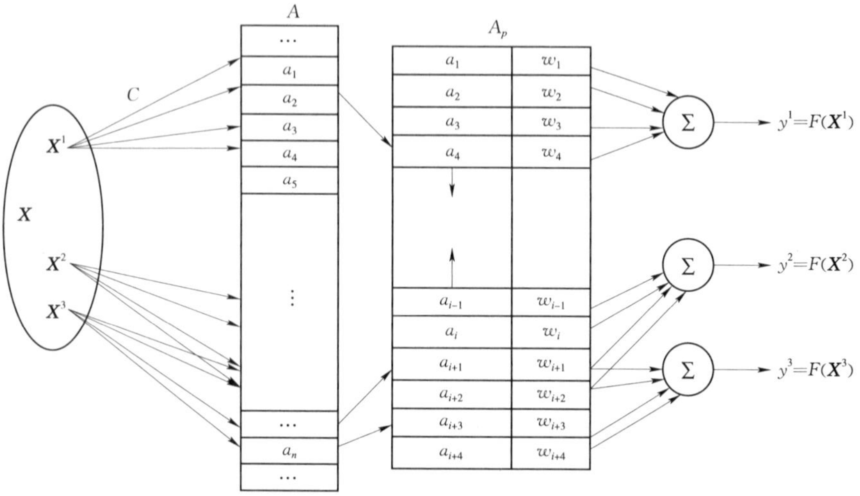

图 6-24　$A \rightarrow A_p$ 映射

由于 A 为具有 m 个单元的存储区，为了使 $\boldsymbol{X}$ 空间的每一个状态在 A 空间均存在唯一的映射，即使 A 存储区中单元的个数至少等于 $\boldsymbol{X}$ 空间的状态个数，则：

$$m \geqslant q^n$$

若将三维输入的每个分量量化为 10 个等级，则应满足 $m \geqslant 1000$。但是对于许多实际系统，q^n 往往要大得多，由于大多数的学习问题不会包含所有可能的输入值，如在机器人控制中，不是每个可能的状态都要进行学习，因此，实际上并不需要 q^n 个存储单元来存放学习的权值。通常，采用哈希编码（Hashing-coding）可将具有 q^n 个存储单元的地址空间 A 映射到一个小得多的物理地址空间 A_p 中。

通常地，采用哈希编码技术中的除留余数法实现 CMAC 的实际映射。设杂凑表长（A 存储区大小）为 m（m 为正整数），以元素值 $s(k)+i$ 除以某数 $N(N \leqslant m)$ 后所得余数 $+1$ 作为杂凑地址，实现实际映射，即：

$$ad(i) = [s(k) + iMOD\ N] + 1 \quad (6-5)$$

式中：$i=1, 2, \cdots, C$；$ad(i)$ 表示 A_p 中的地址。

网络的输出为 A_p 中 C 个单元的权值之和，表示为：

$$y^i = F(\boldsymbol{X}^i) = \sum_j w_j \quad (j \in C)$$

w_j 可以通过学习得到，采用 δ（Delta）学习规则调整权值。

以单输出为例，设期望输出为 $r(t)$，则误差性能指标函数为：

$$J = \frac{1}{2C} e(t)^2$$

式中：$e(t) = r(t) - y^1(t) = r(t) - \sum_j w_j (j \in C)$。

采用梯度下降法、连锁法和带有惯性项的权值修正法，权值迭代调整为：

$$\Delta w_j(t) = -\eta \frac{\partial E}{\partial w_j} = -\eta \frac{\partial E}{\partial y^1} \times \frac{\partial y^1}{\partial w_j} = \eta \frac{r(t) - y^1(t)}{C} \times \frac{\partial y^1}{\partial w_j} = \eta \frac{e(t)}{C}$$

$$w_j(t+1) = w_j(t) + \Delta w_j + \alpha[w_j(t) - w_j(t-1)]$$

式中：$\eta \in [0, 1]$为学习效率；$\alpha \in [0, 1]$为动量因子。

3. CMAC 网络的特点

(1) CMAC 网络是具有联想记忆功能的神经网络，具有一定的泛化能力，即所谓相近输入产生相近输出，远离的输入产生独立的输出。

(2) CMAC 网络是基于局部学习的神经网络，其信息存储在局部结构上，每次修正的权值很少，因此学习速度快，适合于实时控制。

(3) CMAC 网络的每一个神经元的输入—输出是一种线性关系，由于对网络的学习只在线性映射部分，因此采用简单的 δ（Delta）算法，即可完成对权值的修正，其收敛速度要明显优于 BP 网络，且不存在局部极小问题。

CMAC 网络已广泛应用于机器人控制、模式识别、动态建模、信号处理和自适应控制等领域。

6.3.4 Hopfield 神经网络

1982 年和 1984 年，美国加州理工学院物理学家霍普费尔德（J. J. Hopfield）提出了离散型和连续型的 Hopfield 神经网络。Hopfield 在网络中引入了“能量函数”的概念，采用类似 Lyapunov 稳定性的分析方法，构造了一种能量函数，并证明，当满足一定的参数条件时，该函数值在网络演化过程中不断降低，网络最后趋于稳定。另外 Hopfield 利用该网络成功地解决了 TSP 问题的优化计算，而且还采用电子电路硬件实现了该神经网络的构建。这是 Hopfield 在神经网络领域的 3 个突出贡献。

Hopfield 网络的提出推进了神经网络理论的发展，并开拓了神经网络在联想记忆和优化计算等领域应用的新途径。

1. 离散型 Hopfield 网络

Hopfield 是全互联反馈网络，其拓扑结构如图 6－25 所示。

Hopfield 网络具有单层结构，每个神经元的输出反馈到其他神经元，影响其状态的变化，具有了动态特性，因此与静态的 BP 神经网络相区别，Hopfield 网络是一种动态神经网络。另外，Hopfield 网络的神经元无自反馈，这也是 Hopfield 网络的一个显著特点。对于连续性的 Hopfield 网络，如果对其神经元增加了自反馈，网络将会表现出极其复杂的动力学行为（可参见混沌神经网络一节的介绍）。

离散型 Hopfield 网络的数学模型表示如下：

$$v_i(t) = f[u_i(t)] \qquad (6-6)$$

$$u_i(t) = \sum_{j \neq i} w_{ij} v_j(t) - \theta_i \qquad (6-7)$$

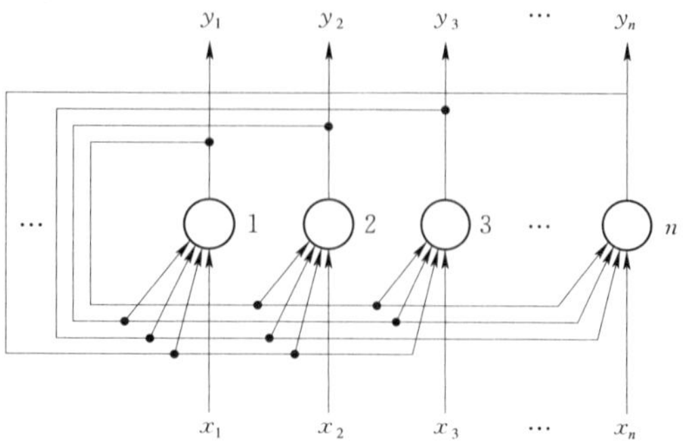

图 6-25 Hopfield 网络结构图

式中：$v_i(t)$表示第 i 个神经元 t 时刻的输出状态；$u_i(t)$ 表示第 i 个神经元 t 时刻的内部输入状态；θ_i表示神经元 i 的阈值；w_{ij}表示连接权值，可按照 Hebb 学习规则设计。

式（6-7）求和中标出 $i \neq j$ 表明了网络不具有自反馈。式（6-6）中的激励函数 $f(\cdot)$可选择离散型的激励函数。

离散型 Hopfield 网络有同步和异步两种工作方式。同步工作方式下，神经网络中所有神经元的状态更新同时进行。异步工作方式下，神经网络中神经元的状态更新依次进行，每一时刻仅有一个神经元的状态获得更新，神经元的更新顺序可以是随机的。

离散型 Hopfield 网络的能量函数定义为：

$$E = -\frac{1}{2} \sum_{i=1}^{n} \sum_{\substack{j=0 \\ j \neq i}}^{n} w_{ij} v_i v_j + \sum_{i=1}^{n} \theta_i v_i$$

随着神经元状态的更新，神经网络不断演化，如果从某一时刻开始，神经网络中的所有神经元的状态都不再发生改变，则称该神经网络演化到稳定状态。

下面给出离散型的 Hopfield 网络在联想记忆中的应用实例。

联想记忆的目的在于能够识别过去已经学过的输入矢量，即使加上噪声干扰也应当能够识别出来。联想记忆神经网络具有信息记忆和信息联想的功能，能够从部分信息或有适当畸变的信息联想出相应的存储在神经网络中的完整的记忆信息。许多识别问题都可以转化为联想记忆问题加以解决。例如人脸图像的识别、字符识别等就都可以看作为联想记忆问题。

联想记忆网络可以是有反馈的，也可以是没有反馈的。目前，主要有 3 类互相有些重叠的联想记忆网络：

（1）联想网络：这种网络将 n 维空间的 m 个输入矢量 $\boldsymbol{x}^1$，$\boldsymbol{x}^2$，…，$\boldsymbol{x}^m$映射到 k 维空间的 m 个输出矢量 $\boldsymbol{y}^1$，$\boldsymbol{y}^2$，…，$\boldsymbol{y}^m$，且使 $\boldsymbol{x}^i \to \boldsymbol{y}^i$。如果 $\boldsymbol{x}^i$ 的邻域 $\boldsymbol{x}'$ 能够满足 $\| \boldsymbol{x}' - \boldsymbol{x}^i \|^2 < \varepsilon$，则仍有 $x' \to y^i$。

（2）自联想网络：这是一种特殊的循环联想网络类型，这种网络矢量与自身联想，即 $\boldsymbol{y}^i = \boldsymbol{x}^i$（$i=1, 2, \cdots, m$），这类网络的功能是除去输入中的噪声干扰。

（3）模式识别网络：这也是一种特殊的循环联想网络类型，每一个矢量 x^i联想于一个标量 i，这种网络的目的是识别出输入模式的“名称”。

这 3 种联想网络也可理解为网络能在给定输入下，产生期望输出的自动机。

从生物神经元的机制所得到的训练联想网络的学习算法称为 Hebb 学习规则。Hebb 学习规则的含义是：两个同时激励的神经元之间所生成的互相耦合程度，要比那些互相无关联的神经元之间的耦合大得多。

对于 M 个不同的存储模式 x^1，x^2，…，x^M，其中 $x^u=(x_1^u,\cdots,x_N^u)$，$u=1$，2，…，M，由 Hebb 学习准则确定的 Hopfield 网络连接权值为：

$$w_{ij}=\begin{cases}\sum_{u=1}^{M}x_i^u x_j^u & i\neq j\\ 0 & i=j\end{cases}\tag{6-8}$$

例如，设联想记忆模式为下列的 5 个字符，每个字符为 10×10 的点阵，即每个模式为含有 100 个元素的向量，按照式（6－8）设计 100×100 的权值矩阵，当添加的噪声（黑色反转为白色，或白色反转为黑色）小于 20%时，联想成功率可达 90%以上，见图 6－26。

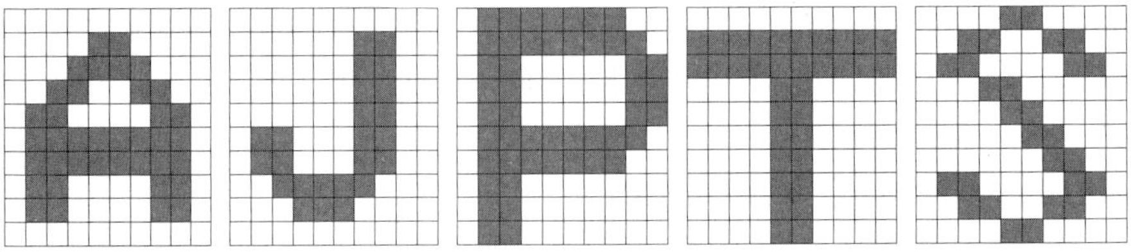

图 6－26　联想记忆样本

2. 连续型 Hopfield 网络

连续型 Hopfield 网络的拓扑结构与离散型网络相同，且可采用如图 6－27 所示的硬件电路模型实现。

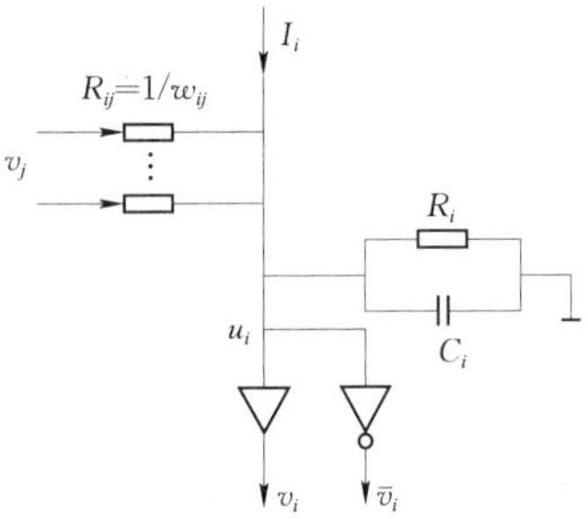

图 6－27　连续性 Hopfield 神经网络神经元电路模型

图 6－27 为一个神经元的硬件电路模型，u_i 为神经元的输入状态，R_i 和 C_i 分别为输入电阻和输入电容，I_i 为输入电流，w_{ij} 为第 j 个神经元到第 i 个神经元的连接权值。v_i 为神经元的输出，是神经元输入状态 u_i 的非线性函数。

根据基尔霍夫定律，建立第 i 个神经元的微分方程为：

$$\begin{cases}C_i\dfrac{du_i}{t}=\sum_{j=1}^{n}w_{ij}v_j-\dfrac{u_i}{R_i}+I_i\\ v_i=f(u_i)\end{cases}\tag{6-9}$$

式中：$i=1$，2，…，n。

激励函数 $f(\cdot)$ 可取为双曲函数：

$$f(s)=\rho\frac{1-\mathrm{e}^{-s}}{1+\mathrm{e}^{-s}}$$

式中：$\rho>0$。

连续型 Hopfield 网络的权值也是对称的，且无自反馈，即 $w_{ij}=w_{ji}$，$w_{ii}=0$。

连续型 Hopfield 网络的能量函数定义为：

$$E=-\frac{1}{2}\sum_{i=1}^{n}\sum_{j=1}^{n}w_{ij}v_iv_j+\sum_{i=1}^{n}\frac{1}{R_i}\int_0^{v_i}f_i^{-1}(v)\mathrm{d}v-\sum_{i=1}^{n}v_iI_i$$

当权值矩阵是对称阵（即 $w_{ij}=w_{ji}$）时，则：

$$\frac{\mathrm{d}E}{\mathrm{d}t}=\sum_{i=1}^{n}\frac{\partial E}{\partial v_i}\times\frac{\mathrm{d}v_i}{\mathrm{d}t}=-\sum_i\frac{\mathrm{d}v_i}{\mathrm{d}t}\left(\sum_j w_{ij}v_j-\frac{u_i}{R_i}+I_i\right)=-\sum_i\frac{\mathrm{d}v_i}{\mathrm{d}t}\left(C_i\frac{\mathrm{d}u_i}{\mathrm{d}t}\right)$$

由于 $v_i=f(u_i)$，则：

$$\frac{\mathrm{d}E}{\mathrm{d}t}=-\sum_i C_i\frac{\mathrm{d}f^{-1}(v_i)}{\mathrm{d}v_i}\left(\frac{\mathrm{d}v_i}{\mathrm{d}t}\right)^2$$

由于 $C_i>0$，双曲函数是单调上升函数，因此它的反函数 $f^{-1}(v_i)$ 也是单调上升函数，则可得到 $\mathrm{d}E/\mathrm{d}t\leqslant 0$，因此能量函数具有负的梯度，当且仅当 $\mathrm{d}v_i/\mathrm{d}t=0$ 时，$\mathrm{d}E/\mathrm{d}t=0$，$(i=1, 2, \cdots, n)$。由此可见，随着时间的演化，网络的解总是朝着能量 E 减小的方向运动。网络最终到达一个稳定平衡点，即能量函数 E 的一个极小点上。

我国学者廖晓昕指出，Hopfield 网络的稳定性并不是 Lyapunov 意义下的稳定性。而是指平衡点集的吸引性，并称之为 Hopfield 意义下的稳定性。有关 Hopfield 网络稳定性的深入分析请参阅文献［1］中的相关内容。

连续型 Hopfield 神经网络的典型应用是对优化计算问题进行求解。

优化计算涉及的工程领域很广，问题种类与性质繁多。归纳而言，最优化问题可分为函数优化问题和组合优化问题两大类，很多实际的工程问题都可以转换为其中之一进行求解。其中函数优化的对象是一定区间内的连续变量，而组合优化的对象则是解空间中的离散状态。

函数优化问题通常可描述为：令 $\boldsymbol{S}$ 为 $\boldsymbol{R}^n$ 上的有界子集（即变量的定义域），f：$\boldsymbol{S}\to\boldsymbol{R}$ 为 n 维实值函数，所谓函数 f 在 $\boldsymbol{S}$ 域上全局最小化就是寻求点 $\boldsymbol{X}_{\min}\in\boldsymbol{S}$ 使得 $f(\boldsymbol{X}_{\min})$ 在 $\boldsymbol{S}$ 域上全局最小，即 $\forall\boldsymbol{X}\in\boldsymbol{S}$：$f(\boldsymbol{X}_{\min})\leqslant f(\boldsymbol{X})$。对于 n 变量的优化问题，$\boldsymbol{X}=[x_1, x_2, \cdots, x_n]^{\mathrm{T}}$，并且 $a_1\leqslant x_1\leqslant b_1$，$a_2\leqslant x_2\leqslant b_2$，…，$a_n\leqslant x_n\leqslant b_n$，其中“T”为转置。

组合优化问题通常可描述为：令 $\boldsymbol{\Omega}=\{s_1, s_2, \cdots, s_n\}$ 为所有状态构成的解空间，$C(s_i)$ 为状态 s_i 对应的目标函数值，要求寻找最优解 s^*，使得 $\forall\ s_i\in\boldsymbol{\Omega}$，$C(s^*)=\min C(s_i)$。组合优化往往涉及排序、分类和筛选等问题，它是运筹学的一个重要分支。

典型的组合优化问题有旅行商问题（Tranveling Salesman Problem，简称 TSP）、加工调度问题（Scheduling Problem，如 Flow - shop，Job - shop），0 - 1 背包问题（Knapsack Problem）、装箱问题（Bin Packing Problem）、图着色问题（Graph Coloring Problem）以及聚类问题（Clustering Problem）等。

1985 年 Hopfield 利用连续型 Hopfield 神经网络成功求得 30 个城市 TSP 问题的次优解，从而使得该网络的研究得到学者们的重视。

旅行商问题是数学领域中著名问题之一。假设有一个旅行商人要拜访 $\boldsymbol{N}$ 个城市，每个城市只能拜访一次，最后回到原来出发的城市。求如何选择最短路径。

TSP 的历史很久，最早的描述是 1759 年欧拉研究的骑士周游问题，即对于国际象棋棋盘中的 64 个方格，走访 64 个方格一次且仅一次，并且最终返回到起始点。

1962 年我国学者管梅古教授给出了另一个描述方法：一个邮递员从邮局出发，到所辖街道投邮件，最后返回邮局，如果他必须走遍所辖的每条街道至少一次，那么他应该如何选择投递路线，使所走的路程最短。这个描述也被称为中国邮递员问题（Chinese Postman Problem，简称 CPP）。

TSP 问题是一个 NP（Nondeterministic Polynomial，简称 NP）难问题。对于 n 个城市的 TSP 问题，可能存在的闭合路径数为（$n-1$）！/2。为了求得最短路径，传统的求解方式需要搜索全部路径。随着城市数量 n 的增加，计算量急剧增大，产生所谓的“组合爆炸”问题。如表 6－4 所示给出了每秒可进行数亿次运算的计算机搜索 TSP 问题所需的时间。

表 6－4　　TSP 问题的计算量

城市数 n	7	15	20	50	100	200
加法数	2.5×10^{3}	6.5×10^{11}	1.2×10^{18}	1.5×10^{64}	5×10^{157}	1×10^{374}
搜索时间	2.5×10^{-5}s	1.8h	350 年	5×10^{48}年	10^{142}年	10^{358}年

TSP 问题的解答形式有多种，其中之一可采用如表 6－5 所示的方阵形式（以 $n=5$ 为例）。

表 6－5　　TSP 问题的解答形式

城市 \ 路径元素	1	2	3	4	5
A	0	1	0	0	0
B	0	0	0	1	0
C	1	0	0	0	0
D	0	0	0	0	1
E	0	0	1	0	0

在表 6－5 的方阵中，A、B、C、D、E 表示城市名称，1、2、3、4、5 表示路径顺序。为了保证每个城市只去一次，方阵每行只能有一个元素为 1，其余为 0。为了在某一时刻只能经过一个城市，方阵中每列也只能有一个元素为 1，其余为 0。为使每个城市必须经过一次，方阵中 1 的个数总和必须为 n。对于所给方阵，其相应的路径顺序为：C－A－E－B－D－C，所走的距离为 $d=d_{CA}+d_{AE}+d_{EB}+d_{BD}+d_{DC}$。

采用 Hopfield 网络求解 n 城市 TSP 问题，网络应由 $n\times n$ 个神经元组成。当网络达到稳定状态时，各神经元状态对应于方阵中的各元素值（0 或 1）。

由于 Hopfield 网络能够稳定到能量函数的一个局部极小，因此可将描述 TSP 问题的优化函数对应为能量函数，从而设计出对应的网络结构。

TSP 问题的优化函数可有多种形式，其中之一为：

$$E=\frac{A}{2}\sum_{x}\sum_{i}\sum_{j\neq i}v_{x,i}v_{x,j}+\frac{B}{2}\sum_{i}\sum_{x}\sum_{y\neq x}v_{x,i}v_{y,i}+\frac{C}{2}\left(\sum_{x}\sum_{i}v_{x,i}-n\right)^{2}+\frac{D}{2}\sum_{x}\sum_{y\neq x}\sum_{i}d_{x,y}v_{x,i}(v_{y,i-1}+v_{y,i+1}) \tag{6-10}$$

式（6－10）中：第 1 项对应解矩阵中每一行最多有一个 1；第 2 项对应解矩阵中每一

列最多有一个 1；第 3 项对应解矩阵中共有 n 个 1。

这 3 项是解矩阵的约束项。只有同时满足这 3 项的解才是合法解。如果解矩阵不满足某项约束条件，则可增大该项的系数来增大该项的约束权重。最后一项是问题的指标项，对应最短距离。

在进行优化问题求解时，令 $\sum w_{ij}v_j-\frac{u_i}{R_i}+I_i=-\partial E/\partial v_i$ 即可实现问题的求解。由于 Hopfield 网络的寻优机制是基于梯度寻优，所得优化结果与初值选取密切相关，而网络的初始值的选取通常缺少指导信息，因此该网络通常仅能对小规模的 TSP 等优化问题给出合法解，且寻优效率并不高。

另外，以 Hopfield 网络为基础，结合混沌理论可构造出暂态混沌神经网络，其寻优效率和网络性能可得到明显改善，有关混沌神经网络的介绍请参见本章 6.3.6 节中的相关内容。

6.3.5 模糊神经网络

以神经网络为基础的神经计算和以模糊逻辑为基础的模糊计算，都是建立在数值计算基础上的，成为计算智能的重要分支，两者既有相似的特性，又有各自适用的领域。其相同点体现在：

(1) 建立在模糊逼近理论上的“万能逼近器”，能够对非数值型的非线性函数进行逼近；而神经网络的突出特性也体现为具有很好的逼近非线性映射能力。两者均为非线性逼近器的典型代表。

(2) 模糊理论不需要对系统用精确的数学模型进行描述，仅依靠数学工具进行处理；而神经网络是一种“黑箱式”的学习，仅通过输入输出的映射关系，就能实现对一个动态系统的逼近和估计。

不同点在于：

(1) 在推理机制方面，模糊理论依赖“启发式搜索”策略，即借用领域专家的经验，加快推理进程，求得问题最优解；而神经网络依赖大量神经元之间的高度连接，通过“并行计算”推理输出。

(2) 在获取知识方面，模糊理论依靠专家经验，即模糊的语言信息；而神经网络则依靠对数据样本的学习，即算法实例训练。

(3) 在学习机制方面，模糊理论借用对本领域专家经验的归纳，通过模糊关系合成运算进行推理；而神经网络依靠调节权值，即对网络层间权值参数进行训练。

(4) 在应用领域上，模糊理论主要用于控制；而神经网络主要用于模式识别与分类器。

一般说来，模糊系统缺乏自学习能力，将 ANN 的学习机制和 FLN 的人类思维和推理结合起来，便构成了一类“模糊神经网络”。具体地，将神经网络的学习能力引入到模糊系统中，将模糊系统的模糊化处理（实现难以确定的隶属函数）、模糊推理（校正模糊规则，驱动推理过程）以及反模糊化计算通过分布式的网络来表示。

如图 6-28 所示为用 BP 神经网络实现隶属函数的图示。

图中，$f(\cdot)$为非线性函数，采用 Sigmoid 函数生成。令 $\mu_s(x)$表示论域为“小”的

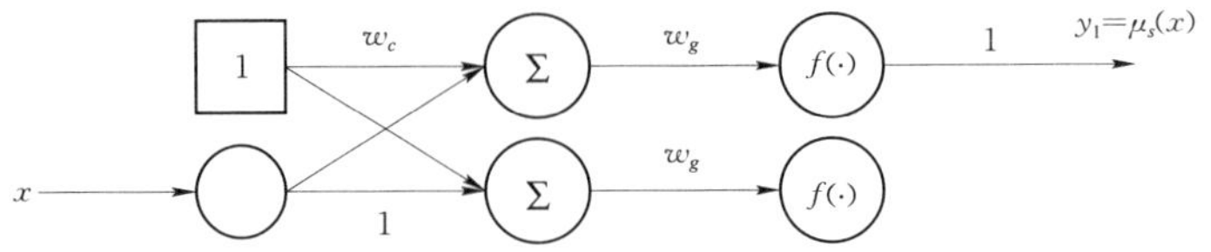

图 6-28 BP 网络实现隶属函数

隶属函数，w_c 和 w_g 分别确定 Sigmoid 函数的中心和宽度。则：

$$\mu_s(x)=\frac{1}{1+\exp[-w_g(x+w_c)]}$$

修正 w_c 和 w_g 的值，完成对隶属函数曲线的绘制。

按模糊理论和神经网络的结合方式，大致可以划分为以下几种类型：

（1）神经元、模糊模型。以模糊控制为主体，应用 ANN 实现模糊控制的决策过程，样本学习完成以后，这个神经网络，就是一个聪明、灵活的模糊控制规则表。其本质还是模糊系统，主要用于控制领域。

（2）模糊、神经模型。该模型以 ANN 为主体，将输入空间分割成不同形式的模糊推论组合，对系统先进行模糊逻辑判断，以模糊控制器的输出作为 ANN 的输入。其本质还是 ANN，主要用于模式识别领域。

（3）神经与模糊模型。该模型根据输入量的不同性质分别由 ANN 和模糊控制直接处理输入信息，并作用于控制对象，两者有机结合，更能发挥各自的控制特点。

（4）模糊神经网络。在结构上将模糊技术与 ANN 融为一体，构成模糊神经网络。使该网络同时具备模糊控制的定性知识表达和 ANN 的自学习能力。

由于 RBF 网络在功能上与模糊系统有一定的联系，因此，选取模糊 RBF 网络为例，探讨其网络结构和学习过程。

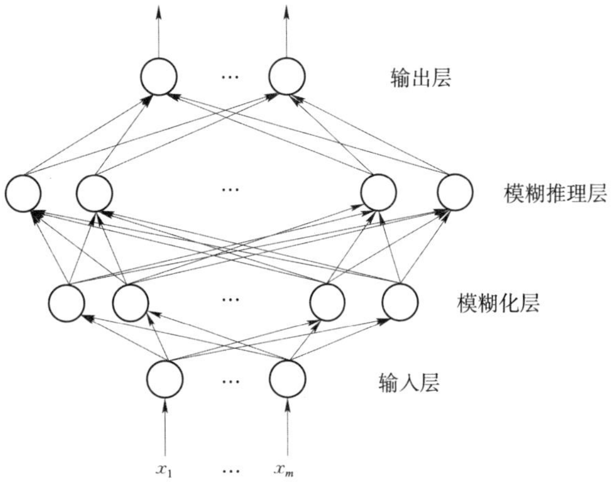

图 6-29 模糊 RBF 神经网络结构

1. 网络结构

网络由输入层、模糊化层、模糊推理层和输出层组成，如图 6-29 所示。

融合了模糊理论和 RBF 映射结构的模糊 RBFNN 中信号传播及各层的功能表示为：

第一层：输入层。该层的神经元（节点）直接与输入量的各个分量连接，将输入量传到模糊化层。对每个神经元 i 的输入输出表示为：

$$f_1(i)=x_i$$

第二层：模糊化层。每个节点代表一个语言变量值，如 *ZO*（零），*PB*（正大）等。使用神经网络实现隶属函数，仍采用 Gauss 函数激活，表示为：

$$f_2(i,j)=\exp(net_j^2)$$

$$net_j^2=-\frac{[f_1(i)-c_{ij}]^2}{(b_j)^2}$$

式中：c_{ij} 和 b_j 分别为 Gauss 函数的中心和基宽，代表了第 i 个输入变量第 j 个模糊集合隶属函数的均值和标准差，其隶属函数的 Matlab 表达式为 $gaussmf$（x，[c_{ij}，b_j]），参数 c_{ij} 用于确定曲线的中心。

第三层：模糊推理层。该层用于校正模糊规则，驱动推理过程，各个节点之间实现模糊关系运算，利用各个模糊节点的组合得到相应的点火强度，表示每条规则的适用度。即：

$$f_3(j)=\min\{f_2(i,1),f_2(i,1),\cdots,f_2(i,N)\}$$

在此，借用“乘积”运算代替“取小”运算，每个节点 j 的输出为该节点所有输入信号的乘积，表示为：

$$f_3(j)=\prod_{j=1}^{N}f_2(i,j)$$

式中：$N=\sum_{i=1}^{n}N_i$，N_i 为输入层中第 i 个输入隶属函数的个数，即模糊化层的节点数。

第四层：实现 f_3 到 f_4 的线性映射，即去模糊化运算，表示为：

$$f_4(l)=\boldsymbol{W}f_3=\sum_{j=1}^{N}w(i,j)f_3(j) \tag{6-11}$$

式中：l 为输出层节点个数，$\boldsymbol{W}$ 为输出层节点与模糊推理层节点的连接权值矩阵。

2. 学习过程

仍以模糊 RBF 网络作为通用逼近器为例，给出其对非线性函数（系统）进行逼近的学习过程，如图 6-30 所示为逼近器结构图。

设网络结构为 2-4-4-1，$y_n(k)=f_4$ 为模糊 RBF 网络的实际输出，$y(k)$ 为期望输出。调整信号为：

$$e(k)=y(k)-y_n(k)=y(k)-f_4$$

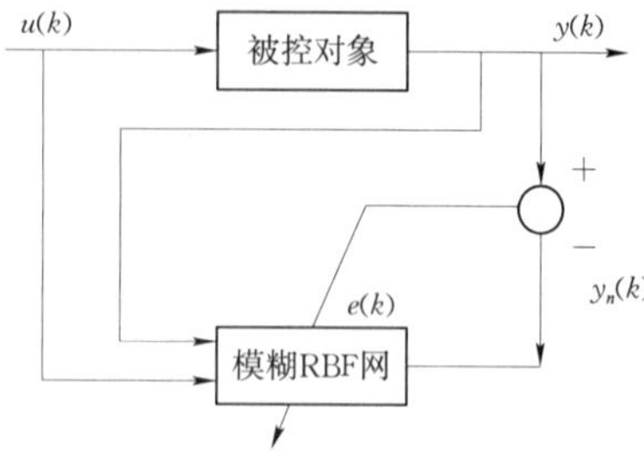

图 6-30 模糊 RBF 神经网络逼近

建立目标函数，即误差性能指标函数为：

$$J=\frac{1}{2}e(k)^2=\frac{1}{2}[y(k)-y_n(k)]^2=\frac{1}{2}[y(k)-f_4]^2$$

借助梯度下降法、连锁法和带有惯性项的权值修正法，对可调的各组参数进行修正，算法如下：

由于输出层取 1 个节点，故式 6-11）中 $l=1$。

$$\Delta w=-\eta\frac{\partial E}{\partial w(k)}=-\eta\frac{\partial E}{\partial e}\times\frac{\partial e}{\partial y_n}\times\frac{\partial y_n}{\partial w(k)}=\eta e(k)f_3$$

$$w(k+1)=w(k)+\Delta w+\alpha\,[w(k)-w(k-1)]$$

$$\Delta c_{ij}=-\eta\frac{\partial E}{\partial c_{ij}}=\eta e(k)\frac{\partial y_n(k)}{\partial net_j^2}\times\frac{\partial net_j^2}{\partial c_{ij}}=\eta e(k)wf_3\ \frac{2(x_i-c_{ij})}{b_j^2}$$

其中，$\frac{\partial y_n(k)}{\partial net_j^2}=\frac{\partial y_n(k)}{\partial f_3}\times\frac{\partial f_3}{\partial f_2}\times\frac{\partial f_2}{\partial net_j^2}=wf_3$

$$c_{ij}(k+1)=c_{ij}(k)+\Delta c_{ij}+\alpha[c_{ij}(k)-c_{ij}(k-1)]$$

$$\Delta b_j = -\eta \frac{\partial E}{\partial b_j} = \eta e(k) \frac{\partial y_n(k)}{\partial net_j^2} \times \frac{\partial net_j^2}{\partial b_j} = \eta e(k) w f_3 \ \frac{(x_i - c_{ij})^2}{b_j^3}$$

$$b_j(k+1) = b_j(k) + \Delta b_j + \alpha[b_j(k) - b_j(k-1)]$$

从类型上看，模糊 RBF 网络可看作是一种高级神经网络；在结构上看，其为多层前向网络；从网络训练过程上看，为有监督网；从学习算法来看，仍采用的是 Delta 学习规则，同 RBF 网络一样，属于局部逼近网络。

模糊神经网络已在函数逼近、导航系统滤波器、移动机器人避障控制、模式识别等领域获得比较广泛地应用。

6.3.6　混沌神经网络

将混沌理论与神经网络相结合，在人工神经元或神经网络中引入混沌特性，可构造出混沌神经网络。与传统神经网络相比，混沌神经网络具有独特的性能和优点，可对传统神经网络的性能起到一定的改善作用。目前，混沌神经网络的种类较多，产生混沌的机制和网络的构成方式各有不同，下面主要介绍目前研究相对成熟的暂态混沌神经网络模型。

1. 暂态混沌神经网络

目前，在众多的混沌神经网络中，暂态混沌神经网络的研究是相对较早，并且应用较为成熟的网络模型。该类网络的基础是 Hopfield 网络，因此这类网络也属于反馈型神经网络。

1990 年，日本学者 Aihara 等在前人推导和动物实验的基础上，给出了一个混沌神经网络模型。该模型是在 Hopfield 网络的基础上，通过向神经元中引入自反馈的方式，在神经元中产生混沌特性，从而构造出混沌神经网络模型。

$$x_i(t+1) = f_i[y_i(t+1)]$$

$$y_i(t+1) = Ky_i(t) + \sum_{j=1}^{N} V_{ij} A_j(t) + \sum_{j=1}^{M} w_{ij} h_j\{f_j[y_j(t)]\} - \alpha g_i\{f_i[y_i(t)]\} - \theta_i(1-K)$$

由于该模型产生混沌特性的方式较为简单，因此对神经元的动力学特性的控制也很容易实现。一般采用衰减自反馈的方式控制神经元的动力学特性。网络的工作过程分为两个阶段，第一个阶段中神经元具有较强的自反馈，神经元处于混沌状态，神经网络可按照混沌机理进行遍历寻优。之后，网络进入第二个工作阶段，神经元的自反馈不断衰减，网络的混沌特性不断减弱，最后神经网络逐渐丧失混沌特性而蜕变为普通的 Hopfield 网络，进行梯度寻优。由于网络第一阶段所进行的遍历寻优可为第二级段的梯度寻优提供良好的初值，而第二阶段的梯度寻优具有较快的搜索速度，因此这类网络在寻优速度和寻优效率等方面都具有良好的性能。由于混沌特性只存在于神经网络工作的第一个阶段，并且混沌特性逐渐衰减消失，因此该网络称为暂态混沌神经网络。

在此模型的基础上，出现了许多类似的模型。例如戴一昊等提出的具有暂态混沌和时变增益的神经网络模型（NNTCTG）如下：

$$x_i(t) = \frac{1}{1 + \exp\{-y_i(t)[1 + \varepsilon_i(t)]\}} \tag{6-12}$$

$$y_i(t+1)=ky_i(t)+\alpha\Big[\sum_{j=1,j\neq i}^{n}w_{ij}x_j(t)+I_i\Big]-z_i(t)[x_i(t)-I_0] \tag{6-13}$$

$$z_i(t+1)=(1-\beta)z_i(t) \tag{6-14}$$

$$\varepsilon_i(t+1)=(1-\gamma)\varepsilon_i(t)\quad i=1,2,\cdots,n \tag{6-15}$$

式（6-12）～式（6-15）中 x_i为第 i 个神经元的输出，y_i为第 i 个神经元的内部状态，w_{ij}代表从第 j 个神经元到第 i 个神经元的连接权，I_i为第 i 个神经元的输入偏置，I_0为一正常数，α 为一比例参数，k（$0\leqslant k\leqslant 1$）为神经薄膜的衰减因子，$z_i(t)\geqslant 0$ 为自反馈连接权，β（$0\leqslant\beta\leqslant 1$）为时变参量 $z_i(t)$的衰减因子，$\varepsilon_i(t)\geqslant 0$ 为输出函数的时变增益参量，γ（$0\leqslant\gamma\leqslant 1$）为时变参量 $\varepsilon_i(t)$的衰减因子。如果在式（6-12）～式（6-15）中，令 $\varepsilon_i(t)$等于一个较大的正数 ε_i，$z_i(t)$等于某个正数 z_i以及 $I_0=0$，则该 NNTCTG 就简化为 Chen 和 Aihara 等提出的另一种暂态混沌神经网络，该网络模型如下：

$$x_i(t)=f[y_i(t)]=1/\{1+\exp[-y_i(t)/\varepsilon]\}$$

$$y_i(t+1)=ky_i(t)+\alpha\Big[\sum_{j}^{n}w_{ij}x_j(t)+I_i\Big]-z_i(t)[x_i(t)-I_0] \tag{6-16}$$

$$z_i(t+1)=(1-\beta)z_i(t)$$

如果再将式（6-16）改为：

$$y_i(t+1)=ky_i(t)+\alpha[1-z_i(t)]\Big[\sum_{j}^{n}w_{ij}x_j(t)+I_i\Big]-z_i(t)[x_i(t)-I_0]$$

则得到该网络的另一种改进模型。

而王凌等提出的基于退火策略的混沌神经网络模型（CSAN）则为：

$$x_i(t)=f[y_i(t)]=1/\{1+\exp[-y_i(t)/\varepsilon]\}$$

$$y_i(t+1)=ky_i(t)+\alpha\Big[\sum_{j}^{n}w_{ij}x_j(t)+I_i-s_1\Big]-z_i(t)[x_i(t)-I_0] \tag{6-17}$$

$$z_i(t+1)=z_i(t)/\ln\{e+\lambda[1-z_i(t)]\}$$

而如果将式（6-17）改为：

$$y_i(t+1)=ky_i(t)+[1-z_i(t)/\delta]\alpha\Big[\sum_{j}^{n}w_{ij}x_j(t)+I_i-s_1\Big]-z_i(t)[x_i(t)-I_0]$$

就又可得到了该网络的另一种改进模型。

2. G-S 混沌神经网络

(1) G-S 混沌神经元模型。将 Gauss 函数和 Sigmoid 函数组合而成的非单调函数作为神经元的激励函数，称该神经元模型为 G-S 混沌神经元，数学模型可表述如下：

$$x(t+1)=f[\gamma y(t+1)]$$

$$y(t+1)=ky(t)+\mu f[\gamma y(t)]+\beta$$

$$f(s)=e^{-h(s-a)^2}+(1+e^{-c(s-b)})^{-1}$$

式中：$x(t)$为神经元在离散时间 t 时的输出；$y(t)$为神经元在 t 时刻的内部状态；k 为神经隔膜的阻尼因子，$0\leqslant k\leqslant 1$；μ 和 γ 为正参数；β 为与阈值有关的参数。

神经元的激励函数 f（·）由 Gauss 函数和 Sigmoid 函数加和组成。其中 a、b 分别是 Gauss 函数和 Sigmoid 函数的中心参数，h、c 分别是 Gauss 函数和 Sigmoid 函数的形状参数。在合适的参数情况下，该神经元模型会表现出复杂的动力学特性。下面通过数值计算的方法来分析其动力学特性。

设定模型参数 $a=-2.1$；$b=5.0$；$c=5.0$；$h=0.2$；$k=0.92$；$\beta=0.18$；当选择不同的 μ 和 γ 时，模型的 Lyapunov 指数如图 6－31 所示。

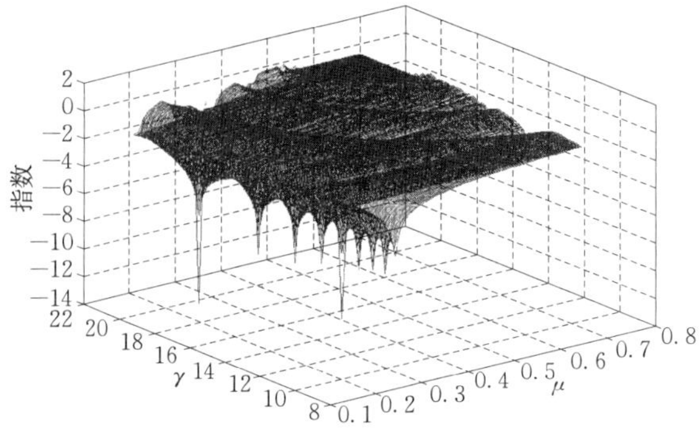

图 6－31　以 μ 和 γ 为参变量时，神经元的 Lyapunov 指数图

在 γ－μ 所构成的平面内，在不同的区域中，模型处于不同的状态。在 Lyapunov 指数大于 0 的区域内，模型处于混沌状态。由此，根据图 6－31，可以选择不同的 γ 和 μ 来控制模型的动力学行为。

当固定 $\mu=0.5$，以 γ 为参变量来研究其分岔特性并计算其 Lyapunov 指数如图 6－32 所示。

随着 γ 的增大，神经元的内部状态出现倍周期分岔现象，在 $\gamma=11.705$ 时，发生第一次分岔；$\gamma=16.019$ 时，发生第二次分岔；……。在 $\gamma>17.886$ 时，系统处于混沌状态，对应的 Lyapunov 指数大于 0。同样，当固定 $\gamma=21.34$ 时，以 μ 为参变量同样也可控制神经元的动力学行为。分岔图及 Lyapunov 指数如图 6－33 所示。当 $\mu=0.2437$ 时，发生第

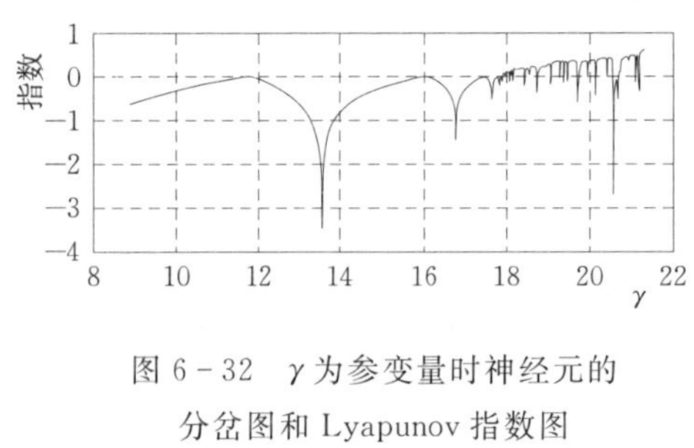

图 6－32　γ 为参变量时神经元的分岔图和 Lyapunov 指数图

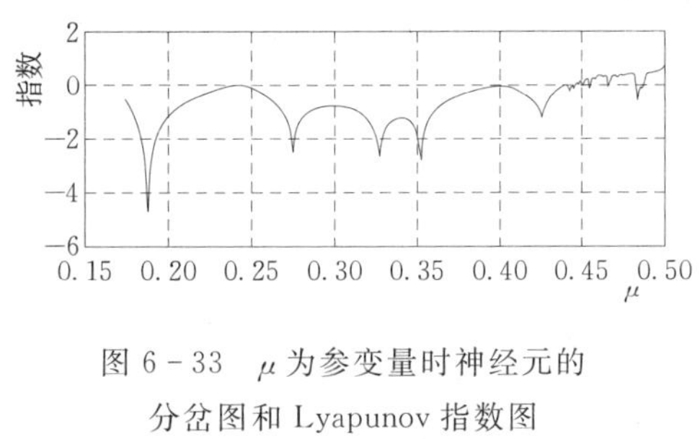

图 6－33　μ 为参变量时神经元的分岔图和 Lyapunov 指数图

一次分岔；$\mu=0.4017$ 时发生第二次分岔；……；$\mu=0.4467$ 时系统处于混沌状态。对应的 Lyapunov 指数大于 0。同时，由分岔图中可见，由于模型的激励函数为光滑可微的函数，因此在混沌带中夹杂着大量密集的周期窗口。当模型处于混沌状态时，模型的内部状态 y 的运动呈现出随机、遍历的特点。同时，Lyapunov 指数越大，混沌度则越大，状态遍历的范围也相应增大。在优化计算中，这些特点可使网络具有跳出局部极小点到达全局最优点的寻优能力。

(2) **G-S** 混沌神经网络。根据以上分析，利用上述神经元，构造一种通过同时调节参量 μ 和 γ 来控制网络动力学行为的 G-S 暂态混沌神经网络，其动力学方程可表述如下：

$$y_i(t+1)=ky_i(t)+\beta\Big[\sum_{j=1}^{N}w_{ij}x_j(t)+s_1\Big]+\mu(t)[x_i(t)-s_2]$$
$$x_i(t+1)=f\{[\gamma(t+1)+1]y_i(t+1)\}$$
$$f(s)=e^{-h(s-a)^2}+(1+e^{-c(s-b)})^{-1}$$
$$\mu(t)=\mu(t-1)/\ln\{e+\lambda[1-\mu(t-1)]\}$$
$$\gamma(t+1)=\delta\gamma(t)$$

β 反映了第 i 个神经元从其他神经元获得贡献的能力；w_{ij} 表示从第 j 个神经元到第 i 个神经元的连接权值；s_1、s_2 表示神经元的偏置。与现有的各种暂态混沌神经网络不同[1-5]，该神经网络通过两种退温衰减机制 $\mu(t)$ 和 $\gamma(t)$ 共同作用来控制神经网络的混沌特性。这样，初始温度 $\mu(0)$ 和 $\gamma(0)$ 可以设定为较大的值，从而保证网络在求解优化问题的初期能够经过较充分的混沌搜索，而两种退火机制同时衰减，又可以保证网络能够具有较快的收敛特性。在求解优化问题过程中，定义能量函数 E 满足 $\sum_{j\neq i}w_{ij}x_j=-\dfrac{\partial E}{\partial x_i}$。在优化问题求解的过程，与现有的网络类似，仍然分为混沌粗搜索和梯度精搜索两个阶段。粗搜索中利用混沌的随机性和轨道遍历性可使网络具有克服局部极小的能力。

3. 其他类型的混沌神经网络*

1990 年，Kaneko 提出过一种全局耦合映射模型（GCM 模型），该模型利用 Logistic 映射作为激励函数，可以很容易地产生和控制混沌，模型的最主要的特点是网络单元的演化过程具有聚类的特性，即根据某一准则不断地调整网络参数，可最终使网络各单元行为演化到若干类，称为“聚类冻结吸引子”，这可看作是从混沌搜索到回忆锁定的过程，它与生物实验结果相吻合，该模型可用于联想记忆等问题的求解。模型具体形式定义如下：

$$x_i(n+1)=(1-\varepsilon)f[x_i(n)]+\frac{\varepsilon}{N}\sum_{j=1}^{N}f[x_j(n)]$$
$$f(x)=ax(1-x),\ x\in[-1,1] \tag{6-18}$$

式中：a 为 Logistic 映射的分叉参数，$a\in[3.5699,4]$ 时为混沌映射。

GCM 网络的时空特性取决于分叉参数 a 以及各单元间的耦合系数 ε。

在此基础上，1996 年 Ishii 等提出了改进的 GCM 模型（S-GCM），该模型与 GCM 模型的区别仅在于该模型用立方映射代替了 Logistic 映射。将该模型用于字符的联想记忆可以取得较好的效果。该模型可表述如下：

$$x_i(n+1)=(1-\varepsilon)f[x_i(n)]+\frac{\varepsilon}{N}\sum_{j=1}^{N}f[x_j(n)]$$

$$f(x)=\alpha x^3-\alpha x+x$$

1991年，Inoue等提出用耦合的混沌振荡子作为单个神经元，构造混沌神经网络的方法。耦合的混沌振荡子的同步和异步分别对应神经元的激活和抑制两个状态，虽然混沌是由简单的确定性规则产生，但它包含规则性和不规则性两个方面。耦合的混沌振荡子的同步来自规则性，而不规则性可产生随机搜索能力。对于离散时间，耦合的振荡子的运动方程由 $f(x)$和 $g(x)$描述：

$$x_i(n+1)=f[x_i(n)]+D_i(n)[y_i(n+1)-x_i(n+1)]$$

$$y_i(n+1)=g[y_i(n)]+D_i(n)[x_i(n+1)-y_i(n+1)]$$

式中：$D_i(n)$为时刻 n 第 i 个神经元的耦合系数；$X_i(n)$和 $Y_i(n)$分别为时刻 n 第 i 个神经元第一和第二个振荡子变量。$f(x)$和 $g(x)$选择 Logisitc 映射：

$$f(x)=ax(1-x)\quad 0<a<4$$

$$g(y)=by(1-y)\quad 0<b<4$$

神经元有激活和抑制两个状态，分别用1和0表示。第 i 个神经元 n 时刻的状态定义为：

$$U_i(n)=\begin{cases}1, & \text{if}\,|x_i(n)-y_i(n)|<\varepsilon \\ 0, & \text{else}\end{cases}$$

式中：ε 为临界参数。

各种混沌神经网络在不同的领域表现出了良好的应用性能。现有结果表明，混沌神经网络在模式识别、优化计算、联想记忆、保密通信以及系统建模等众多方面都取得了独特的应用效果。

6.3.7 其他类型的神经网络介绍

神经网络的研究虽然经历的时间不长，但传统单一特性的人工神经网络的研究已经相对成熟，目前神经网络的研究热点逐渐转向为多种特性相结合的复合特性神经网络的研究，即以神经生物学的实验研究结果为基础，将存在于生物神经系统中的各种非线性特性与传统神经网络相结合，构造出具有一种或多种复合特性的神经网络，一方面从神经生物学与认知科学的角度完善现有人工神经网络的模型结构，另一方面改善现有神经网络信息处理的能力。除前面介绍的混沌神经网络、模糊神经网络之外，其他类型的复合神经网络还有：迟滞神经网络、随机神经网络、时滞神经网络、脉冲耦合神经网络等。另外，多种复合特性的神经网络还有随机模糊神经网络、迟滞混沌神经网络、混沌时滞随机神经网络等。

这类复合特性的神经网络研究的共同特点之一就是尽量充分利用所结合的非线性特性来改善神经网络的性能和品质。大量的理论和实验研究也证实这些非线性特性确实对改善神经网络的性能能够起到积极的作用。

1. 随机神经网络

按照神经生理学的观点，生物神经元本质上是随机的。因为神经网络重复地接受相同的刺激，其响应并不相同。这就意味着随机性在生物神经网络中起着重要的作用。随机神经网络（Random Neural Network，简称 RNN）正是仿照生物神经网络的这种机理进行设计和应用的。随机神经网络一般有两种形式：一种是采用随机性神经元激活函数；另一种是采用随机型加权连接，即是在普通人工神经网络中加入适当的随机噪声。

在随机神经网络研究方面有较大影响的是美国佛罗里达大学（UCF）的 Erol Gelenbe 教授。他在 1989 年提出了人们公认的 Gelenbe 随机神经网络（GNN）。该网络的重要意义在于：仿照实际的生物神经网络接收信号流激活而传导刺激的生理机制来定义网络。对于实际的生物细胞来说，它们发射信号与否与自身存在的电势有关。历史上，著名的 Hodgkin - Huxley 方程曾经描述过这一行为，但没有一个独立的数学模型能够准确的描述神经元发射信号这一特征。Gelenbe 的 RNN 模型填补了这个空白。此后，Gelenbe 还提出了多种随机神经网络模型，为随机神经网络的研究作出了较大的贡献。

2. 脉冲耦合神经网络

从 20 世纪 90 年代开始，Reinhard Eckhorn 等根据对猫的视觉皮层神经元脉冲串同步振荡现象的研究，得到了哺乳动物神经元模型，并由此发展形成了脉冲耦合神经网络模型。1989 年，Reinhard Eckhorn 在论文中首次提出脉冲耦合神经网络（Pulse - Coupled Neural Network，简称 PCNN），并用来解释在猫的大脑皮层实验中出现的由于视觉特征刺激而引起的神经元同步兴奋现象。PCNN 以其神经元集团的接收场、链接场、尖脉冲发放和同步建立等各种机制，体现出了许多普通神经网络所不具备的特性，被称为第三代神经网络。脉冲耦合神经网络更加接近真实哺乳动物视觉神经网络中神经细胞的工作原理，并且非常适合图像分割、图像平滑、降噪等图像处理方面的应用。

PCNN 的神经元模型由“链接部分”和“尖脉冲发生器”两部分构成，如图 6 - 34 所示。“链接部分”包含了若干个树突，每个树突又含若干个与视网膜神经元轴突连接的馈送输入突触。各链接输入信号和各馈送输入信号被调制耦合形成神经元的内部行为。“尖脉冲发生器”是以时间常数 α_θ 对该神经元的输出进行漏电容积分的变阈值函数和硬限幅函数组成，它通过对内部行为和动态阈值进行不断比较来决定是否输出尖脉冲。PCNN 的神经元模型可以用数学表达式描述为：

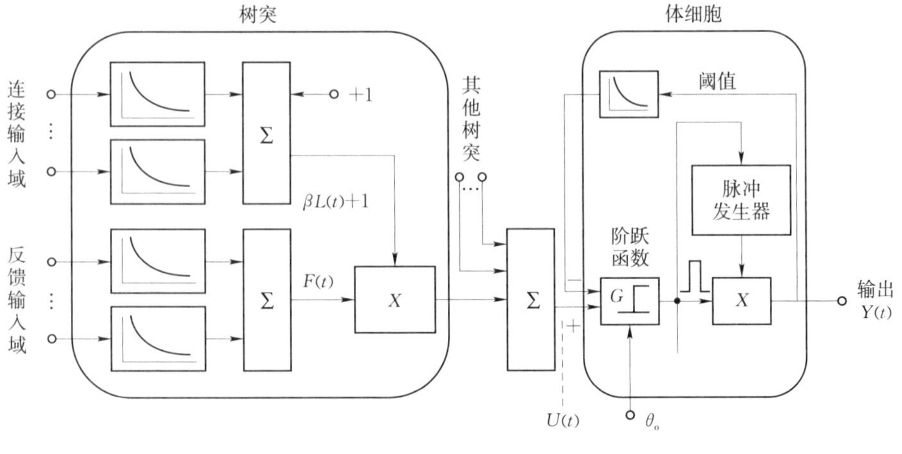

图 6 - 34 PCNN 的神经元模型

$$F_{ij}[n] = e^{-\alpha_F} F_{ij}[n-1] + S_{ij} + V_F \sum_{kl} m_{ijkl} Y_{kl}[n-1] \tag{6-19}$$

$$L_{ij}[n] = e^{-\alpha_L} L_{ij}[n-1] + V_L \sum_{kl} w_{ijkl} Y_{kl}[n-1] \tag{6-20}$$

$$U_{ij}[n] = F_{ij}[n]\{1+\beta L_{ij}[n]\} \tag{6-21}$$

$$Y_{ij}[n] = \begin{cases} 1, & U_{ij}[n] > \theta_{ij}[n] \\ 0, & \text{otherwise} \end{cases} \tag{6-22}$$

$$\theta_{ij}[n] = e^{-\alpha_\theta} \theta_{ij}[n-1] + V_\theta Y_{ij}[n] \tag{6-23}$$

式中：S 为输入的刺激信号；F 为输入的馈送信号；L 为输入的链接信号；U 为神经元的内在活性函数；Y 为神经元输出的脉冲信号；θ 为阈值；β 为链接的强度；m 和 w 为接受域中突触的权重；α_F、V_F，α_L、V_L 和 α_θ、V_θ 是分别对应于 F、L 和 θ 的衰减常数和电压；i 和 j 标明了当前神经元的位置；k 和 l 标明了神经元（i，j）受其他神经元影响的范围。

由于 Eckhorn 提出的原始神经元模型比较复杂，在实现的过程中存在参数过多不易设定等困难，因此，许多学者提出了多种改进的神经元模型，并且在图像处理的各个方面得到了很好的应用。

3. 时滞神经网络

考虑到生物神经元之间的信号传递通常需要一定的时间，而且在人工神经网络中，电子信号的有限传输速度也能导致神经网络中出现时间滞后现象。因此人们结合现有神经网络模型提出了各种具有时滞特性的神经网络模型。目前这一领域的研究主要集中在时滞特性对网络稳定性影响的分析等方面。

4. 迟滞神经网络

生物学实验表明，生物的神经网络中存在着迟滞现象，迟滞特性体现了生物神经系统的某些记忆行为和记忆能力。据此，人们尝试将神经网络的激励函数改为具有迟滞响应的激励函数来提高网络的性能。例如，对于离散型的单极性和双极性的二值激励函数可改为如下形式：

$$v_i = f(u_i) = \begin{cases} 1 & \text{if } u_i > a \\ 0 & \text{if } u_i < b \\ \text{no change} & \text{if } b \leqslant u_i \leqslant a \end{cases}$$

$$v_i = f(u_i) = \begin{cases} 1 & \text{if } u_i > a \\ -1 & \text{if } u_i < b \\ \text{no change} & \text{if } b \leqslant u_i \leqslant a \end{cases}$$

激励函数的形式如图 6-35、图 6-36 所示。

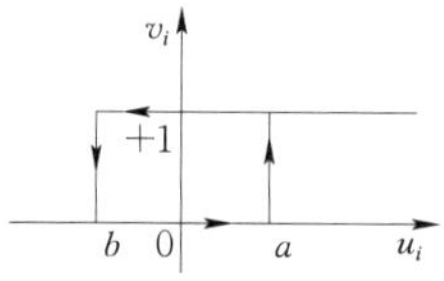

图 6-35 单极性迟滞激励函数

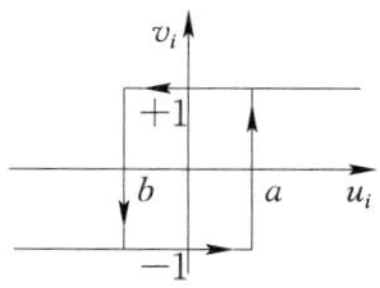

图 6-36 双极性迟滞激励函数

同样，可构造出具有迟滞特性的连续性的激励函数，例如：

$$f(s)=\begin{cases}(1+e^{-c_1(s-a)})^{-1}, & s(t+1)\geqslant s(t)\\(1+e^{-c_2(s+b)})^{-1}, & s(t+1)<s(t)\end{cases}$$

具有迟滞特性的连续性的激励函数如图 6-37 所示。

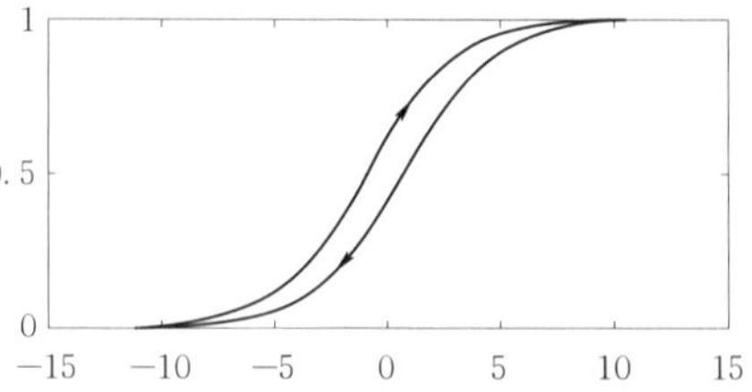

图 6-37　具有迟滞特性的连续性的激励函数

理论分析和实验都证明了迟滞神经网络在记忆特性等方面具有良好的性能。

6.4　G-S 混沌神经网络在目标识别中的应用

复杂目标的检测与识别一直是计算机视觉和图像理解领域的一个重要内容，在工业检测、军事领域等方面有着重要的应用价值。神经网络作为一种智能信息处理的方法在目标识别中有着较好的应用效果。利用本章的暂态混沌神经网络可以克服普通的神经网络容易陷入局部极小点的缺点，在匹配过程中，有着更好的效果。

首先，在进行目标识别之前，分别要对模型库中的模板图像和目标图像进行特征点提取。图像中用于匹配的点应尽可能容易地被识别和匹配。显然，一个均匀区域中的点不适合作为候选匹配点，所以特征算子应在图像中寻找具有很大变化的区域。一般认为图像中有足够多相互分离的区域可以用于匹配。

在以某一点为中心的窗函数中，使用窗内所有像素来计算其在不同方向上的变化量，是该点在不同方向上显著性的一个好测度。方向变化量的计算公式如下：

$$I_1=\sum_{(x,y)\in S}[f(x,y)-f(x,y+1)]^2$$

$$I_2=\sum_{(x,y)\in S}[f(x,y)-f(x+1,y)]^2$$

$$I_3=\sum_{(x,y)\in S}[f(x,y)-f(x+1,y+1)]^2$$

$$I_4=\sum_{(x,y)\in S}[f(x,y)-f(x+1,y-1)]^2$$

式中：S 表示窗函数中的所有像素，因为简单的边缘点在边缘方向上无变化，所以，选择上述方向变量的最小值为中心像素点（x_c，y_c）的特征值，可以消除边缘点，即：

$$I(x_c,y_c)=\min(I_1,I_2,I_3,I_4)$$

为了避免将多个相邻点选为同一个特征对应的特征点，可以将特征点选在特征测度函数具有局部最大值的地方，且局部最大值大于原先设定的阈值。也就是说，如果点（x_c，y_c）为一个特征点，则 $I(x_c,y_c)>I(x_i,y_i)$，（x_i，y_i）为点（x_c，y_c）附近任一点，且 $I(x_c,y_c)>I_0$。I_0为阈值。按照上述方法即可在模板图像和目标图像中分别选出 M 个和 N

个特征点。

为了解决目标识别问题，将模板图像中检测到的 M 个特征点按列排列，目标图像中的 N 个特征点按行排列，神经元的输出矩阵 $\{v_{ik}\}$ 为解矩阵，$v_{ik}\in\{0,1\}$，$v_{ik}=1$ 表示模板图像中的第 i 个特征点与目标图像中的第 k 个特征点相匹配；$v_{ik}=0$ 表示这两个特征点不匹配。为了解决特征点匹配问题，则需定义一个合适的能量函数。在不同的情况下，能量函数 E 的定义形式应当有所不同。

如果要对模板中的 M 个特征点与目标图像中的 N 个特征点进行匹配，假设：

（1）$M=N$，且模板图像中的特征点与目标图像中的特征点一一对应，则 E 的形式定义为：

$$E=A\sum_{i=1}^{M}\sum_{k=1}^{N}\sum_{j=1}^{M}\sum_{l=1}^{N}C_{ikjl}v_{ik}v_{jl}+B\sum_{i=1}^{M}\left(1-\sum_{k=1}^{N}v_{ik}\right)^2+C\sum_{k=1}^{N}\left(1-\sum_{i=1}^{M}v_{ik}\right)^2 \quad (6-24)$$

（2）如果 $M<N$，且目标图像中的 N 个特征点包含与模板图像中相匹配的 M 个特征点，则：

$$E=A\sum_{i=1}^{M}\sum_{k=1}^{N}\sum_{j=1}^{M}\sum_{l=1}^{N}C_{ikjl}v_{ik}v_{jl}+B\sum_{i=1}^{M}\left(1-\sum_{k=1}^{N}v_{ik}\right)^2+C\sum_{k=1}^{N}\sum_{i=1}^{M}\sum_{j=1,j\neq i}^{M}v_{ik}v_{jk} \quad (6-25)$$

（3）如果 $M\neq N$，且 M 中仅有 P 个点与 N 中的 P 个点相匹配，则 E 的形式定义为：

$$E=A\sum_{i=1}^{M}\sum_{k=1}^{N}\sum_{j=1}^{M}\sum_{l=1}^{N}C_{ikjl}v_{ik}v_{jl}+B\sum_{i=1}^{M}\sum_{k=1}^{N}\sum_{l=1,l\neq k}^{N}v_{ik}v_{il}+$$
$$C\sum_{k=1}^{N}\sum_{i=1}^{M}\sum_{j=1,j\neq i}^{M}v_{ik}v_{jk}+D\left(\sum_{i=1}^{M}\sum_{k=1}^{N}v_{ik}-P\right)^2 \quad (6-26)$$

以上3个公式中：

$$C_{ikjl}=(d_{ij}^{m}-d_{kl}^{o})^2$$

式中：d_{ij}^{m} 表示模板图像中第 i 个特征点与第 j 个特征点之间的距离；d_{kl}^{o} 表示模板图像中第 k 个特征点与第 l 个特征点之间的距离；A、B、C、D 为加权系数。

式（6-24）～式（6-26）的第一项为目标函数项，其余项为约束项。

根据上述讨论，结合实际情况的需要，这里的能量函数选择式（6-25）的形式。也就是说，在选取特征点时，要在模板图像中寻找 M 个特征点，在目标图像中寻找 N 个特征点，$M<N$，并且模板图像中的 M 个特征点必须能够在目标图像中的 N 个特征点中找到相匹配的 M 个特征点。为符合这一要求，模板中的特征点要选择比较显著的少数特征点作为模板特征。而目标图像中的特征点为了能够包含与模板相匹配的特征点，特征点的选取要宽松些，也就是说模板图像的特征阈值 I_{M0} 要大于目标图像的特征阈值 I_{N0}，即 $I_{M0}>I_{N0}$。

以复杂背景下的坦克目标识别为例进行仿真实验研究，选取一段录像中的坦克图像作为模板，对录像中的几桢图像的识别结果如下：其中左上顶点为坐标（0，0），向右和向下为正方向。选择如图6-38（a）所示的110×60的坦克作为模板图像，目标图像为如图6-38（b）～（f）的大小为260×170。

网络参数 $a=-2.1$；$b=5.0$；$c=5.0$；$h=0.2$；$k=0.92$；$\mu(0)=0.5$；$\gamma(0)=17.3$；$\beta=0.2$；$\lambda=0.007$；$\delta=0.9$。由图6-38可见，图6-38（b）～（f）目标图像特征

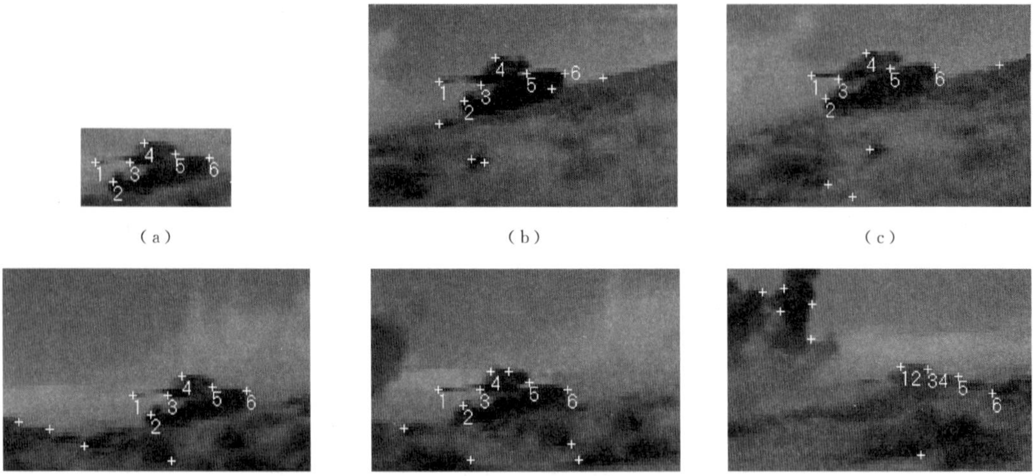

(a)　(b)　(c)

(d)　(e)　(f)

图 6-38　特征点检测与匹配结果

点分别为 11，10，10，11，由于在特征点选取时，特征点阈值设置为 2000，低于模板图像图 6-38（a）的特征点阈值 2900，因此目标图像的特征点包含了模板图像相应的全部特征点，利用本章提出的暂态混沌神经网络，对于图 6-38（b）～（e）可以得到一组合法解（即解矩阵 $\{v_{ij}\}$ 的每一行有且只有一个 1），从而可以准确地进行特征点的匹配，识别出目标图像中的目标。而在目标图像图 6-38（f）中，由于坦克的大部分车身已被山丘和烟雾所遮挡，不能够完全检测出与模板图像相对应的特征点，因此匹配算法给出了一组非法解（模板的多个特征点对应目标图像的同一个特征点，也就是解矩阵 $\{v_{ij}\}$ 的某些行 1 的个数大于 2，而某些行全部为 0），意味着该目标图像中不包含所要寻找的目标图像，即拒识该图像。

6.5　自适应神经模糊系统在足球机器人比赛射门点中的应用

机器人足球比赛是呈现人工智能新成果的重要平台，涉及实时计算机视觉、控制、无线通信以及 Agent 等多学科技术。区别于以往非实时性、离散、静态环境下的简单控制，机器人足球比赛目前可实现多机器人的协作，表现为实时、连续、动态环境下的杰出控制。由于进球的成功率直接影响比赛的结果，因此，设定一个良好的射门策略成为每支球队的首要任务。当前，足球机器人射门方法主要有最优时间法、中分线射门法、曲线射门法和基于动态圆射门法等，这些方法大多没有充分利用已有比赛过程中的成功射门数据，只是针对当前的特定情况进行规划。

引入一种基于自适应神经模糊系统（Adaptive Neuro-Fuzzy Inference System，简称 ANFIS）的射门算法，利用 ANFIS 来确定最合适的射门点。该系统首先要将输入的数据模糊化，故对输入数据的精度要求不高，这符合机器人比赛的动态变化环境要求。

运用模糊理论时，往往在自动生成与调整隶属度函数或模糊规则的过程中遇到困难，而神经网络在建模方面具有黑箱式的学习模式，对环境有非常强的自适应能力，利用其可以实现模糊推理和生成模糊规则。书中构造了一类基于自适应神经模糊系统的射门算法，方法兼具了自学习和直接运用人类自然语言的特性，以下从系统数学模型、射门点确定和仿真试验等方面来阐述系统的设计与实现。

6.5.1　射门机制

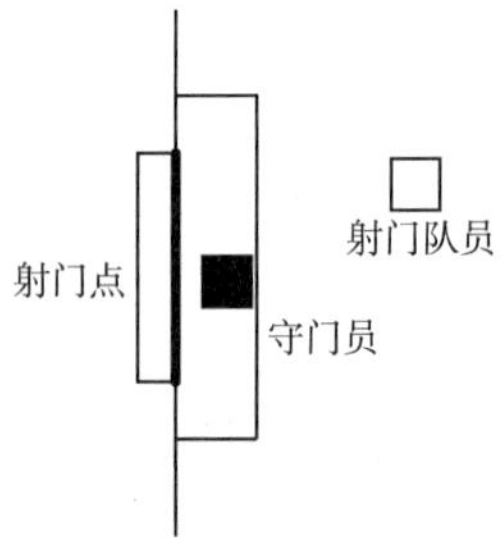

图 6-39　射门模型

比赛过程中，如果将各个方面的影响因素（诸如球的位置、守门员的位置和防守队员的位置等）都考虑进来，就会增加射门点问题的复杂程度，以至于增加问题求解所用的时间。在此，只考虑影响射门成功率最主要的因素，即球的位置和守门员的位置。射门模型如图 6-39 所示，将守门员的位置坐标和球的位置坐标作为系统的输入量，由于射门点在球门位置，便可以把横坐标看作一个不变量，只将射门点的纵坐标作为系统输出量。采用自适应神经模糊系统来拟合输入量和输出量之间的关系。

6.5.2　ANFIS 的数学模型

以下从 4 部分对系统的数学模型进行描述：类高斯函数、T-S 模糊推理的原理、模糊推理的神经网络实现和参数调整方案。

1. 类高斯函数

隶属函数（Member Function）是用模糊集合去描述和分析某个模糊现象，从而建立模糊子集的基础，通过隶属函数来描述元素属于集合的程度。高斯函数是最常见的也是普遍存在的隶属函数。

类高斯函数的引入借鉴高斯函数，数学表达式为：

$$A=e^{\frac{-|x-\bar{x}|^{\gamma}}{\sigma}}$$

式中：$\gamma>0$，$\sigma>0$。

类高斯函数充分利用了原高斯函数中两个特征参数 γ 和 σ 的信息，并通过改变它们的值来接近几种传统的隶属函数，如图 6-40 所示给出了不同参数下的几种典型类高斯函数曲线形状。

从图 6-40 中可以看出，当选择合适的 γ 和 σ 值时，类高斯函数能够接于三角函数、梯形函数和高斯函数。相应地，不同的参数会导致不同的控制特点。图 6-40 中左边部分，当 γ 为恒定值（$\gamma=0.4$）时，随着 σ 的减小，图形的“尖峰性”会越明显；反之，随着 σ 的增大，曲线的上升趋势和下降趋势越来越减弱，趋近于平滑。类似地，在图 6-40 中右边部分，当 σ 为恒定值（$\sigma=0.1$）时，随着 γ 的增大，隶属度函数的形状会发生较大的改变。比如，当 $\gamma=2$ 时，形状接近于高斯型，而当 $\gamma=3$ 时，形状则接近于矩形。

2. T-S 模糊推理的原理

在自适应神经模糊系统中，神经模糊推理部分是采用的 T-S 型模糊推理模型。该模型是 1985 年由日本学者高木（Takagi）和杉野（Sugeno）提出的，它比较适用于局部线性，能够分段进行控制的系统。T-S 型模糊推理输出的是清晰值，或者是输入量的函数，这样就省去了清晰化（解模糊）的过程，更方便进行数学分析。

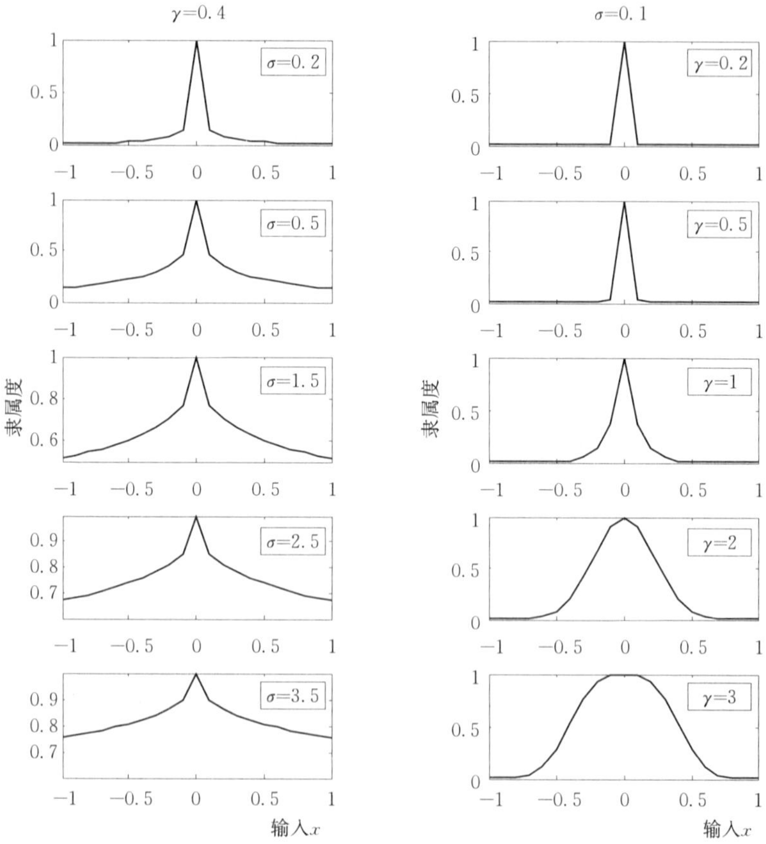

图 6-40 不同参数下类高斯函数的曲线变化

针对所设计的多输入单输出（MISO）系统，该 T-S 模型有 n 条模糊规则。设输入矢量为：

$$X=[x_1,\ x_2,\ \cdots,\ x_n]^T$$

每个分量 x_i 均为模糊语言变量，其语言变量值为：

$$T(x_i)=\{A_i^1,\ A_i^2,\ \cdots,\ A_i^{m_i}\}\quad i=1,\ 2,\ \cdots,\ n$$

式中：$A_i^j(j=1,\ 2,\ \cdots,\ m_i)$为 x_i 的第 j 个语言变量值，它是定义在论域上的一个模糊集合。相应的隶属度函数为：

$$\mu_{A_i}(x)\quad i=1,\ 2,\ \cdots,\ n;\ j=1,\ 2,\ \cdots,\ m_i$$

T-S 模型中第 j 条模糊规则 R^i 的形式为：

$$\text{if } x_1 \text{ is } A_1^i,\ x_2 \text{ is } A_2^i,\ \cdots,\ x_k \text{ is } A_k^i$$

$$\text{then } y^i=p_0^i+p_1^i x_1+p_2^i x_2+\cdots+p_k^i x_k\quad i=1,\ 2,\ \cdots,\ n;\ j=1,\ 2,\ \cdots,\ k$$

式中：$j=1,\ 2,\ \cdots,\ m$；$m\leqslant \prod_{i=1}^{m} m_i$ 。

3. 模糊系统的神经网络实现

ANFIS 结构如图 6-41 所示，包括七层节点，前四层是前件网络，后三层是后件网络。

1） 前件网络。

第一层：该层为输入层，它的每个节点都对应于相应的输入向量，并且将输入变量传递到下一层。

第二层：该层是隶属函数层，它的每个节点都与一个语言变量相对应，利用类高斯函数计算每个变量属于每个模糊集合的隶属度 μ。

第三层：该层是规则层，节点数为 m，一个节点来表示一条模糊规则的前提部分，值为：

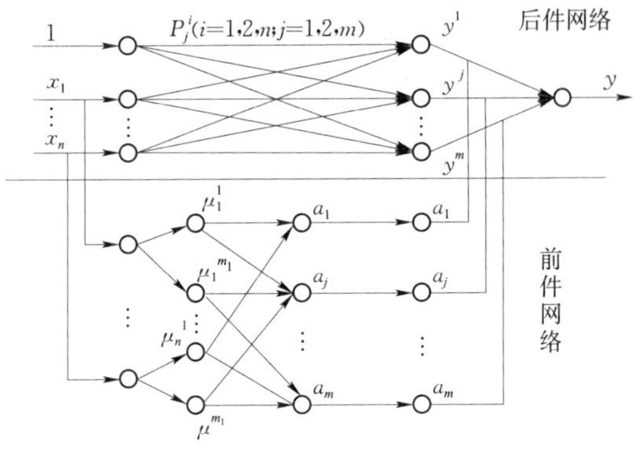

图 6-41 ANFIS 结构

$$a_j = \prod_{i=1}^{n} \mu_i^j$$

第四层：辅助求和层，它与第三层有相同的节点数，用来计算加权平均值，即求：

$$\bar{a}_j = \frac{a_j}{\sum_{i=1}^{n} a_i}$$

2）后件网络。

第五层：将输入层传递到后件网络，其中第 0 个节点的输入值 $x_0=1$，它的作用是提供常数项给模糊规则的后件。

第六层：该层共有 m 个节点，每个节点代表一条规则，该层的作用是计算每一条规则的后件，即每个规则的结果：

$$y^i = p_0^i + p_1^i x_1 + p_2^i x_2 + \cdots + p_k^i x_k$$

第七层：该层是输出层，用于计算系统的输出，即：

$$y = \sum_{j=1}^{m} \bar{a}_j y^i$$

4. 参数调整方案

对于隶属函数的参数 γ，σ 和后件网络的权值 p_j^i 的选取，神经网络采用反向传播（Back Propagation）的方法进行训练。

设期望输出为 y_d，系统输出为 y，则定义目标函数 J 为：

$$J = \frac{1}{2}(y_d - y)^2$$

采用梯度下降法来调整参数，具体地 p_j^i 的学习算法如下：

$$\frac{\partial J}{\partial P_j^i} = \frac{\partial J}{\partial y} \times \frac{\partial y}{\partial y^j} \times \frac{\partial y^j}{\partial p_j^i} = -(y_d - y)\bar{a}_j x_i \qquad (6-27)$$

$$p_j^i(k+1) = p_j^i(k) - \beta \frac{\partial J}{\partial p_j^i} = p_j^i(k) + (y_d - y)\bar{a}_j x_i$$

式中：$i=0$，1，…，n；$j=0$，1，…，m；β 为学习率，即步长。

y^i 的学习算法如下：

$$y^i(k+1) = y^i(k) - \alpha \left.\frac{\partial J}{\partial y^i}\right|_k \qquad (6-28)$$

式中：$i=1$，2，…，n 为模糊规则数；$k=0$，1，2，…为学习步数；α 为定步长。

若当 k 趋近于无穷时 $y^i(k)$ 收敛，则由公式（6－27）可知，在 y^i 的收敛点处有 $\frac{\partial J}{\partial y^i}=0$，这表明此收敛点是 J 的一个局部极小点。而 J 与 y^i 之间只有关系参数 α，其中 $y_d=\frac{a}{b}, a=\sum_{i=1}^{n} y^i, b=\sum_{i=1}^{n} z^i, z^i=\prod_{j=1}^{m}\exp\left(-\frac{|x_j-\overline{x}_j^i|^{\gamma_j^i}}{\sigma_j^i}\right)$。

因此，根据复合函数的导数规则，有：

$$\frac{\partial J}{\partial y^i}=(y_d-y)\frac{\partial y_d}{\partial a}\frac{\partial a}{\partial y^i}=(y_d-y)\frac{1}{b}z^i \tag{6-29}$$

将式(6－29)代入式(6－28),可得 y^i 的学习算法：

$$y^i(k+1)=y^i(k)-\alpha\frac{y_d-y}{b}z^i$$

确定 $\overline{x}_j^i$ 的公式如下：

$$\overline{x}_j^i(k+1)=\overline{x}_j^i(k)-\alpha\left.\frac{\partial J}{\partial \overline{x}_j^i}\right|_k \tag{6-30}$$

J 与 $\overline{x}_j^i$ 之间只通过 z^i 建立联系，由复合函数的求导规则可知：

$$\frac{\partial J}{\partial \overline{x}_j^i}=(y_d-y)\frac{\partial y_d}{\partial z^i}\frac{\partial z^i}{\partial \overline{x}_j^i}=(y_d-y)\frac{y^i(k)-y_d}{b}z^i\gamma_j^i\frac{|x_0^j-\overline{x}_j^i|^{\gamma_j^i-1}}{\sigma_j^i} \tag{6-31}$$

将式（6－31）代入式（6－30），可推导出 $\overline{x}_j^i$ 的学习算法：

$$\overline{x}_j^i(k+1)=\overline{x}_j^i(k)-\alpha\frac{y_d-y}{b}[y^i(k)-y_d]z^i\gamma_j^i(k)\frac{|x_0^j-\overline{x}_j^i(k)|^{\gamma_j^i-1}}{\sigma_j^i(k)}$$

同理，可推导出 σ_j^i 的学习算法：

$$\sigma_j^i(k+1)=\sigma_j^i(k)-\alpha\frac{y_d-y}{b}[y^i(k)-y_d]z^i\frac{|x_0^j-\overline{x}_j^i(k)|^{\gamma_j^i}}{\sigma_j^i(k)^2}$$

γ_j^i 的学习算法为：

$$\gamma_j^i(k+1)=\gamma_j^i(k)-\alpha\frac{y_d-y}{b}[y^i(k)-y_d]z^i\frac{|x_0^j-\overline{x}_j^i(k)|^{\gamma_j^i}}{\sigma_j^i(k)}$$

式中：$i=1$，2，…，n；$j=1$，2，…，m；$k=0$，1，2，…。

6.5.3 基于 ANFIS 的射门点确定

1. ANFIS 的结构

设计一个 4 输入单输出的 ANFIS，其中 4 个输入分别为守门员的横坐标 x_1 和纵坐标 x_2，射门队员的横坐标 x_3 和纵坐标 x_4，选取横坐标的模糊子集为｛偏远（RF），适度（MO），偏近（RC）｝，纵坐标的模糊子集为｛偏上（RU），居中（CE），偏下（RB）｝。隶属函数采用类高斯函数。

在这个自适应模糊推理系统中，节点总数为 287 个，线性参数为 140 个，非线性参数为 224 个，模糊规则总数为 82 个。如图 6－42 所示为训练过程中的神经网络结构。

2. 样本的选取与训练

（1）样本的选取。系统的训练样本来自以往比赛过程中的射门数据，因为是成功的射门数据，所以可信度较高。训练数据是一个 $n\times5$ 的数组，其中 n 为样本个数。

（2）样本的训练。对于 T－S 模糊推理系统的参数，其初始值是通过人类足球的先验知识来确定的。根据提供的参数调整方案，可以实现样本的训练。按照以下步骤进行：

1）初始参数的设置。这些参数可以由专家的语言规则来确定，也可以由隶属函数来确定。

2）给出输入的数据，根据以下公式来计算模糊系统的输出。

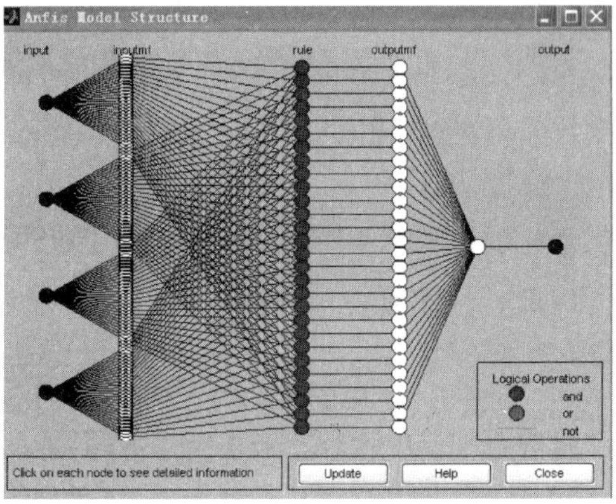

图 6－42　训练时的神经网络结构

$$z^i=\prod_{j=1}^{m}\exp\left(-\frac{|x_j-\overline{x}_j^i|^{\gamma_j^i}}{\sigma_j^i}\right)$$

$$b=\sum_{i=1}^{n}z^i$$

$$a=\sum_{i=1}^{n}y^i(k)z^i$$

$$y^i=\frac{a}{b}$$

3）前件网络和后件网络参数的调整。根据学习算法计算需要调整的参数 $y^i(k+1)$，$\overline{x}_j^i(k+1)$，$\sigma_j^i(k+1)$ 和 $\gamma_j^i(k+1)$，公式中需要的 a，b，z^i 和 y^i 都已在步骤 2）中计算得到。

4）令 $k=k+1$，转到步骤 2），直至满足停止条件，即小于某个给定的很小的误差值。

5）令 $p=p+1$，转到步骤 2），这样指针就指向下一组的数据来调整参数。

6）保存训练好的自适应模糊推理系统。

3. 仿真实验与分析

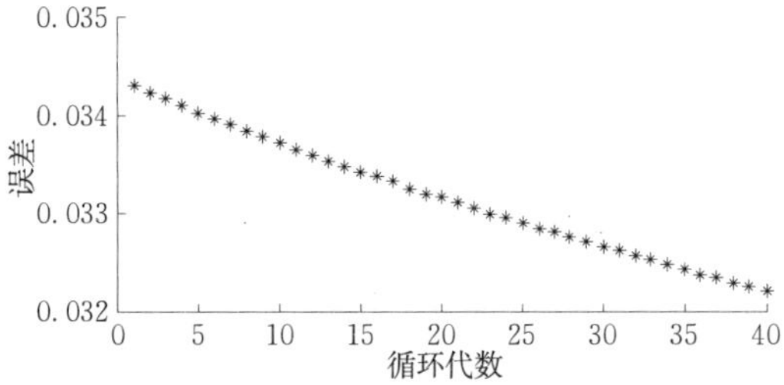

图 6－43　误差曲线

利用 MATLAB7.0 中的模糊逻辑工具箱对 ANFIS 进行仿真。选取训练样本为 300 组，循环代数为 40 代。如图 6－43 所示为误差曲线，最后的训练误差为 0.032191。

将训练好的 ANFIS 用于射门点的确定，提高了射门成功率。为了避免计算出的射门点超出门框的范围，在实际的应用中应该限定输出的范围，使其输出值在左右门框的范围内。

如图 6－44 和图 6－45 所示分别为射门球员的位置和射门点的关系，守门员的位置与射门点的关系。

由于网络经过事先离线训练，已优选确定了各个参数，所以不用考虑运算速度的问题。仿真结果表明，所确定的射门点均落在了门框范围以内，算法的有效性得到了验证。

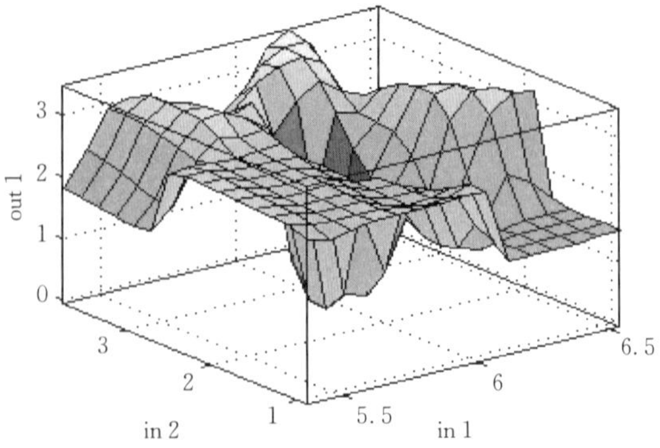

图 6-44　射门球员的位置与射门点的关系

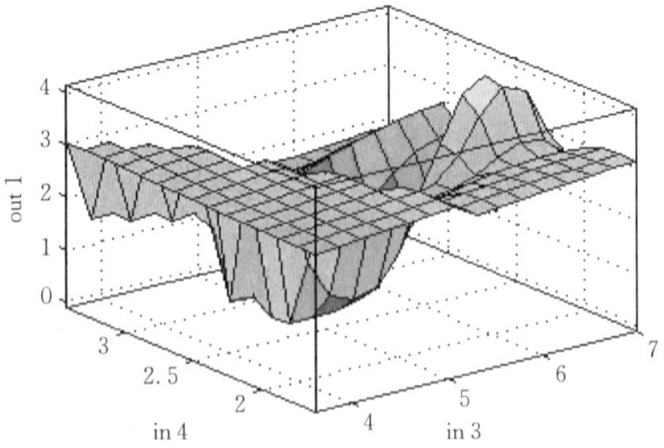

图 6-45　守门员的位置与射门点的关系

ANFIS具有较突出的自适应能力，在实际比赛当中，还可以根据对方球队的不同情况(诸如根据对方守门员、射门员的位置和预测射门点的位置)，自动地做出调整。

神经网络本质上还是一个关于大样本的训练学习，而对小样本的训练学习并不高效，甚至无法有效完成。20世纪90年代中期诞生的支持向量机（Support Vector Machine，简称SVM）理论，在解决小样本、非线性及高维模式识别中表现出许多特有的优势，并能够推广应用到函数拟合等其他机器学习问题中。与神经网络不同的是，SVM使用的是数学方法和优化技术，根据有限的样本信息在模型的复杂性（即对特定训练样本的学习精度）和学习能力（即无错误地识别任意样本的能力）之间寻求最佳折中，以求获得最好的推广能力。

第7章　神经网络控制

神经网络作为人工智能中连接主义（Connectionism）研究的主要内容，正如模糊逻辑、专家系统可以通过与自动控制的交叉构成模糊控制、专家控制一样，神经网络与自动控制交叉便构成了神经网络控制。即：

$$ANNC = ANN \cap AC$$

式中：ANNC 为人工神经网络控制；ANN 为人工神经网络；AC 为自动控制。

随着电子计算机在软件及硬件方面取得的长足发展，人工智能已经被认定为解决工程和科学问题的一把利器，ANN 可以将人们的思维过程模块化来模拟人的智能，包括判断、理解、预测、识别、规划、决策、学习及问题求解等，促进这类基于非数学模型的智能控制方法的发展。同时注意到，ANN 本身也有适合于控制的特性，如图 7-1 所示的模型中，$u(k)$可看作是某一控制器的输出信号，控制被控对象，使其在控制信号 $u(k)$的作用下，具有 $y(k)$的期望输出，神经网络在此完成“通用逼近器”的功能。

神经网络同样可以完成常规控制器的功能，如图 7-1 所示为典型按偏差控制的单位负反馈控制系统方框图，以下引入神经网络代替常规控制器，如图 7-2 所示，探讨网络是如何工作的。

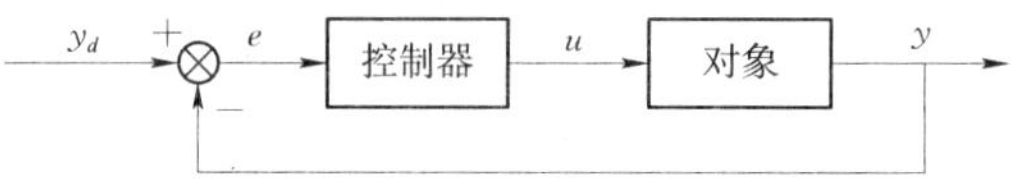

图 7-1　反馈控制

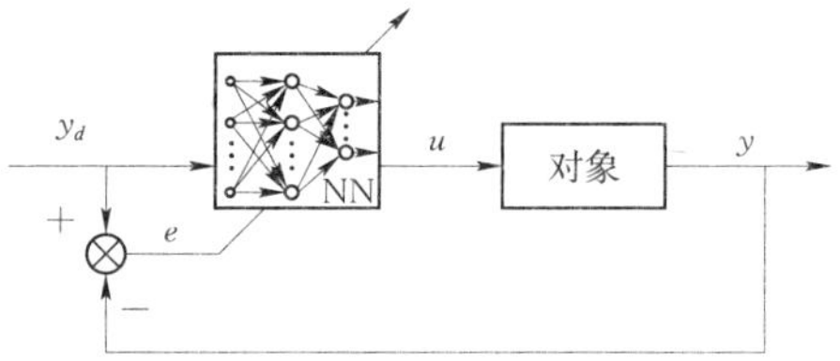

图 7-2　神经网络代替常规控制器

y_d 是控制系统的参考输入（输入量、给定量），设被控对象输入 u 和系统实际输出 y 之间满足非线性函数关系：

$$y = g(u) \tag{7-1}$$

对于系统的稳态过程，表征系统输出量最终复现输入量的程度，即希望系统的稳态（$t \to \infty$）误差 e_{ss} 为零，控制的目的是确定最佳的控制器输入量 u，使系统的实际输出 y 等于参考输入（期望输出）y_d。

在该系统中，可以把神经网络看成是一个黑匣子，实现输入/输出之间的某种映射（或函数变换），并设其函数关系式为：

$$u = f(y_d) \tag{7-2}$$

将式（7-2）代入式（7-1）中，可得：

$$y = g[f(y_d)]$$

为了满足 $y=y_d$ 的控制系统要求，显然，需要 $f(\cdot)=g^{-1}(\cdot)$。

由于神经网络控制的应用场合是复杂不确定或未知系统，因此非线性函数 $g(\cdot)$是很难建立的，而这正是神经网络的优势——作为非线性系统通用逼近器，逼近逆模型 $g^{-1}(\cdot)$。利用被控对象期望输出 y_d 和实际输出 y 之间的误差作为调整信号，使神经网络进入训练学习，调整迭代过程的连接权值 W，直到误差 $e=y_d-y$ 达到性能指标要求。

这就是神经网络模拟 $g^{-1}(\cdot)$的过程，它实际上是对被控对象的一种求逆过程，称为神经网络直接控制，网络的可用性（输出 y 跟踪输入 y_d 的精度）相当程度上取决于逆模型的精确程度。

7.1 神经网络控制系统的分类

实际上，神经网络控制的形式多种多样，在实现“控制”问题上的角色也不尽相同，总结起来，网络在控制中的作用有：

（1）在基于精确模型的各种控制结构中充当对象的模型。

（2）在反馈控制系统中，直接充当控制器的作用。

（3）在传统控制系统中，利用网络的学习和优化能力，提供优化计算作用。

（4）在预测控制中，实现神经网络对被控对象的非线性模型辨识。

（5）作为神经网络辨识器（NNI）辅助神经网络控制器（NNC），提供对象的 Jacobian 信息。

（6）在控制系统的故障诊断中，利用神经网络的逼近特性，对控制系统的各种故障进行模式识别。

（7）与其他计算智能方法、符号智能方法或优化算法，如模糊控制、专家控制及遗传算法等相融合，为其提供非参数化对象模型、优化参数、推理模型及故障诊断等。

参照国内外学者普遍认同的从神经网络在实现智能控制的作用和地位而进行的划分方法，将神经网络控制划分为以下两大门类：基于传统控制理论的神经控制（又称混合神经网络控制）和基于神经网络的智能控制。

7.2 基于传统控制理论的神经控制

这类控制方案是以神经网络为基础来改善传统控制的智能控制方法，控制结构可分为直接逆控制、自适应控制、神经自适应 PID 控制、内模控制、预测控制及监督控制等，神经网络在其中可作为辨识器、对象模型、估计器及控制器等之用。

7.2.1 神经网络直接逆动态控制

1962 年，模糊控制的创始者美国人 L. A. Zadeh 曾提出：系统辨识（System Identification）就是在输入和输出数据观测的基础上，在指定的一组模型类中，确定一个与所测系统等价的模型。神经网络技术可用于系统辨识问题，而系统的可辨识性至关重要，即给定一个特殊的模型结构，被辨识的系统是否可以在该结构内被表示出来。以下给出利用神经网络建立动态系统正向和逆向模型的方式，探讨网络的作用及工作原理。

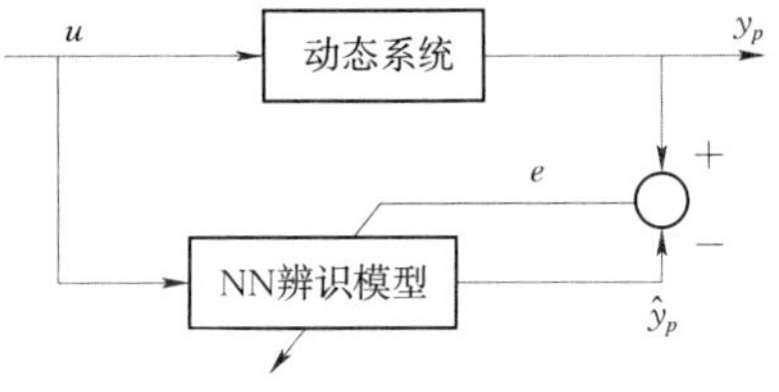

图 7－3　正向建模一般结构

1. 正向建模

如图 7－3 所示为神经网络用于系统正向建模的示意图。

图 7－3 中，神经网络作为辨识器之用，辨识模型与待辨识的动态系统并联，两者的输出误差 $e(k)$ 作为网络的训练信号，系统实际输出 $y_p(k)$ 为导师提供的期望信号，学习算法为有导师学习。

假设待辨识动态系统可由以下的非线性离散时间差分方程来表示：

$$y_p(k+1)=f[y_p(k),\ y_p(k-1),\ \cdots,\ y_p(k-n+1)]+g[u(k),\ u(k-1),\ \cdots,\ u(k-m+1)] \tag{7-3}$$

式中：$y_p(k+1)$ 表示系统在 $k+1$ 时刻的输出信号，由系统过去 m 时刻的所有输入信号和 n 时刻的所有输出信号构成，且 $m \leqslant n$；$f(\cdot)$ 和 $g(\cdot)$ 为未知的非线性函数，且对其变量可微。利用神经网络辨识非线性动态系统，是指在式（7－3）的假设下，用网络代替模型中的非线性函数 $f(\cdot)$ 和 $g(\cdot)$，然后根据辨识模型的输出和系统的实际输出来训练网络，即调整网络的参数及连接权值，使网络的影响和对应的非线性函数等同。可引入两个网络来分别代替非线性函数 $f(\cdot)$ 和 $g(\cdot)$，得到的辨识模型为：

$$\begin{aligned}\hat{y}_p(k+1)=&N_f[\hat{y}_p(k),\ \hat{y}_p(k-1),\ \cdots,\ \hat{y}_p(k-n+1)]+\\&N_g[u(k),\ u(k-1),\ \cdots,\ u(k-m+1)]\end{aligned} \tag{7-4}$$

或

$$\begin{aligned}\hat{y}_p(k+1)=&N_f[y_p(k),\ y_p(k-1),\ \cdots,\ y_p(k-n+1)]+\\&N_g[u(k),\ u(k-1),\ \cdots,\ u(k-m+1)]\end{aligned} \tag{7-5}$$

式（7－4）表示的模型为并列模型（Paralleled Model），表示输入到网络的量包括了模型输出的过去值，其辨识模型如图 7－4（a）所示。式（7－5）表示的模型为串联并列模型（Series Paralleled Model），表示模型中不含有非线性的反馈，其辨识模型如图 7－4（b）所示。

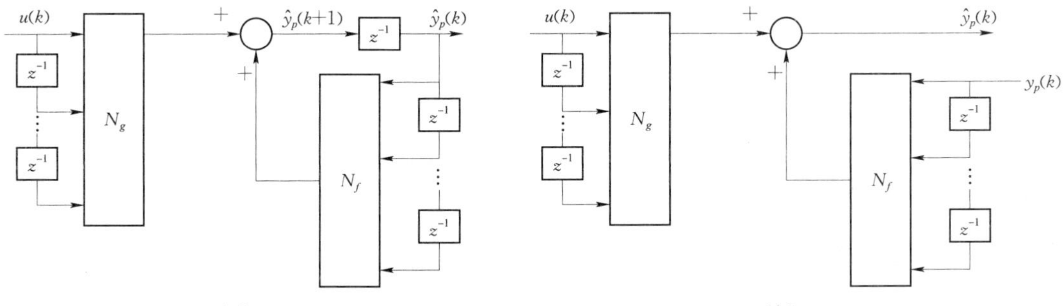

图 7－4　神经网络辨识模型

（a）并列型；（b）串联并列型

2. 逆模型

上述正向建模过程中，神经网络没有作为控制器之用。以下给出动态系统的直接逆建模示意图，探讨神经网络实现控制的原理。

假设动态系统可由以下的非线性离散时间差分方程来表示：

$$y(k+1)=f[y(k),\ \cdots,\ y(k-n+1),\ u(k),\ u(k-1),\ \cdots,\ u(k-m+1)]$$

假设上式非线性函数 $f(\cdot)$可逆，即存在：

$$u(k)=f^{-1}[y(k),\ \cdots,\ y(k-n+1),\ y(k+1),\ u(k-1),\ \cdots,\ u(k-m+1)]$$

而在上式中，$y(k+1)$为 $k+1$ 时刻的输出值，为未知，考虑用 $k+1$ 时刻的期望输出 $y_d(k+1)$（已知）进行替代，则上式可改写为：

$$u(k)=f^{-1}[y(k),\ \cdots,\ y(k-n+1),\ y_d(k+1),\ u(k-1),\ \cdots,\ u(k-m+1)] \tag{7-6}$$

式（7-6）即为所描述的动态系统的逆模型，网络的作用是通过学习训练，逼近非线性函数 $f^{-1}(\cdot)$。如图 7-5 所示给出最为直观的逆建模结构。

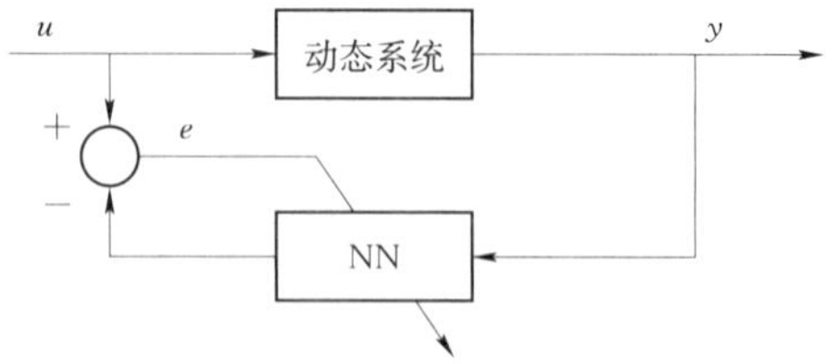

图 7-5　直接逆建模结构

图中，待辨识的动态系统输出 $y(k)$作为神经网络的输入，网络输出与系统输入 $u(k)$进行比较，将输入误差信号 $e(k)$作为网络的训练信号，开始网络训练，学习系统的逆模型 $f^{-1}(\cdot)$。注意到：实际工作中系统的输入 $u(k)$无法预先设定，整个学习过程不是目标导向（goal directed）的，对图 7-5 进行修正，引入一个待辨识的神经网络，与系统串联，保留图 7-3 正向建模的一般结构，构成正—逆建模结构，如图 7-6 所示。

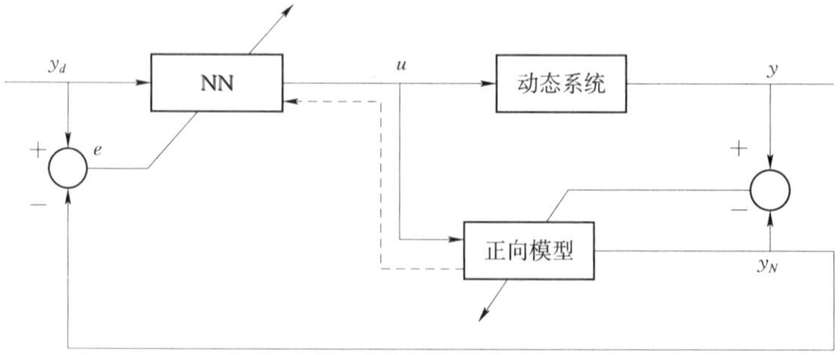

图 7-6　正—逆建模结构

注意到，在此结构中，网络 NN 的输入为系统的期望输出 $y_d(k)$，为已知，训练误差 $e(k)$可以为期望输出与系统实际输出 $y(k)$之差或者期望输出与正向模型的输出 $y_N(k)$之差。模型中，NN 的输出为作用于系统的控制信号 $u(k)$，因此，网络 NN 开始执行控制器的功能。

在图 7-6 的基础上，又发展了正—逆建模的另一种结构，称为双网络的间接学习结构，即为本节神经网络直接逆动态控制的一般结构图，如图 7-7 所示。

图 7-7 中，NN1 和 NN2 为结构相同的网络（输入层、隐含层及输出层节点数目相同）和映射特性，NN1 先同 NN2 一起，离线学习系统的逆动力学模型，NN2 为神经网络

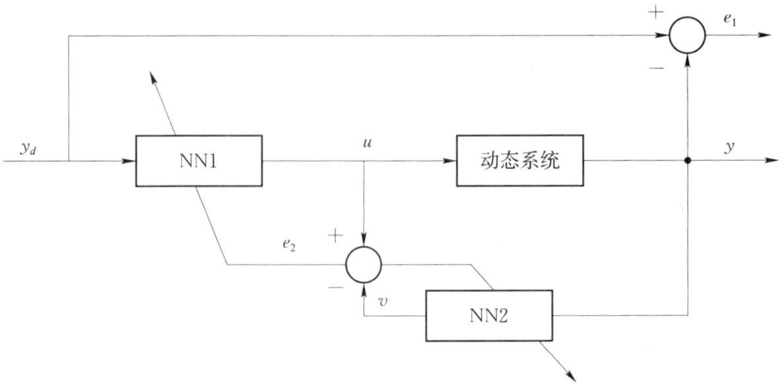

图 7-7　直接逆动态控制结构

逆辨识器，输入为系统输出 $y(k)$，产生相应输出 $v(k)$。误差信号 $e_2(k)=u(k)-v(k)$ 同时作为两个网络的训练信号，调整两网络的待学习参数、连接权值及阈值等，直至 $e_2(k)\to 0$，NN1、NN2 将是对象逆模型 $f^{-1}(\cdot)$ 的一个好的近似。网络学习完成后，NNI 相当于一个前馈控制器，其输入为期望输出信号 $y_d(k)$，输出为控制信号 $u(k)$，作用于动态系统。当误差 $e_1(k)=[y_d(k)-y(k)]\to 0$ 时，系统的实际输出与期望输出接近一致，称输出跟得上输入，跟踪的精度，取决于逆模型的精确程度。

7.2.2　神经网络自适应控制

自适应控制是整个控制科学发展的高级阶段，这种控制器能够修正自己的特性以适应对象和扰动动态特性的变化。将神经网络技术引入自适应控制器的设计，可实现辨识器与控制器的功能。作为必备基础知识，以下对自适应控制做出必要描述，再给出神经网络控制的模型。

如图 7-1 所示为常规反馈控制的经典模型，这类系统有 3 个显著特点：

(1) 控制器是固定的——控制器的结构和参数一旦设计好，在控制过程中一般不会更改或变动。

(2) 已知数学模型——控制器的设计要求一般要基于已知的被控对象数学模型。

(3) 有一定的克服对象特性变化的能力——对于一定范围内被控对象特性变化，可以克服。

也就是说，当对象是已知定常或变化较小以至可忽略时，一般常采用常规反馈控制便可以得到较为满意的控制效果。

但是，当被控对象参数未知，或者由于参数的变化会使本来处于某种最优指标状态工作的系统，不再是最优的甚至变成不稳定系统。为了解决上述问题，使系统维持在最优或者接近最优状态下工作，最有效的方法之一就是采用自适应控制方式。如图 7-8 所示给出了自适应控制的原理框图。

与常规反馈控制相比，自适应控制的特点有：

(1) 控制器可调。相对于常规反馈控制器固定的结构和参数，自适应控制系统的控制器在控制的过程中一般是根据一定的自适应规则，不断更改或变动着，即自适应控制器在

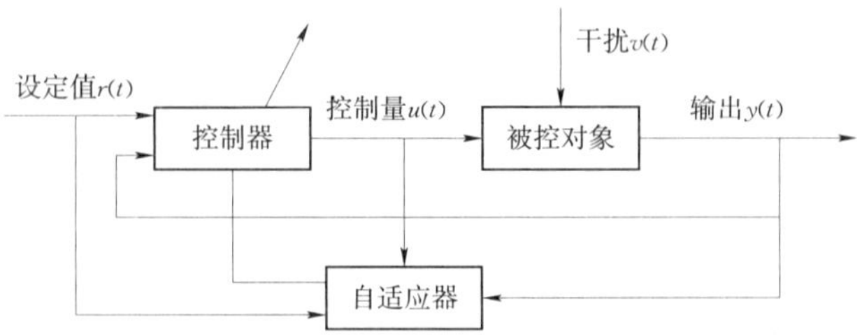

图 7-8 自适应控制原理框图

控制的过程中是可调的。

（2）增加了自适应回路。自适应控制系统在常规反馈控制系统基础上增加了自适应回路（或称自适应外环），其作用是根据系统运行情况，自动调整控制器，以适应被控对象特性的变化。

（3）适用对象范围广。适用于被控对象特性未知或时变的系统，设计时不需要完全知道被控对象的数学模型。

自 20 世纪 50 年代末期麻省理工学院（MIT）Wittaker 等人提出第一个自适应控制系统以来，先后出现了许多形式完全不同的自适应系统，其中最为经典的形式为模型参考自适应控制（Model Reference Adaptive Control，简称 MRAC）和自校正控制（Self - Tuning Control，简称 STC）。

1. MRAC

MRAC 系统的工作原理可通过如图 7-9 所示来说明。

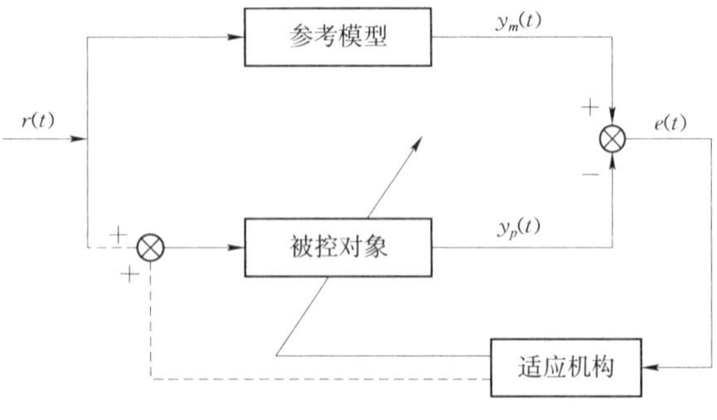

图 7-9 MRAC 系统

实现自适应的原理为：先根据被控对象要求达到的性能指标，设计一个与对象同阶的定常参考模型，将其与被控对象并联，在同一个参考输入 $r(t)$ 的作用下，比较二者的输出得到的偏差，通常称之为广义误差，用 $e(t)$ 表示。再通过设计出来的适应机构，去调节被控对象的参数，或者产生一个辅助控制输入量，累加到被控对象输入上，最终达到 $e(t)\to 0$。这样，被控对象便跟随上参考模型，模型的性能指标就是对象的性能指标。

MRAC 是一种用调节被控对象参数追踪参考模型变化规律的办法，达到对象要达到的性能指标。其主要特点为：

（1）通过输出误差信号 e（$e=y_m-y$）可直接表达控制的性能和质量。

（2）自适应机构不是明显地去获得控制 u 驱动被控过程，而是通过获得一组控制器可调参数去驱动。

（3）设计主要针对输出跟踪问题。

由于假设条件太强，MRAC 理论基础尚不完善，有成效的应用实例亦不多见。并且，MRAC 在设计上存在一个突出的问题，即稳定性问题（如利用局部参数优化法理论进行设计）。先后有人提出用 Lyapunov 稳定性理论、正定理论及 Popov 超稳定理论等设计全局稳定的自适应控制器，但这些方法尚不能建立一致的方案，对存在的一些公认问题只能在有限条件下解决，技术本身有待进一步研究。

2. STC

STC 系统的工作原理可通过如图 7－10 所示来说明。

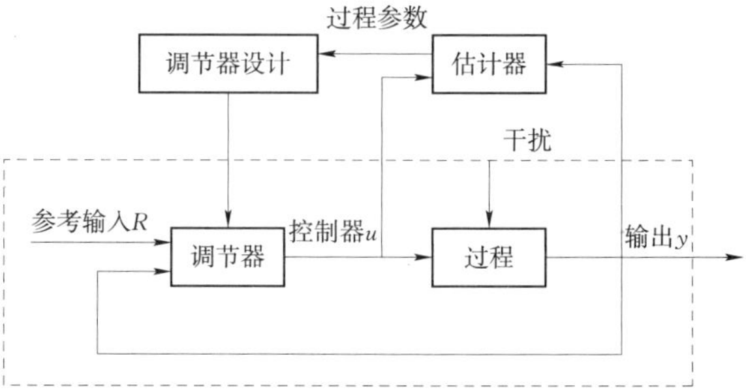

图 7－10　STC 系统

自校正控制也可以看作是由两个控制回路组成：内回路是常规线性反馈回路；外回路负责调整调节器参数，由参数估计器和调节器设计两部分组成，前者执行过程参数的递推估计任务，后者根据前者的结果和一定的规则进行在线设计计算。与 MRAC 不同的是，STC 根据被控对象的正和（或）逆模型辨识结果直接调整控制器的内部参数，以期能够满足系统的给定性能指标。

STC 的主要特点为：

（1）这种系统的过程建模和控制设计都可视为自动化的。

（2）过程模型和控制设计在每个采样周期（递推计算）中都要更新一次。

（3）强调这种控制器能实现自身参数的校正，以得到希望的闭环系统性能。

自校正系统是非线性的，对其设计涉及了最小相位系统的控制问题，尽管在自校正性能的研究方面已取得丰富的成果，而探讨稳定性、收敛性、渐进性与鲁棒性等课题仍在进一步发展中。而在应用实例方面，STC 较 MRAC 宽泛得多，在众多工业控制（如化工、造纸等）、自动驾驶等领域取得很不错的效果。

将人工神经网络技术引入到上述 MRAC 和 STC 中，除了控制之用，还由于需向控制器提供对象的参数信息（如 Jacobian 信息），这个信息通常不易获得，需要借助神经网络辨识器求取，导致了神经网络 MRAC 模型的直接型和间接型两种结构。

（1）神经网络 MRAC。分为神经网络直接型 MRAC 和神经网络间接型 MRAC 两种。

1）神经网络直接型 MRAC。控制系统的结构如图 7－11 所示。

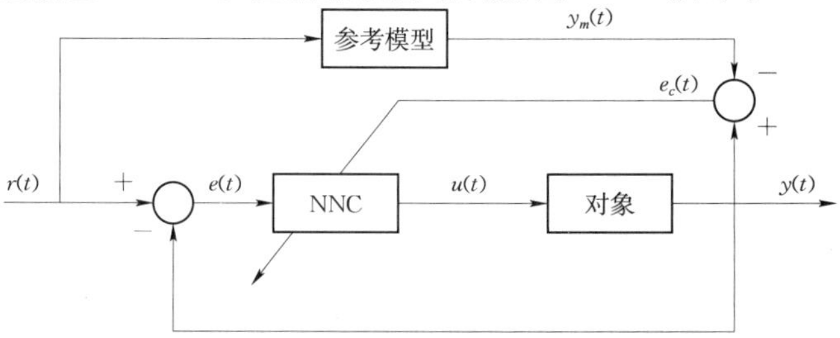

图 7－11　神经网络直接型 MRAC 系统

同 MRAC 一样，设计与被控对象并联的稳定的参考模型，设其输出为 $y_m(t)$，神经网络控制器 NNC 的作用为使被控对象输出 $y(t)$与参考模型输出 $y_m(t)$之差最小，即 $y(t)$能够跟踪 $y_m(t)$。具体实现上，系统的控制目标在于使 $y(t)$与 $y_m(t)$逐渐地匹配，即：

$$\lim_{t\to\infty}\| y_m(t)-y(t)\| \leqslant \varepsilon \quad \varepsilon>0$$

若基于 RBF 网络搭建 NNC 模型，采用离散形式列写网络训练算法，控制目标函数可定义为 $E(k)$（k 对应采样时刻），表达式为：

$$E(k)=\frac{1}{2}e_c^2(k)$$

利用公式（6-4）～式（6-10），得到待训练的各组参数的修正计算方法，但 Δw_i、$\Delta\sigma_i$ 与 Δc_{ij} 中均含有未知的 Jacobian 信息$\dfrac{\partial y(k)}{\partial u(k)}$，这个信息通常情况下不容易获得，在对其精确度要求不高的场合下，可以用$\dfrac{\partial y(k)}{\partial u(k)}$的正负符号 sign(・)来代替，由此而带来的不精确性可以通过 RBF 网络参数及权值的调整来弥补和修正。

由于 RBF 网络的反向传播需要已知被控对象的数学模型（用于计算$\dfrac{\partial y(k)}{\partial u(k)}$），当系统模型未知或部分未知的情况下，高精确度指标下的控制器学习与修正便很难进行。对于不确定、不确知的对象，通过增加神经网络辨识器 NNI，便构成神经网络间接型 MRAC 的模型。

2）神经网络间接型 MRAC。控制系统的结构如图 7-12 所示。除 NNI 的引入，其余部分与图 7-11 完全相同。

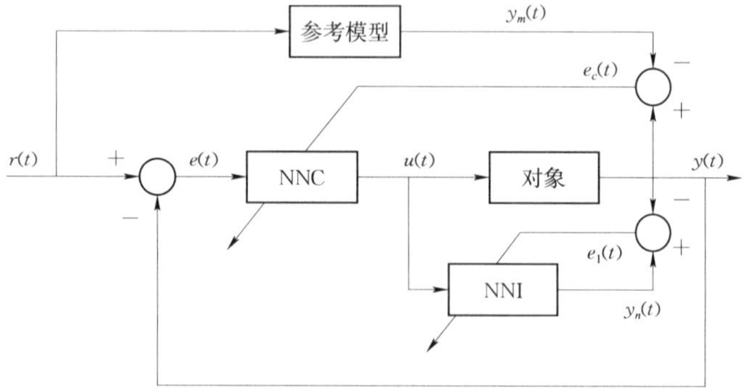

图 7-12　神经网络间接型 MRAC 系统

神经网络辨识器 NNI 首先离线辨识被控对象的前馈模型，然后根据 $e_1(t)$进行在线学习与修正。显然，NNI 的加入可以向神经网络控制器 NNC 提供所需的对象 Jacobian 信息，用于控制器 NNC 的学习。

（2）神经网络 STC。分为神经网络直接型 STC 和神经网络间接型 STC 两种。

1）神经网络直接型 STC。这种模型本质上同神经网络的直接逆动态控制，由一个神经网络控制器和一个具有离线辨识能力的神经网络辨识器组成。这种方法的思想是，如果神经网络充分逼近对象的逆动态模型，则从神经网络的输入端至对象的输出端的传递函数近似为 1。

2）神经网络间接型 STC。间接型 STC 一般称为自校正控制，是一种利用辨识器将对象参数进行在线估计，用控制器实现参数的自动整定相结合的自适应控制技术。可用于结构已知而参数未知但恒定的随机系统，也可用于结构已知而参数缓慢变化的随机系统。神经网络间接型 STC 的结构如图 7-13 所示。

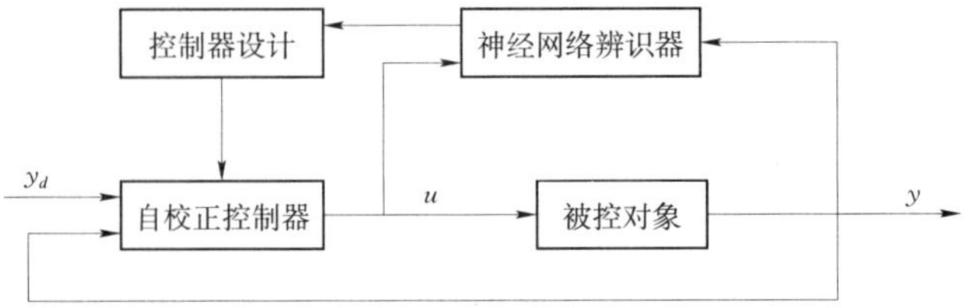

图 7-13　神经网络间接型 STC

系统由一个自校正控制器和一个能够在线辨识的神经网络辨识器组成，其中，自校正控制器与被控对象构成反馈回路，根据神经网络辨识器和控制器设计规则，得到控制器的参数。

设被控对象由如下所示的单变量仿射非线性系统，即：

$$y(k+1)=f[y(k),\cdots,y(k-p),u(k-1),\cdots,u(k-p)]+g[y(k),y(k-1),\cdots,y(k-p),u(k-1),\cdots,u(k-p)]u(k)$$

式中：$y(k+1)$为被控对象的输出；$u(k)$为控制器输出；$f(\cdot)$和$g(\cdot)$为非零函数。

若$f(\cdot)$和$g(\cdot)$已知，则控制器的控制规律为：

$$u(k)=\frac{y_d(k+1)-f(\cdot)}{g(\cdot)}$$

此时，控制系统的输出$y(k+1)$能精确地跟踪输入（期望输出）$y_d(k+1)$，所得到的控制律为最佳控制律。

若$f(\cdot)$和$g(\cdot)$未知，可通过在线训练神经网络辨识器，使其逐渐逼近被控对象，由辨识器$N_f(\cdot)$和$N_g(\cdot)$分别代替$f(\cdot)$和$g(\cdot)$，则控制器的输出为：

$$u(k)=\frac{y_d(k+1)-N_f(\cdot)}{N_g(\cdot)}$$

为简单起见，设被控对象为一阶系统，即：

$$y(k+1)=f[y(k)]+g[y(k)]u(k) \tag{7-7}$$

利用神经网络辨识器的$N_f[y(k),w(k)]$和$N_g[y(k),v(k)]$逼近对象模型，则：

$$\hat{y}(k+1)=N_f[y(k),w(k)]+N_g[y(k),v(k)]u(k)$$

式中：$w(k)$和$v(k)$神经网络的权值；$\hat{y}(k+1)$为被控对象输出的估计值。

此时，控制器的输出为：

$$u(k)=\frac{\hat{y}(k+1)-N_f[y(k),w(k)]}{N_g[y(k),v(k)]}=\frac{y_d(k+1)-N_f[y(k),w(k)]}{N_g[y(k),v(k)]} \tag{7-8}$$

将式（7－8）代入式（7－7）中，得到：

$$y(k+1)=f[y(k)]+g[y(k)]\frac{y_d(k+1)-N_f[y(k), w(k)]}{N_g[y(k), v(k)]} \tag{7－9}$$

将控制框图进一步表示为如图 7－14 所示。

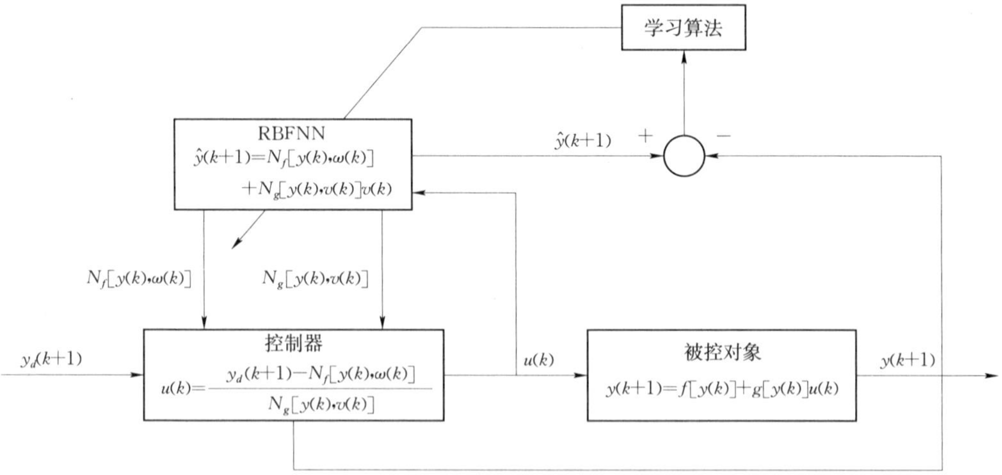

图 7－14 神经网络 STC

图 7－14 中，考虑到 RBF 网络较 BP 网更适合于实时控制的场合，故采用两个 RBF 网络实现对 $N_f[y(k), w(k)]$ 和 $N_g[y(k), v(k)]$两未知项的逼近。该神经网络辨识器如图 7－15 所示。

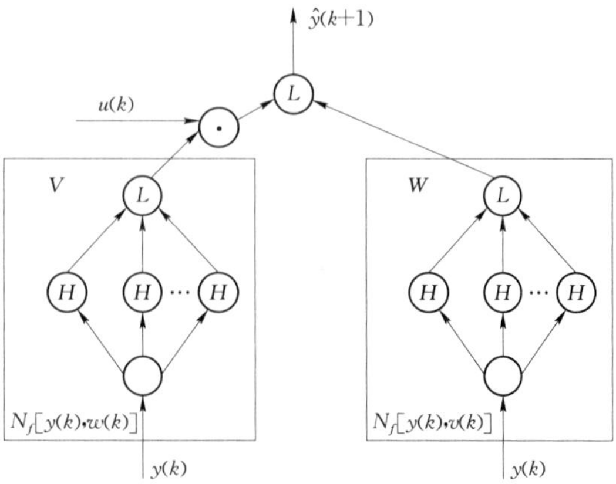

图 7－15 神经网络辨识器

图 7－15 中，$W=[w(k)]$、$V=[v(k)]$分别为两 RBF 网络中，隐含层与输出层的权值向量。注意到，RBF 函数作为隐单元的“基”，构成隐含层空间，通过输入空间到隐层空间之间进行非线性变换，而隐含层到输出层实现线性映射。因此，H 代表径向基函数，为非线性运算节点；L 代表线性运算节点；• 代表乘积运算节点。

两个网络的输入均为 $y(k)$，输出分别为 $N_f[y(k), w(k)]$ 和 $N_g[y(k), v(k)]$，则：

$$N_f[y(k), w(k)]=h_1w_1+h_2w_2+\cdots+h_mw_m$$

$$N_g[y(k), w(k)]=h_1v_1+h_2v_2+\cdots+h_mv_m$$

式中：m 为两个 RBF 网络的隐含层节点数，$h_j=e^{-\frac{\| y(k)-C_j\|^2}{2b_j^2}}$，$j=1, 2, \cdots, m$。

由式（7－9）知，只有当 $N_f[y(k), w(k)]\rightarrow f[y(k)]$，$N_g[y(k), v(k)]\rightarrow g[y(k)]$时，才能使 $y(k+1)\rightarrow y_d(k+1)$。

由图 7－14，被控对象的输出估计值为：

$$\hat{y}(k+1)=N_f\left[y(k),\ w(k)\right]+N_g\left[y(k),\ v(k)\right]u(k)$$

参照 6.3.2 节的内容，建立网络训练的性能指标函数，即：

$$E(k+1)=\frac{1}{2}\left[y(k+1)-\hat{y}(k+1)\right]^2=\frac{1}{2}e^2(k+1)=\frac{1}{2}\left[y(k+1)-y_d(k+1)\right]^2$$

采用梯度下降法和连锁法实现对 RBF 网络基宽向量、中心矢量以及隐含层到输出层权值的学习，即：

$$\Delta w_i=-\eta_w\frac{\partial E}{\partial w_i}=-\eta_w\cdot\frac{\partial E}{\partial e}\cdot\frac{\partial e}{\partial\hat{y}}\cdot\frac{\partial\hat{y}}{\partial N_f[y(k),w(k)]}\cdot$$

$$\frac{\partial N_f[y(k),w(k)]}{\partial w_i}=\eta_w e(k)h_i=\eta_w[y(k)-\hat{y}(k)]h_i$$

式中：i 为第一个网络第 i 个隐层非线性输出。

$$\Delta v_i=-\eta_v\frac{\partial E}{\partial v_i}=-\eta_v\cdot\frac{\partial E}{\partial e}\cdot\frac{\partial e}{\partial\hat{y}}\cdot\frac{\partial\hat{y}}{\partial N_g[y(k),v(k)]}\cdot$$

$$\frac{\partial N_g[y(k),v(k)]}{\partial v_i}=\eta_v e(k)u(k)h_i=\eta_v[y(k)-\hat{y}(k)]u(k)h_i$$

式中：i 为第二个网络第 i 个隐层非线性输出。

得到 $w(k)$ 和 $v(k)$ 的学习规则，即：

$$w_i(k+1)=w_i(k)+\Delta w_i+\alpha\left[w_i(k)-w_i(k-1)\right]$$

$$v_i(k+1)=v_i(k)+\Delta v_i+\alpha\left[v_i(k)-v_i(k-1)\right]$$

式中：η_w 和 η_v 为学习效率；α 为动量因子。同理，可参照式（7-7）～式（7-10），完成其他参数的学习。

7.2.3　神经自适应 PID 控制

在自动控制领域，要根据给定性能指标的要求，设计系统参数，保证动态性能及稳态性能，并始终保持系统的稳定性。然而，调节某些参数，往往造成上述性能之间的矛盾。以二阶系统为例，增大开环增益，可以提高系统的响应速度，改善动态性能，减小稳态误差，但会使系统稳定性变差，甚至不稳定。再者，对于动态性能指标来说，上升时间和超调量分别表征系统的响应速度和阻尼程度，也不能同时达到满意的效果。

为解决上述问题，在进行控制系统（特别是高阶系统）的设计过程中，往往要在系统中引入一些参数可以根据需要而改变的机构或装置，即校正装置，使系统整个特性发生变化，从而满足给定的各项性能指标。PID（Proportional - Integral - Differential，比例一积分一微分）控制器又称 PID 调节器，是工业过程控制中常用的有源校正装置。从结构上来看，PID 控制器实质上就是一个串联的滞后一超前装置，实现带阻滤波器的功能，控制器包含有一个比例环节、一个积分环节和一个微分环节。

当被控对象和环境确定的情形下，通过整定各个环节的参数（比例及时间常数），可以实现对过程的有效控制。然而，一旦被控对象特性及结构发生改变，参数在整定上变得非常困难，往往不能得到满意的控制效果。在 PID 控制结构的基础上引入神经网络，可利用后者实现对被控对象的在线辨识，进而优化 PID 控制器参数的实时调整，即对比例、积分和微分 3 种控制作用进行调整以形成相互配合又相互制约的关系。

PID 控制规律在应用中常用如下两种结构形式：

(1) $u(k)=k_P e(k)+k_I\sum_{i=1}^{k}e(i)+k_D\Delta e(k)$ 或 $u(k)=k_P\left[e(k)+\frac{1}{T_D}\sum_{0}^{k}e(i)+T_D\frac{\mathrm{d}e(t)}{\mathrm{d}t}\right]$。

(2) $\Delta u(k)=k_P\,[e(k)-e(k-1)]+k_I e(k)+k_D\,[e(k)-2e(k-1)+e(k-2)]$。

式中：$\Delta u(k)=u(k)-u(k-1)$；$e(k)=r(k)-y(k)$；$r(k)$为被控对象的参考输入；$y(k)$为对象的实际输出；$e(k)$为控制偏差。

如图 7-16 所示给出了一种基于神经网络的 PID 控制系统结构。

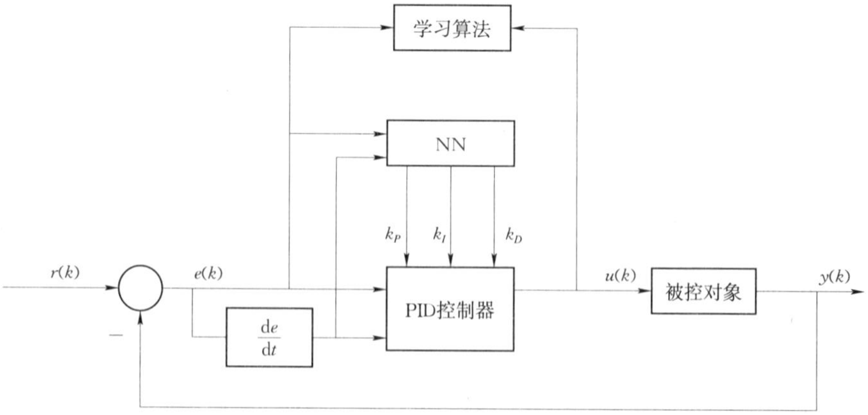

图 7-16 基于神经网络的 PID 控制

该结构中，经典的 PID 控制器直接对被控对象进行闭环控制，神经网络 NN 根据系统的运行状态，调节 PID 控制器的 3 个可调参数 k_P、k_I、k_D。网络训练中，输入层设为 3 个节点，分别对应：

$$x_1(k)=r(k)-y(k)=e(k) \tag{7-10}$$

$$x_2(k)=\Delta e(k)=e(k)-e(k-1) \tag{7-11}$$

$$x_3(k)=e(k)-2e(k-1)+e(k-2) \tag{7-12}$$

网络的输出为 k_P、k_I 和 k_D3 个可调参数，可利用 BP 网、RBF 网等实现最佳控制律的学习。由于 k_P、k_I 和 k_D 具有实际物理意义，不能为负，采用 BP 网络结构时，输出层神经元的激活函数可设计为非负的 Sigmoid 函数，即：

$$f(x)=\frac{1}{2}[1+\tanh(x)]=\frac{\mathrm{e}^x}{\mathrm{e}^x+\mathrm{e}^{-x}}$$

网络训练的性能指标函数为：

$$E(k)=\frac{1}{2}e^2(k)=\frac{1}{2}[r(k)-y(k)]^2 \tag{7-13}$$

对 BP 网络待训练参数的学习可以参照 6.3.1 节的内容，在此不再赘述。

如图 7-17 所示给出了利用神经网络技术，构造单神经元自适应 PID 控制的框图。

图 7-17 中，网络输入 $x_1(k)$、$x_2(k)$和 $x_3(k)$的取值如式 (7-10) ～式 (7-12)，网络的输出为 $u(k)=x_1(k)w_1(k)+x_2(k)w_2(k)+x_3(k)w_3(k)$，其中，$w_i(k)$ $(i=1, 2, 3)$

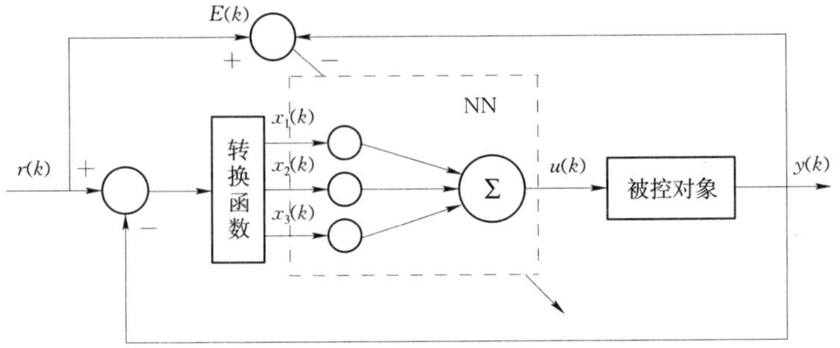

图 7－17　单神经元自适应 PID 控制

为网络加权值。仍采用式（7－13）构造网络训练的性能指标函数，当 $E(k)\to 0$，网络训练结束，学习算法收敛时，权值将调整为最佳值。这一思想将网络权值的调整过程看作是 PID 控制器参数的自整定过程，即并行学习到最优的 k_P、k_I 和 k_D 三参数，由误差反向传播算法、构造的性能指标函数 $E(k)=\frac{1}{2}e^2(k)=\frac{1}{2}[r(k)-y(k)]^2$ 和梯度下降法可以获得待训练参数的学习规则，由此获得的控制律 $u(k)$ 即为最佳控制律。

对如图 7－17 所示进行改进，可得到具有加权系数的单神经元自适应 PID 控制器的结构，如图 7－18 所示。

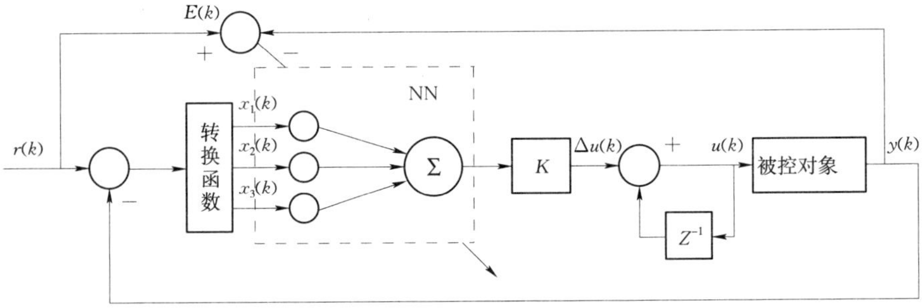

图 7－18　具有加权系数的单神经元自适应 PID 控制

该结构通过对加权系数的调整来实现自适应、自组织功能，控制算法为：

$$u(k)=u(k-1)+K\sum_{i=1}^{3}w_i(k)x_i(k) \tag{7-14}$$

权系数的调整过程即为 k_P、k_I 和 k_D 三参数自整定的过程，按有监督的 Hebb 学习规则实现，在学习算法中加入有监督项 $z(k)$，具体算法为：

$$\begin{cases}\omega_1(k)=\omega_1(k-1)+\eta_I z(k)u(k)x_1(k)\\ \omega_2(k)=\omega_2(k-1)+\eta_P z(k)u(k)x_2(k)\\ \omega_3(k)=\omega_3(k-1)+\eta_D z(k)u(k)x_3(k)\end{cases} \tag{7-15}$$

式中：$z(k)=e(k)$；$x_1(k)=e(k)=r(k)-y(k)$；$x_2(k)=\Delta e(k)=e(k)-e(k-1)$；$x_3(k)=\Delta^2 e(k)=e(k)-2e(k-1)+e(k-2)$；$\eta_I$、$\eta_P$ 和 η_D 分别为积分、比例、微分的学习速率，以便对不同权系数分别进行调整；K 值的选择非常重要。K 越大，则快速性越好，但超调量大，甚至可能使系统不稳定。当被控对象时延（滞后）增大时，K 值必须减

小，以保证系统稳定。K 值选择过小，会使系统的快速性变差。7.4 节将搭建基于模糊控制的自适应 PID 控制器，实现 K 值的在线调节。

如图 7-19 所示给出了融合 NN 辨识器和 NN 控制器的 PID 自整定控制结构。

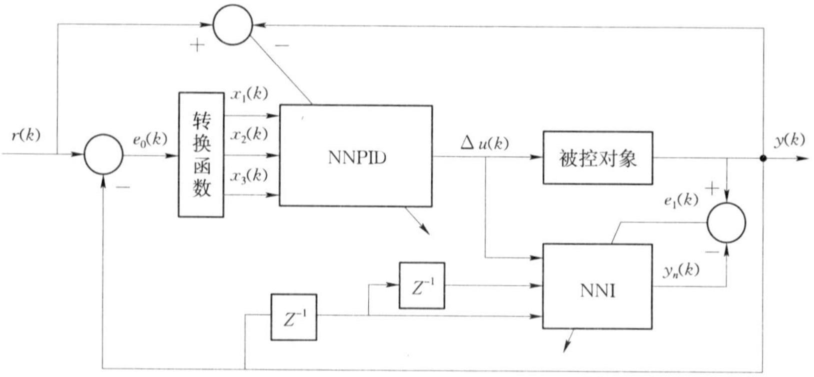

图 7-19 NNI 结合 NNC 的 PID 控制

图 7-19 中，NNI 辨识器完成对被控对象模型的离线辨识，与被控对象正向并联，利用网络的自学习特性，实现权值的学习，逐步适应被控对象的特性。当学习到与被控对象一致时，再由 NNPID 实现对被控对象的在线控制。

1. NNI

设被控对象的仿射非线性模型为：

$$y(k+1)=f[y(k),\ y(k-1),\ y(k-2),\ u(k),\ u(k-1)]$$

神经网络辨识器 NNI 结构为（4，n，1），n 为隐含层试凑后确定的节点数目。NNI 的输入为 $x=[y(k),\ y(k-1),\ y(k-2),\ \Delta u(k)]$，输出为 $y_n(k)$，网络训练的性能指标函数为：

$$E_1(k)=\frac{1}{2}e_1^{\ 2}(k)=\frac{1}{2}[y(k)-y_n(k)]^2$$

式中：$y(k)$为对象的实际输出。当 $E_1(k)\to 0$ 时，网络学习到与被控对象的特性一致，$y(k)\approx y_n(k)$，开始进行 NNC 在线控制。

2. NNC

神经网络控制器 NNC 结构为（3，n，1），网络输入为 $x=[x_1(k),\ x_2(k-1),\ x_3(k-2)]$，其中，$x_1(k)$、$x_2(k)$和 $x_3(k)$的取值如式（7-10）～式（7-12），网络的输出为 $u(k)=x_1(k)w_1(k)+x_2(k)w_2(k)+x_3(k)w_3(k)$，$w_i(k)$（$i=1,2,3$）为网络加权值。网络训练的性能指标函数为：

$$E_0(k)=\frac{1}{2}e_0^{\ 2}(k)=\frac{1}{2}[r(k)-y(k)]^2$$

同图 7-17 所示系统一样，将网络权值的调整过程看作是 PID 控制器参数的自整定过程，对 $w_1(k)$、$w_2(k)$和 $w_3(k)$的学习，即为整定最优的 k_P、k_I 和 k_D 三参数的过程。利用梯度下降法建立学习规则，即：

$$\Delta w_i=-\eta\frac{\partial E_0(k)}{\partial w_i}=-\eta\frac{\partial E_0(k)}{\partial y(k)}\cdot\frac{\partial y(k)}{\partial u(k)}\cdot\frac{\partial u(k)}{\partial w_i}=\eta e_0(k)\cdot\frac{\partial y(k)}{\partial u(k)}\cdot x_i(k)\qquad i=1,2,3 \tag{7-16}$$

在式（7－16）中，$\frac{\partial y(k)}{\partial u(k)}$为雅克比信息，通常不可获得，表现为未知量。但由于NNI的引入，使得完全可以学习到与被控对象的特性相一致，此时，$y(k) \approx y_n(k)$。代入式(7－16)，则：

$$\Delta w_i \approx \eta e_0(k) \cdot \frac{\partial y_n(k)}{\partial u(k)} \cdot x_i(k)$$

对$\frac{\partial y_n(k)}{\partial u(k)}$的求解转换为对神经网络辨识器学习算法的讨论。可以参照 6.3.1 节误差反向传播的算法流程，且要注意到 $\Delta u(k)=u(k)-u(k-1)$为 NNI 的第 4 个输入神经元，$u(k-1)$为迭代过程中，$u(k)$前一时刻的值。上式可求，再由：

$$w_i(k+1)=w_i(k)+\Delta w_i+\alpha\ [w_i(k)-w_i(k-1)]$$

完成权值的训练，直到 $E_0(k) \to 0$，$y(k) \to r(k)$，NNPID 便能跟踪上系统的变化。

NNC 网络初始权值的选取可借鉴传统 PID 的 N－Z（齐格勒一尼克尔斯）参数整定法结果，给出一种可供选择的参数设置方案：

$$w_1(0)=[3.5-2w_3(0)/T]K$$
$$w_2(0)=[2.45-w_1(0)-w_3(0)/T]K$$
$$w_3(0)=1.25KT$$

式中：K 为网络权值初始化系数；T 为计算机采样周期。

7.2.4 神经网络内模控制

无论是经典控制理论，还是现代控制理论，其基石都是对象精确的数学模型，而描述实际工业过程的系统日趋复杂，要求控制的精度亦不断提高，如果系统辨识的结果不甚理想（从工程应用的角度来说，往往需要简化模型，从而难以保证得到对象精确的模型），则控制品质也会严重下降。在实际应用中，除了提升对生产过程的有效建模和系统辨识的能力外，人们更关心能否在被控对象未知、结构不确定的情况下，仍然保持控制器的良好性能，即打破传统控制思想的束缚，面向工业过程寻求对模型要求较低、在线计算方便以及控制综合效果好的控制方法。基于此，内模控制应运而生。

内模控制（Internal Model Control，简称 IMC）的思想可追溯到 1957 年 Smith 提出的时滞补偿器，但作为更确切的概念，内模控制的术语是由 Carcia 和 Morari（莫拉里）在 1982 年提出的。随后，Morari 和 Zafiriou 给出了线性 IMC 设计的完整过程，并从理论上分析了其稳定性和鲁棒性。

典型的内模控制结构如图 7－20 所示。

图 7－20 中，P 为被控对象，M 为对象模型，C 为内模控制器，F 为滤波器，信号 r、u、y 及 $\hat{y}$ 分别为给定输入、控制量、对象输出和模型输出，v 为外界干扰。模型 M 与作为被控对象 P 的近似模型与对象并行设置，系统输出 y 与模型 M 的输出 $\hat{y}$ 的差值用于反馈作用，将其与给定值 r 之差经过滤波器 F 处理后（通过调整滤波器的结构和参数获得期望的动态品质和鲁棒性），送给内模控制器 C，C 实质上是一个具有被控对象逆模型的控制器，需要精确地学习到被控对象的逆动态特性。

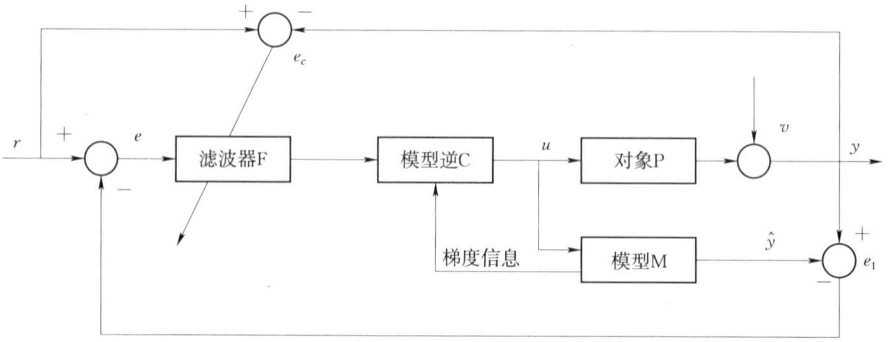

图 7-20 IMC 的一般结构

对于线性系统的内模控制，以传递函数表示的输入-输出模型相当普遍，具体的解算过程为：令控制器 NNC 的传递函数为 $C(s)$，被控对象传递函数为 $P(s)$，辨识器 NNM 传递函数为 $\hat{P}(s)$，由图 7-20，得到：

$$E(s)=R(s)-E_1(s)$$

$$U(s)=C(s)E(s)$$

$$Y(s)=v(s)+P(s)U(s)$$

$$\hat{Y}(s)=\hat{P}(s)U(s)$$

$$E_1(s)=Y(s)-\hat{Y}(s)=v(s)+[P(s)-\hat{P}(s)]U(s)$$

整理得到：

$$Y(s)=\frac{C(s)P(s)}{1+C(s)[P(s)-\hat{P}(s)]}R(s)-\frac{1-C(s)\hat{P}(s)}{1+C(s)[P(s)-\hat{P}(s)]}v(s) \quad (7-17)$$

$$E(s)=\frac{v(s)}{1+C(s)[P(s)-\hat{P}(s)]} \quad (7-18)$$

分析式（7-17），模型与对象匹配时，若 $C(s)=\hat{P}^{-1}(s)$（控制器取为模型逆），则无论有无外界干扰 v，均可得到 $Y(s)=R(s)$，即可实现“完全控制”、“理想控制”。注意到，由于 $\hat{P}$ 在系统内部，故称这类控制为“内模控制”。

分析式（7-18），系统稳定的充要条件是以下特征方程的根位于 S 的左半平面

$$1+C(s)[P(s)-\hat{P}(s)]=0 \text{ 或 } \frac{1}{P(s)\hat{P}(s)}+\frac{1}{P(s)}[P(s)-\hat{P}(s)]=0 \quad (7-19)$$

由式（7-19），当 $P(s)=\hat{P}(s)$，即模型准确时，上述特征方程变为：

$$\frac{1}{P(s)\hat{P}(s)}=0$$

意味着，当控制器 $C(s)$ 和被控对象 $P(s)$ 同时稳定时，特征方程式（7-19）的根均位于 S 的左半平面，闭环系统必然稳定。

总结起来，内模控制系统具有下述 3 个基本性质：

（1）当模型精确，被控对象和控制器是输入-输出稳定的，则整个闭环系统是输入-输出稳定的。

（2）在闭环系统稳定的前提下，若控制器能取为模型的逆（如果模型的逆存在），则无论有无外界干扰 v，均可实现理想控制 $y=r$。

（3）不管模型与对象是否失配，只要控制器的稳态增益和模型稳态增益的乘积为 1，且闭环系统稳定，则系统跟踪阶跃输入无静差（zero offset）。

这 3 条性质不仅适用于线性内模控制，也可以推广到非线性内模控制。

无论是人们为追求更加有效的控制策略，还是基于对非线性内模控制设计上的考虑，可以说，对内模控制器结构的设计改进（如双口控制和 MIMC 等）、每个功能装置的改进（如线性滤波器和非线性 RM 滤波器等）以及控制策略（内模控制与预测控制结合、基于线性化的非线性 IMC、内模控制与其他经典控制融合等）的研究均大有可为。而自 1986 年 Econnomou 等将 IMC 方法推广到非线性系统以来，对获得“对象模型逆”这一关键问题的深入研究开始渗透到内模控制器的设计中。

对于绝大部分非线性系统的求逆问题可以通过微分几何方法中的动态逆理论解决，但存在对模型精度要求过高、建模误差和参数摄动不具有鲁棒性等缺陷，难以实际应用。而将神经网络技术引入内模控制器的设计，为非线性内模控制的系统建模问题开辟了新的途径，丰富了非线性内模控制的研究内容。在经典的内模控制结构中，引入神经网络辨识器 NNM 代替模型 M、神经网络控制器 NNC 代替逆模型 C 后，得到神经网络内模控制系统的结构，如图 7－21 所示。

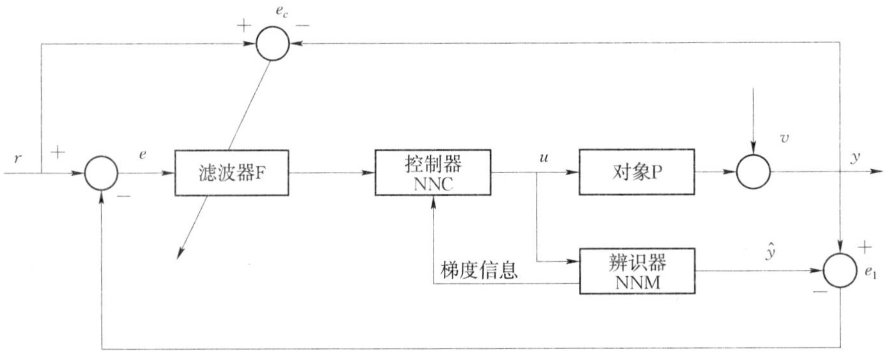

图 7－21　神经网络 IMC 系统结构

对于非线性内模控制，分别给出基于微分方程描述的仿射非线性对象和模型的建模形式，如式（7－20），以及由 SISO（单输入单输出）的离散时间非线性系统（信息流在某些环节成为时间的离散函数）建模形式，如式（7－21）。

可逆的仿射非线性系统：

$$\begin{cases}\dot{x}=f(x)+g(x)\\ y=h(x)\end{cases} \tag{7-20}$$

式中：$x\in R^n$ 为系统状态向量；$u\in R$ 为系统的输入向量；$y\in R$ 为系统的输出向量；$f(x)$和 $g(x)\in R^n$ 为系统状态变量的 C^∞ 函数向量；$h(x)\in R$。

被控对象的SISO离散时间非线性系统：

$$y(k)=f[y(k-1),\cdots,y(k-n),u(k-1),\cdots,u(k-m)]+v(k) \quad (7-21)$$

式中：$[y(k)]$、$[u(k)]$分别为阶次为n、m的输出输入时间序列；$[v(k)]$为干扰噪声。

内模控制的关键是如何寻求被控对象的逆模型，这就需要一个已经训练好的正模型，即NNM，如图7-21所示，在被控对象前面串联一个被训练的逆模型NNC，构成前馈控制。这种控制器的构造方法又被称为“对象—正模型—逆系统”学习法。

1. NNM

基于神经网络的NNM用于充分逼近被控对象的动态模型。NNC的输出u同时作为被控对象和辨识器NNM的输入，输出的误差信号为$e_1=y-\hat{y}$。通过对输入、输出数据集的学习，产生映射关系来逼近对象的正模型。为使模型输出与实际对象输出之间的误差最小，定义NNM的性能指标函数为：

$$E_1=\frac{1}{2N}\sum_{i=1}^{N}[y(k+1)-\hat{y}(k+1)]^2$$

式中：N是训练数据集的样本数量。

训练结束后，一个网络就强制性地复制了对象的动态特征。与图7-3相类似，该模型辨识的结构图如图7-22所示。

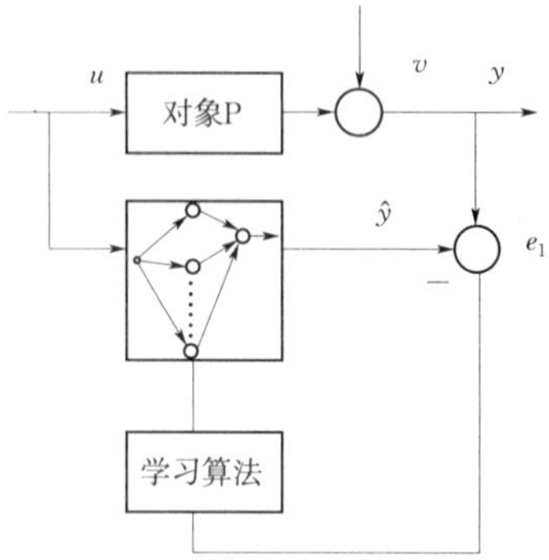

图7-22　神经网络模型辨识结构图

由于训练样本较容易获得，随着训练次数的增多，NNM逐步完善，精度逐步提高，NNC也逐渐逼近对象的动态逆。

2. NNC

如7.2.1节所述，如果直接利用神经网络完成模型逆的辨识，那么整个学习过程存在非目标导向（goal directed）的缺陷，且只能离线（off-line）进行。实际上，因为NNC的输出u作为NNM的输入而产生$\hat{y}$，从而得到误差$e_1=y-\hat{y}$，那么在训练NNM的同时，经过NNM反传即可修正网络NNC的权系数，经过充分训练后，使得$e_c=(r-y)\to 0$，NNC便可作为对象的逆模型。神经网络学习的性能指标函数为：

$$E_c=\frac{1}{2}[r(k+1)-y(k+1)]^2$$

注意到，NNC不是如图7-5所示那样直接学习被控对象的动态逆模型，而是以上述充当辨识器的神经网络模型（内部模型）作为训练对象，由NNM→NNC经过多次训练，间接地学习被控对象的逆动态特性，然后再充当逆控制器去控制对象。这种优势体现在：①过程中回避了要估计$\frac{\partial y(k+1)}{\partial u(k)}$的困难；②训练样本$r$和$\hat{y}$通常已知，整个训练过程是目标导向的；③训练过程也可以在线进行。当NNM完全描述了对象的动态模型（正模型）时，训练后的NNC也就完全描述了对象的逆动态，从而可以独立地实施对系统高精度的跟踪控制。

对滤波器的设计也已成为内模控制研究中一个活跃的分支，设计中要满足必要的鲁棒性和闭环系统跟踪响应，感兴趣的读者可以查找更详实的文献资料。

神经网络内模控制已在具有开环稳定的线性系统中取得了令人满意的控制效果，而非线性内模控制的应用实例还是比较少见，主要停留在仿真研究的阶段，因为唯有从理论上充分保证系统的稳定性及鲁棒性，才能有效地克服非线性环节所带来的影响。

7.2.5 神经网络预测控制

模型预测控制（Model Predictive Control，简称 MPC）算法与内模控制结构有着密切的关联，它的产生并不是理论发展的需要，而是面向工业过程的应用实际，该算法汲取了现代控制理论（Modern Control Theory）的优化思想，采用滚动推移的方式在线地对过程实现优化控制。1978 年，Richalet 首次在期刊《Automatica》中详细描绘了这类算法产生的背景、机理及其在工业过程中的应用效果，至此，预测控制（更准确为模型预测控制 MPC、基于模型的控制）作为这类控制算法的统一名称，开始出现在控制领域中。

最早产生于工业过程的预测算法有理查特勒（Richalet）、梅拉（Mehra）等提出的建立在脉冲响应基础上的模型预测启发控制（Model Predicitive Heuristic Control，简称 MPHC）或称为模型算法控制（Model Algorithm Control，简称 MAC），以及卡特勒（Cutler）等提出的建立在阶跃响应基础上的动态矩阵控制（Dynamic Matrix Control，简称 DMC）。

MPC 是一类新型的计算机控制算法，因而一般是实现采样控制。发展至今，属于 MPC 范畴的控制算法不下百种，均以各种不同的预测模型为基础，采用二次在线滚动优化性能指标和反馈校正策略，力求有效地克服被控对象的不确定性、迟滞和时变等因素的动态影响。MPC 的系统结构如图 7-23 所示。

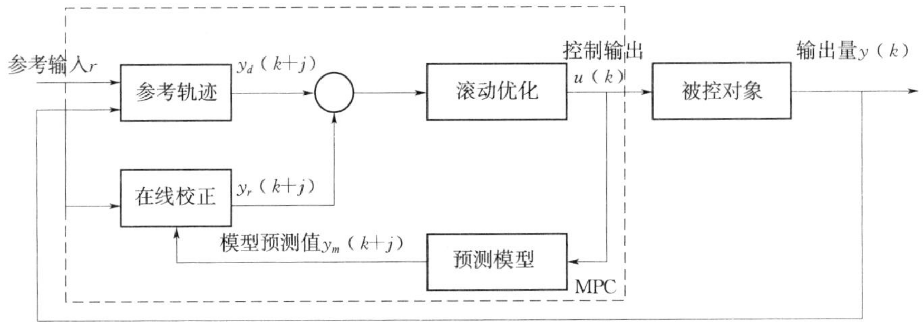

图 7-23　预测控制系统结构图

MPC 的特征包括预测模型、滚动优化和反馈校正。

1. 预测模型

预测控制的功能是根据历史信息和未来的输入预测其未来输出。这里，预测模型的形式比较宽泛，既可以是时域的状态方程、复域的传递函数等有限参数模型，也可以是非参数模型类的阶跃响应或脉冲响应。

预测模型为比较控制策略的优劣提供了一种手段，可以任意地给出未来的控制策略，观察对象在不同策略下的输出变化（如图 7-24 所示），优选最佳的控制策略。

2. 滚动优化

MPC 是一种以优化确定控制策略的算法，它通过某一性能指标的最优来确定未来的控制作用，这一性能指标通常可取对象输出在未来采样点上跟踪参考轨迹的方差为最小。

MPC 的优化是一种有限时段的滚动优化（滚动实施），即在每一个采样时刻，优化性能指标只涉及从该时刻起未来有限的时间；优化不是用一个对全局相同的优化性能指标，而是在每一时刻有一个相对于该时刻的优化性能指标；优化不是一次离线进行，而是需反复在线进行，成为“滚动优化”的含义，如图 7－25 所示给出了优化策略的示意图。

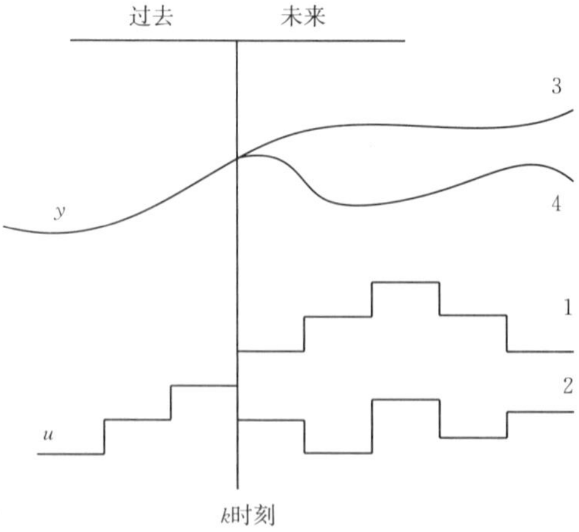

图 7－24　基于模型的预测

1—控制策略Ⅰ；2—控制策略Ⅱ；3—对应于Ⅰ的输出；4—对应于Ⅱ的输出

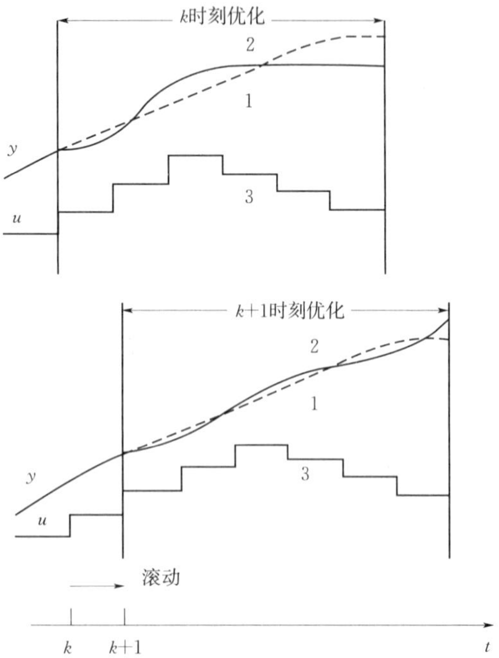

图 7－25　滚动优化示意图

1—参考轨迹；2—最优预测输出；3—最优控制作用

可以总结为：根据未来输出，调整控制量，不断优化，以优化未来的性能，达到优化输出的目的。

3. 反馈校正

预测控制是一种闭环控制算法。在每一个采样时刻，都要充分利用对象的实际输出，通常地，在获得这一实时信息后，对预测模型进行修正。也就是说，在通过优化确定了一系列未来的控制作用后，还要考虑防止模型失配或环境干扰引起控制对理想状态的偏离等影响，即 MPC 不是把控制作用逐一全部实施，而是只实现本时刻的控制作用，待对预测模型进行修正后，再进行新的优化，是一种不断顾及不确定性的影响并及时加以校正的优化控制算法。

滚动优化每时每刻都要结合反馈校正（需利用对象实际输出），优化是建立在系统实际的基础上，不仅基于模型，还要充分利用反馈，因而构成了闭环优化。注意到，反馈校正时，可以在保持预测模型不变的基础上进行，也可以根据在线辨识的原理直接对预测模型进行修改（如可以由脉冲响应模型转换为阶跃响应模型）。

上述 MPC 的策略与算法适用于具有反馈的确定性线性系统，而对于复杂非线性系统的预测控制则需要借助于智能控制。模糊逻辑、神经网络作为计算智能的重要内容，均可以实现模型预测控制，前者融合预测理论与模糊思想，充分发挥滚动优化与模糊决策的优势；后者长于神经网络对非线性预测模型的辨识，并发挥网络本质的非线性和适合于控制的特性。以下对神经网络 MPC 的一般轮廓进行描述。

与线性系统 MPC 相类似，基于神经网络的 MPC 也可分为两个部分：非线性预测模型和预测控制算法。神经网络 MPC 的结构如图 7-26 所示。

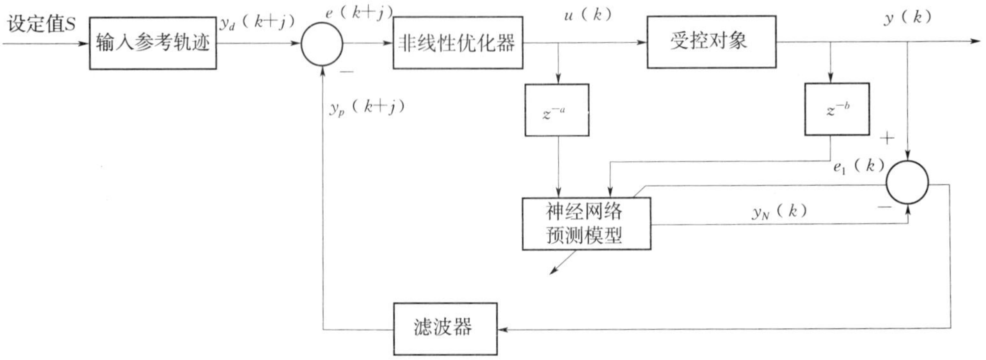

图 7-26　神经网络 MPC 结构

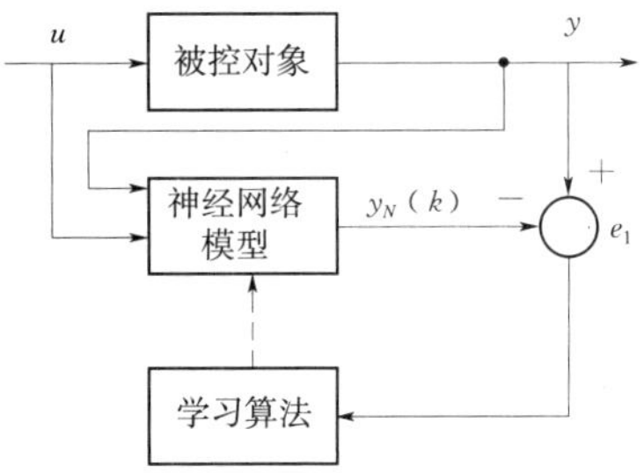

图 7-27　神经网络预测模型的训练

图 7-26 中，$y_d(k+j)$为期望输入参考轨迹，$y_p(k+j)$为滤波器生成滤波器预测输出，$a=1$，2，…，n_u，$b=1$，2，…，n_y，n_u 和 n_y 分别为被控对象输入和输出的阶次。

（1）神经网络预测模型。神经网络模型利用被控对象的当前输入和当前输出预测神经网络未来输出值，其结构如图 7-27 所示，被控对象输出和模型输出之间的预测误差作为网络的训练信号。

若被控对象的非线性特性由非线性自回归平均滑动离散化模型（NARMAX）来描述，表达式为：

$$y(k)=f[y(k-1), y(k-2), \cdots, y(k-n_y), u(k-1), u(k-2), \cdots, u(k-n_u)]$$

若选用如图 7-28 所示的 3 层 BP 网作为预测模型，可由 6.3.1 节正向传播和反向传播算法进行输出量 $y_N(k)$的求解。

神经网络的输出为：

$$y_N(k)=\sum_j w_{jk}x_j' \tag{7-22}$$

网络中，输出层节点与隐层第 j 个节点的连接权值为 w_{jk}，其中 $k=1$，代表输出层仅有一个节点。隐层第 j 个节点与输入层各节点的连接权值向量为 $W_j=[w_{1j}, w_{2j}, \cdots, w_{Hj}]$，其中 H 为隐层节点数，w_{ij} 为隐层第 j 个节点与输入层第 i 个节点的连接权值，网络的输入向量 $X=[y(k-1)\,y(k-2)\cdots$

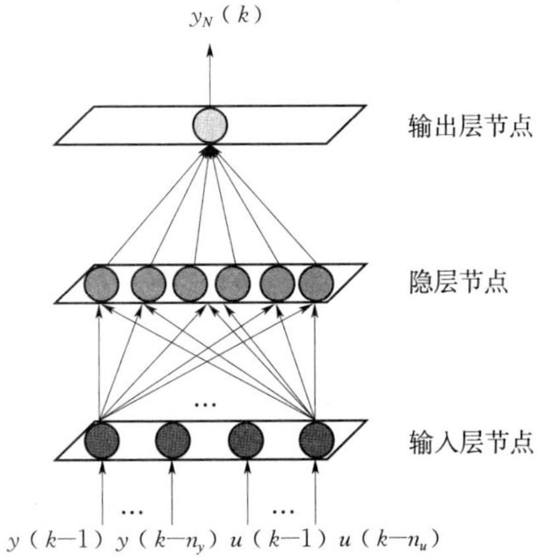

图 7-28　3 层 BP 网络预测模型

$y(k-n_y)u(k-1)u(k-2)\cdots u(k-n_u)]^{\mathrm{T}}$，第 j 个隐层节点的输出 $x'_j=f(W_jX)=\dfrac{1}{1+\mathrm{e}^{-W_jX}}$

对于一个未知模型的非线性复杂系统，在选定神经网络模型后，经过被控对象输入、输出样本数据训练后，就可由式（7－22）来描述系统一步预测模型，并且，可以通过反复迭代获得系统多步预测结果，即：

$$\begin{aligned}y_N(k+j|k)=f\,[&y(k+j-1),\ y(k+j-2),\ \cdots,\ y(k+j-n_y),\\&u(k+j-1),\ u(k+j-2),\ \cdots,\ u(k+j-n_u)]\end{aligned}\tag{7-23}$$

式中：$j=1,\ 2,\ \cdots P$，P 为预测步数；$k+j|k$ 表示在 k 时刻对 $k+j$ 时刻的预测。

（2）神经网络预测控制算法。控制算法的解算过程需借助非线性优化器设计完成，在神经网络 MPC 中，设输入的参考轨迹为：

$$y_d(k+j)=cy(k+j-1)+(1-c)s\quad j=1,\ 2,\ \cdots,\ N\tag{7-24}$$

式中：c 为柔化系数；s 为给定值；N 为优化时域长度；控制的目标是希望被控对象实际输出能跟踪参考轨迹，即 $y(k)=y_d(k)$。

k 时刻的优化性能指标可取为：

$$J(k)=\min\left\{\sum_{j=1}^{N}e^2(k+j)+\sum_{j=1}^{M}r_j\Delta u^2(k+j-1)\right\}\tag{7-25}$$

式中：r_j 为权系数，表示对控制量变化的抑制；$\Delta u(k+j-1)=u(k+j-1)-u(k+j-2)$；$e(k+j)=y_d(k+j)-y_p(k+j)$；$N$ 和 M 分别为优化时域长度和控制时域长度，通常取 $M\leqslant N\leqslant P$。

如果不考虑约束条件，上述问题就转化为以 $\Delta u_M(k)=[\Delta u(k)\cdots\Delta u(k+M-1)]^{\mathrm{T}}$ 为优化变量，在模型式（7－23）下使性能指标式（7－25）最小的优化问题。

使 $J(k)$ 取得极小值时的 $\Delta u_M(k)$ 矢量可通过极值的必要性条件求得，即：

$$\frac{\partial J(k)}{\partial\Delta u_M(k)}=0$$

求得：

$$\Delta u(k+j-1)=-\frac{e(k+j)}{r_j}\frac{\partial y(k+j)}{\partial\Delta u(k+j-1)}\tag{7-26}$$

式（7－26）给出了 $\Delta u(k)$，…，$\Delta u(k+M-1)$ 共 M 步的最优值。再次强调，神经网络 MPC 并不把它们都作为实现的解，而只是把当前的即时控制增量 $\Delta u(k)$ 构成实际控制 $u(k)=u(k-1)+\Delta u(k)$，并作用于对象。到下一时刻，它又提出类似的优化问题求出 $\Delta u(k+1)$，即所谓"滚动优化"。

整个神经网络 MPC 的步骤可归纳为：

1）由式（7－24）计算期望输入参考轨迹 $y_d(k+j)$。

2）由神经网络预测模型输出 $y_N(k)$，产生预测信号，经滤波器生成预测输出 $y_p(k+j)$。

3）计算预测误差：$e(k+j)=y_d(k+j)-y_p(k+j)$。

4）求二次型性能指标函数 $\min J(N,\ M,\ r)$，获得最优控制解 $\Delta u(k+j-1)$，采用 $u(k)$ 作为第一个控制信号，并成为被控对象的输入，然后转至第 1）步。

神经网络 MPC 还可以应用到非线性并行 MPC 及非线性广义 MPC 等领域，感兴趣的读者可以查阅相关书籍及文献，此处不再赘述。

可以说，MPC 中对预测模型的结构和类型没有限制，为预测控制的智能化提供了机遇，利用神经网络技术的自学习和并行计算能力，建立起面向实际对象的非常规模型，可以更准确地预测出系统未来的行为。诚然，上述模型的动态优化解决的是控制的每一步中参数的优化问题，没有涉及约束条件。但正是这种数学规划算法将 MPC 动态优化问题一般化，也为处理有约束、多目标、非线性乃至非参数目标等更复杂情况提供了有效手段。面向工业生产是 MPC 产生的直接动因，人工智能、先进控制理论、坚实的数学基础亦是对 MPC 的有力支撑，理论性和工程上的完备统一必将会推动 MPC 的全面进展。

7.2.6　神经网络监督控制

在 7.2.3 节曾提到，当对象和环境未知时，对 PID 控制器三参数的整定变得困难，采用神经网络前馈加常规反馈，构成神经网络监督控制（Neural Networks Supervised Control）方法会得到较好的控制效果，该控制器的结构如图 7-29 所示。

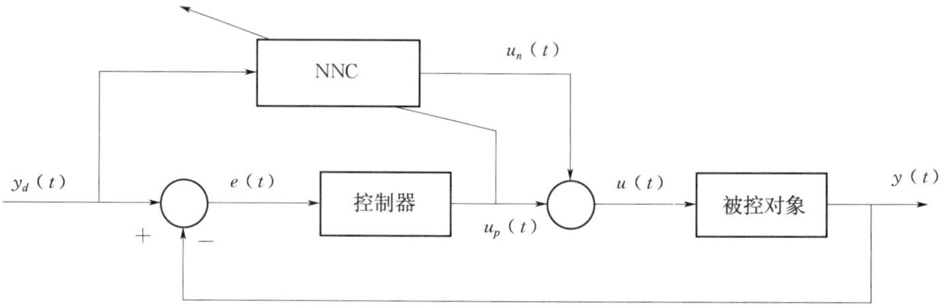

图 7-29　神经网络监督控制结构

该结构就是在经典控制系统结构的基础上，增加了神经网络前馈控制器，以被控对象为线性系统为例，探讨控制实现的机理。

设控制器传递函数为 $C(s)$，被控对象传递函数为 $P(s)$（未知），神经网络控制器传递函数为 $N(s)$（动态变化），由传递函数定义及信号输入输出间的关系，得到：

$$\begin{cases} E(s)=Y_d(s)-Y(s) \\ U_p(s)=E(s)\cdot C(s) \\ U_n(s)=Y_d(s)\cdot N(s) \\ U(s)=U_p(s)+U_n(s) \\ Y(s)=U(s)\cdot P(s) \end{cases}$$

经解算，得到：

$$E(s)=\frac{Y_d(s)[1-N(s)\cdot P(s)]}{1+C(s)\cdot P(s)}$$

欲使 $E(s)=0$，即输出能够跟踪输入的变化，则需：

$$1-N(s)\cdot P(s)=0$$

即：

$$N(s)=P^{-1}(s)$$

故知神经网络建立的是被控对象的逆模型。具体的实现过程为：

神经网络控制器通过向传统控制器的输出 $u_p(t)$ 进行学习，在线调整网络的权值，使

$u_p(t)$趋近于零，逐渐代替传统控制器，在控制作用中占主导地位，最终取消反馈控制器的作用，即 $u(t)\approx u_n(t)$。

注意到，反馈通道和传统控制器不能移除，一旦系统出现干扰，需要调动反馈环节减小系统误差。总结起来，传统反馈控制器可以确保系统的稳定性和鲁棒性；神经网络监督控制器可有效地提高系统的精度和自适应能力。

当被控对象呈现非线性特性，或系统存在较强扰动作用而呈现不确定性时，可融合神经网络思想对传统 PID 控制器进行改进，如图 7-30 所示为基于单神经元 PID 加 RBF 网络监督控制的系统结构图。

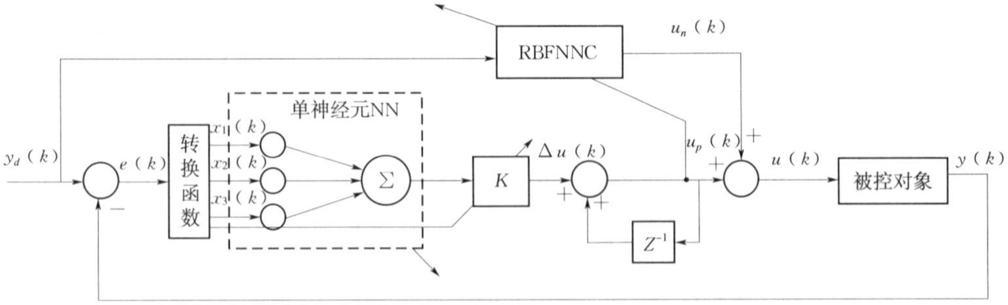

图 7-30 改进的 RBF 网络监督控制结构

图中，神经元的比例系数 $K(k)$可以进行在线自调整；积分环节由神经元的加权系数 $w_1(k)$调整；比例环节由权系数 $w_2(k)$，微分环节由权系数 $w_3(k)$调整。神经元输入的状态量为：

$$x_1(k)=r(k)-y(k)=e(k)$$

$$x_2(k)=\Delta e(k)=e(k)-e(k-1)$$

$$x_3(k)=e(k)-2e(k-1)+e(k-2)$$

神经网络 PID 的控制算法和权值调整规律可参见式（7-14）和式（7-15）。给出一种可行的 $K(k)$的调整规律：

$$K(k)=\begin{cases}1.25K(k-1) & e(k-1)>0.01y_d(k-1)\\ K(k-1) & -0.01y_d(k-1)\leqslant e(k-1)\leqslant 0.01y_d(k-1)\\ 0.75K(k-1) & e(k-1)<[-0.01y_d(k-1)]\end{cases}$$

对于 RBFNNC 监督控制器来说，输入为 $y_d(k)$，输出为 $u_n(k)$，通过输入、输出样本数据调整待学习的参数（包括 RBF 函数基宽、中心点及输出层到隐层的权值），使调整量 $u_p(k)\to 0$。而控制律 $u(k)$为：

$$u(k)=u_p(k)+u_n(k)$$

即网络训练完成后，神经网络控制器在整个控制作用中占据主导地位。关于 RBF 网络的学习算法可参考 6.3.2 节部分的内容，并近似取$\dfrac{\partial u_p(k)}{\partial v_j(k)}=\dfrac{\partial u_n(k)}{\partial v_j(k)}$（$v_j$ 为 RBF 隐层第 j 个节点到输出层的权值），由此产生的不精确通过权值调节来补偿。

神经网络监督控制已在液压舵机伺服系统、火炮位置伺服系统、永磁交流伺服系统以及锅炉燃烧等热工过程控制系统、机器人控制系统中实现了成功的应用。

纵观上述各种基于传统控制理论的神经网络控制算法，不难发现，每种模型都有坚实的控制理论基础，已在理论研究层面取得了长足的进展。而当被控对象呈现不确定性、不确知性、复杂性、非线性及不完全性时，鉴于神经网络本质的非线性和强大的学习能力，人们便很自然地利用其实现了非线性模型逼近、参数优化、系统辨识、模式识别乃至直接控制等目标。这种为面向工业生产实际而建立起来的控制问题智能化求解观，为经典的控制科学开辟和延拓了新的发展方向。

属于此类基于传统控制理论的神经控制还包括神经网络自适应评判控制和神经最优决策控制等，可以说，以上每一种控制模型和思想都是可以做专门研究的课题，探讨神经网络与传统控制的结合方式，以及网络在其中实现的作用可以丰富神经网络控制的内容，促使控制系统获得更好的稳定性、更强的鲁棒性以及令人满意的动静态特性。

7.3　基于神经网络的智能控制

基于神经网络的智能控制是只由神经网络单独进行控制或由神经网络同其他智能控制方法相融合的控制的统称，前者称为"神经控制"，后者称为"神经智能控制"。由于人工智能中专家系统和模糊逻辑均能够分别和自动控制交叉产生专家控制和模糊控制，故再融合神经网络技术，分别构成了"神经网络专家系统控制"及"神经网络模糊逻辑控制"。以下分别对几种经典模型的轮廓作一描绘，使读者了解神经网络实现智能控制的机理。

7.3.1　神经网络直接反馈控制

这种控制器的模型正如图 7－2 所示，神经网络代替常规控制器直接实施控制作用，利用网络的在线学习及逼近非线性函数的能力，来模拟被控对象的逆，这种控制器结构简单，只应用了神经网络和反馈设计，属于"神经控制"的范畴。

7.3.2　神经网络专家系统控制

专家系统是人工智能中符号主义（Symbolicism）的代表性成就，是取得实际成果最丰富、影响也最大的一个分支，自 1968 年 Feigenbaum 研制出世界上第一个专家系统 DENDRAL 并投入使用，其意义便远远超过了系统本身在实用上创造的价值。而人工神经网络作为人工智能中联结主义研究的主要内容，从模型到算法、从理论分析到工程实现，不断推动计算智能（Computational Intelligence）运用算法进行问题求解的能力。

可以说，专家系统和神经网络的出发点和目标是一致的，都希望通过模拟人的推理过程，获取具有近似人的智能的机器系统，但在实现手段上却不尽相同：前者善于表达知识和逻辑推理，后者擅长非线性映射和直觉推理，如表 7－1 所示给出了二者的性能比较，可以看出，融合二者优势势必会取得更好的控制效果。

表 7－1　专家系统与神经网络的性能比较

项目	专家系统	神经网络
获取知识	专家经验	算法实例
知识表达	显式	隐式

续表

项目	专家系统	神经网络
推理机制	串行方式	并行计算
推理速度	低	高
容错性	低	非常高
自适应能力	弱	强
自然语言实现	明确的	不明显
自然语言灵活性	高	低
适用领域	特定	宽泛

根据控制角色的不同，二者的结合方式主要有3种：

（1）基于神经网络的专家控制。在这种方式中，控制器基于专家系统构建，专家知识的获取包括了对神经网络的结构参数以及神经元特性、学习算法的确定。也就是说知识推理是一种并行计算过程，所获取的知识就表示为权系数矩阵和阈值向量。这种模型的结构如图7-31所示，对神经网络中各参数的学习可以利用遗传优化算法实现。

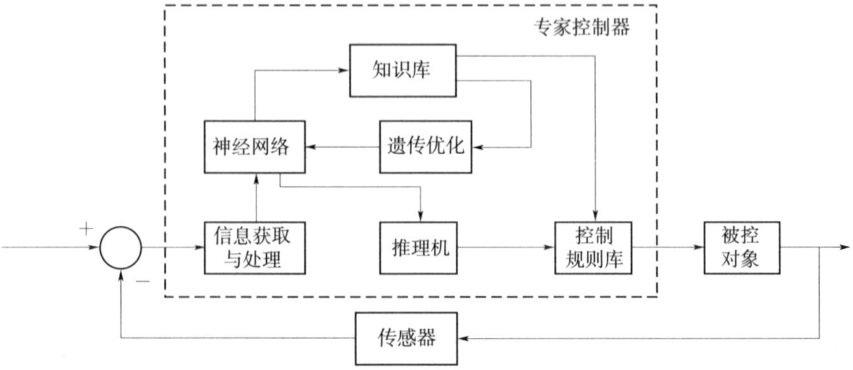

图7-31 神经网络专家控制结构

（2）基于知识的神经网络控制。在这种方式中，控制器基于神经网络构建，专家系统作为神经模块，构成事件驱动网络。神经元代表专家系统的前提和结论，神经元间的连接权值代表专家系统中的确定性因子（CF），其网络结构与专家系统规则集相一致。

（3）神经网络专家系统混合控制。这种混合系统是将复杂系统分解成2个功能子系统模块，控制功能分别由专家控制器（EC）和神经网络控制器（NNC）实现。如图7-32所示给出了混合控制在智能机器人控制系统中的应用实例。

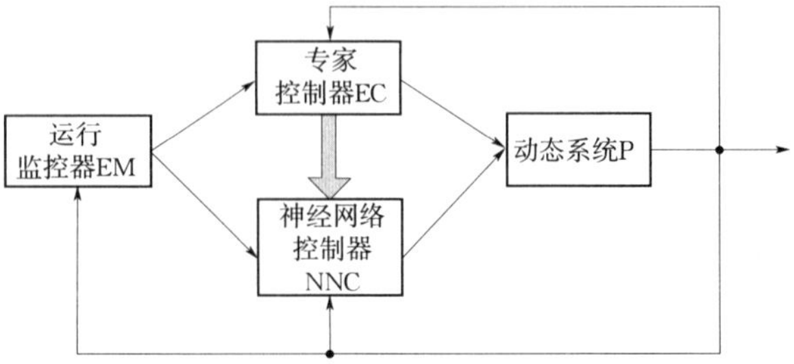

图7-32 神经网络专家系统混合控制

图7-32中，对动态系统P的控制由EC和NNC共同完成。运行监控器EM负责调整系统的工作状态，当运行条件发生变

化，使神经网络控制器 NNC 性能下降到某一限度时，EM 负责使网络处于学习状态，此时 EC 将保证系统的正常运行。系统运行共 3 种状态：EC 单独运行、NNC 单独运行、EC 和 NNC 同时运行，EM 管理两者之间的切换。

7.3.3 神经网络模糊逻辑控制

本书 6.3.5 节已就模糊逻辑系统与神经网络的特点及两者结合方式做出详尽描述，就控制角色的实现方面，模糊逻辑控制是主体，神经网络完成优化控制器设计的功能。如图 7-33 所示为模糊逻辑控制器结构图。

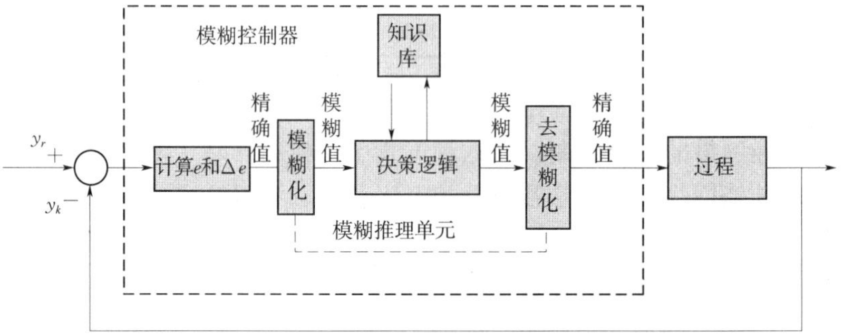

图 7-33　模糊逻辑控制器结构图

结合图 7-33，注意到，在设计一个模糊逻辑控制器（Fuzzy Logic Controller，简称 FLC）时，存在一些隐含的规则：

（1）选择隶属函数的形式（对应图中模糊化模块），由此获得模糊子集上量化等级对应的隶属度。

（2）隐含采用“Mamdani”方法及“Max-Min”复合运算。

（3）采用 Mamdani 推理（对应图中决策逻辑模块），可供选择的方法还包括：扎德（Zadeh）推理、鲍德温（Baldwin）推理、耶格（Yager）推理及楚卡莫托（Thukamoto）推理等。

（4）去模糊的方法（对应图中去模糊化模块）：可采用“面积重心法”、“取中位数法”及“最大隶属度平均法”等。

针对上述隐含规则，在神经网络模糊逻辑控制模型中，神经网络突破许多人为设计方法停留在经验和试凑基础上的局限，实现了以下职能：

（1）鉴于目前缺乏成熟的隶属函数确定的方法现状，利用神经网络的学习功能，自动生成隶属函数，并通过网络的学习自动调整隶属函数的值，即神经网络作为隶属函数生成器组合在模糊控制系统中。

（2）从获取模糊规则的角度出发，将抽象的经验规则转化成多层神经网络的输入/输出样本，通过网络记忆这些样本，控制器以联想记忆方式使用这些经验，缓解对领域专家经验过分依赖及输入-输出变量与现有模型不尽相同的情况，该模型比较接近如图 6-29 所示的模糊 RBF 神经网络。

（3）在优化模糊逻辑控制器相关参数方面，利用神经网络调整误差、误差变化的量化因子及输出的比例因子（用于精确化处理）等控制参数，使精确量化值输出和真实的物理量之间建立最合理、最符合实际工况的对应关系，改善模糊逻辑控制器的性能。

如图 7－34 所示给出融合上述所有职能的神经网络模糊逻辑控制框图，可采用典型前向 BP 网络实现，采用离线学习的方式完成神经网络的训练。

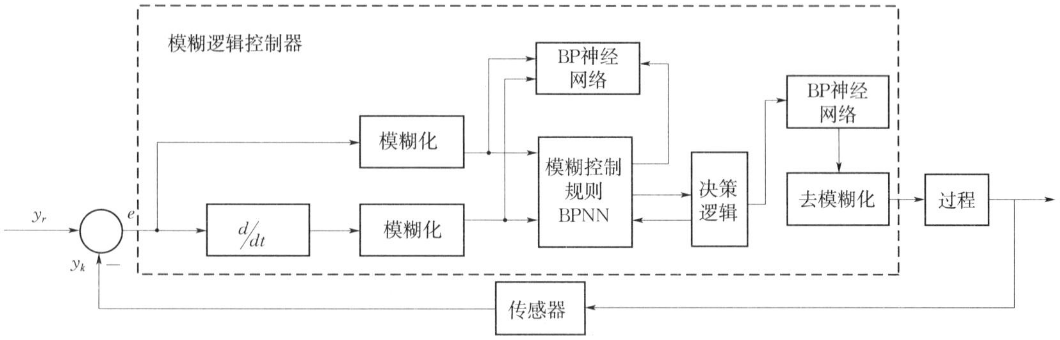

图 7－34　神经网络模糊逻辑控制器结构

神经网络模糊逻辑控制器保留了 FLC 的原有结构，辅以神经网络在参数优化、非线性映射、自学习方面的突出性能，将基于模糊知识表示和模糊规则的语言型融合进神经网络对输入/输出数据的理解及关于知识的隐性表达，成为处理复杂系统、模糊不确定系统的一个理想途径。

通过上述对 7 个模型的神经网络控制及 2 个神经网络辅助控制设计的研究，可以看出，将神经网络的特性充分应用到控制领域，丰富了控制论（Cybernetics）研究的内容，将控制系统的智能化向前推进了一大步，也必将进一步向信息论（Information Theory）及系统论（System Theory）迈进和渗透。

7.4　基于模糊控制的单神经元自适应 PID 控制仿真实例

具有加权系数的单神经元自适应 PID 控制器的结构如图 7－18 所示，采用增量式离散 PID 控制算法，即：

$$\Delta u(k)=k_P\left[e(k)-e(k-1)\right]+k_I e(k)+k_D\left[e(k)-2e(k-1)+e(k-2)\right]$$

$$\Delta u(k)=u(k)-u(k-1)$$

图 7－18 中，增益 K 值的选择非常重要，其取值与系统动态响应和稳定性休戚相关。K 越大，则快速性越好，但超调量大，甚至可能使系统不稳定。当被控对象时延（滞后）增大时，K 值必须减小，以保证系统稳定。K 值选择过小，会使系统的快速性变差。

众所周知，常规的 PID 控制属于“按偏差的控制”范畴，即控制的目标是使主误差 e 不断减小，直至消除。根据 PID 调节器的原理可知，应首先调节比例系数，使之由零逐渐增大直到输出首次呈现连续的等幅震荡，其目的就是使响应尽快追上给定值，也就是大幅度地减小主误差 e 的过程；再结合增益 K 的加大与系统快速性成正比这一结论，表明也是粗调使 e 在快速减小，故两者控制作用的一致性提示我们：主误差 e 的大小可以和增益 K 建立调解机制，控制器可以实现对增益 K 的在线调节。以下给出一种模糊控制实现增益 K 调解的单神经元自适应 PID 控制器结构，如图 7－35 所示。

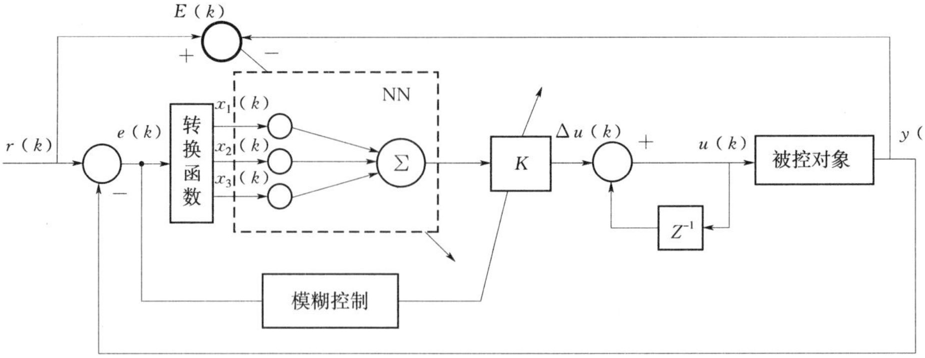

图 7-35　基于模糊控制的单神经元自适应 PID 控制器

以下给出模糊控制器的设计步骤，探讨其实现增益 K 调解的机理。

7.4.1　模糊控制器设计步骤

模糊控制器设计步骤如下：

(1) 定义输入、输出变量的子集、量化范围和隶属函数。主误差 e 和增益 K（字母 u 表示）分别作为输入、输出变量，确定主误差 e 的 5 个模糊子集：负大（NB)、负小（NS)、零（ZO)、正小（PS）和正大（PB)，量化范围为 [−1，1]。增益 K 具有 3 个模糊子集：小（S)、中（M）和大（B)，因增益 K 有物理意义，且为非负实数，其量化范围为 [0，1]。隶属函数曲线分别如图 7-36、图 7-37 所示。

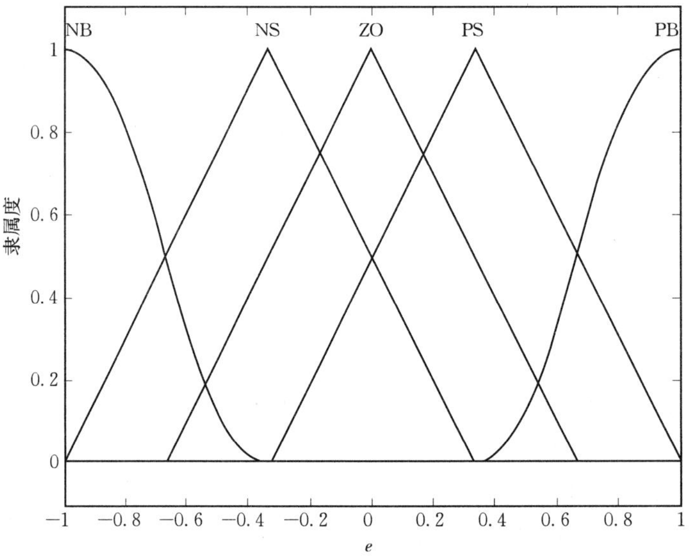

图 7-36　主误差的隶属函数曲线

其中，主误差 e 的隶属函数曲线由 Z 形、三角形和 S 形组合实现，增益 K 的隶属函数曲线由三角形组合实现。

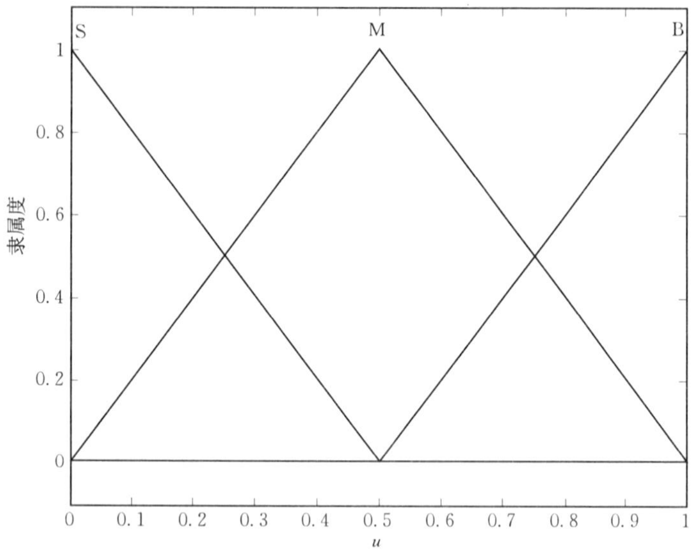

图 7-37 增益的隶属函数曲线

(2) 模糊规则的描述。本例中，结合图 7-35，当主误差 e 为正大时，表示 $e(k)=r(k)-y(k)$ 的值为最大，表明输出 $y(k)$ 跟踪参考输入 $r(k)$ 的状态较差，根据 PID 调节原理，应加大待调节的增益 K（用控制量 u 代表），使快速性提高，因而 u 应为大，得到模糊控制的规则表，如表 7-2 所示。

表 7-2 模糊控制规则表

e	NB	NS	ZO	PS	PB
u	B	M	S	M	B

控制规则可用如下语句描述：

if（误差）e is NB *then*（控制量）u is B，

⋮

if（误差）e is PB *then*（控制量）u is B。

(3) 模糊推理决策。采用 Mamdani 推理（计算量简单）实现模糊决策，得到规则矩阵为：

$$R=\{r_{ij}\}=\begin{bmatrix}1 & 3 & 1 & 1\\2 & 2 & 1 & 1\\3 & 1 & 1 & 1\\4 & 2 & 1 & 1\\5 & 3 & 1 & 1\end{bmatrix}$$

(4) 控制量的解模糊。为了采用尽可能多的控制信息，控制器的实际输出采用"加权平均解模糊"的方法，根据权重进行加权平均，去驱动生产过程。最终得到模糊控制响应表，如表 7-3 所示。

表 7-3　模糊控制响应表

e	-1	-0.5	0	0.5	1
u	0.8367	0.4886	0.3919	0.4886	0.8367

动态仿真模糊系统环境如图 7-38 所示。

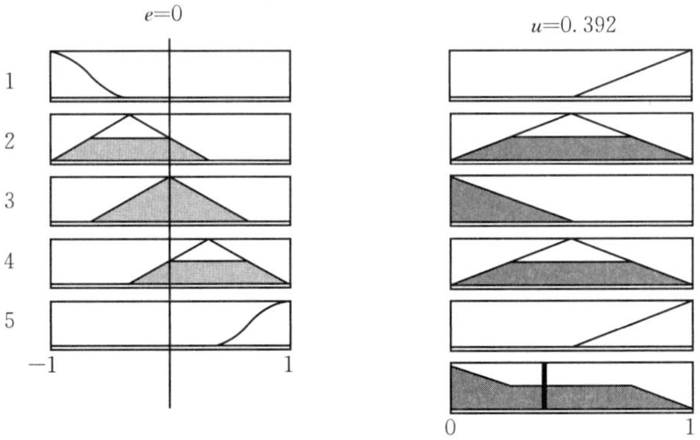

图 7-38　动态仿真模糊系统环境

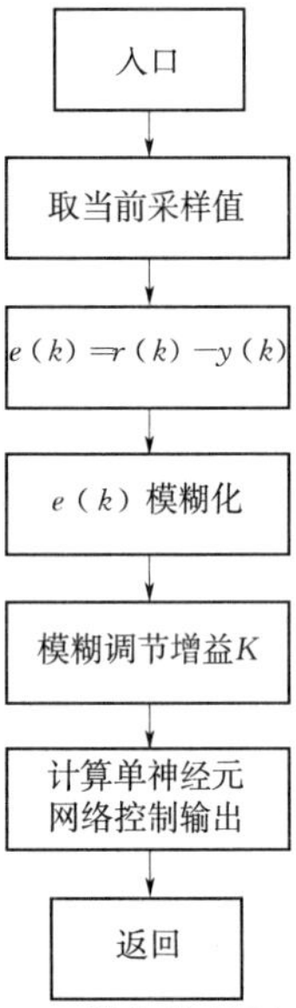

图 7-39　模糊控制调节增益 K 流程图

7.4.2　仿真流程

实现模糊控制调节增益 K 的流程如图 7-39 所示。

首先实现模糊系统的动态仿真，获得模糊响应，保存写进动态系统，由命令 writefis（a，'fuzzpid'）完成；在单神经元 PID 程序中，调用该动态系统，由命令 a=readfis（'fuzzpid'）完成，再根据单神经元 PID 控制计算的主误差实时值，计算此时增益 K 的取值，实现了 K 值的自适应调节。

还可以搭建如图 7-40 所示的 Simulink 框图来实现该控制器，单神经元部分用 S—函数形式编写，模块的输入信号为 [$e(k)$，$e(k-1)$，$e(k-2)$，$u(k-1)$]；输出信号为 [$u(k)$]。为使控制器更接近实用，控制率信号 $u(k)$ 后接饱和非线性。模糊控制部分的程序也封装在 snhebb 模块中，调用命令 a=readfis（'fuzzpid'）完成，实现增益 K 的在线自适应调节。

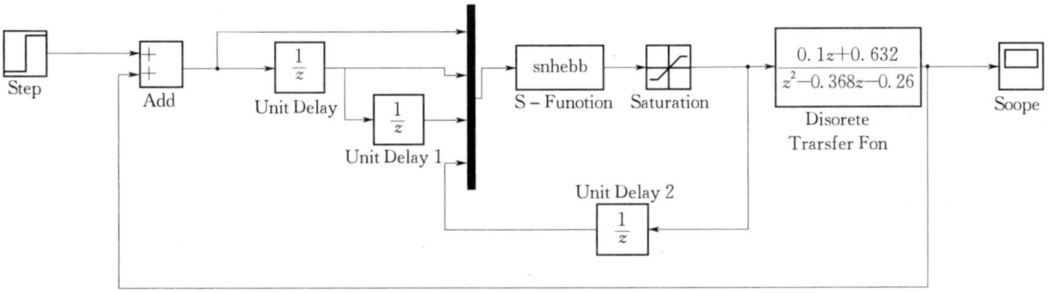

图 7-40　单神经元 PID 控制器 Simulink 模块

7.4.3 仿真结果及分析

分别对如图 7－18 和图 7－35 所示的两模型进行相同被控对象下的仿真建模与试验，选定的被控对象为二阶系统，其脉冲传递函数为：

$$G_p(z)=\frac{0.10z+0.632}{z^2-0.368z-0.26}$$

设采样时间为 1ms，被控对象的差分方程为：

$$y(k)=-den(2)\ y(k-1)-den(3)\ y(k-2)+num(2)u(k-1)+num(3)u(k-2)$$
$$=0.368y(k-1)+0.26y(k-2)+0.10u(k-1)+0.632u(k-2)$$

(1) 增益 K 不可调情况（$K=0.12$）。采用有监督的 Hebb 学习规则实现权值的学习，初始权值取 $W=[\omega_1\omega_2\omega_3]=[0.1\ 0.1\ 0.1]$，学习效率 $\eta=0.40$。当激励函数为单位阶跃 $r(k)=1$时，如图 7－41～图 7－44 所示分别给出了阶跃响应曲线、跟踪误差曲线和 PID 三参数的自适应变化曲线及控制量的自适应变化曲线。

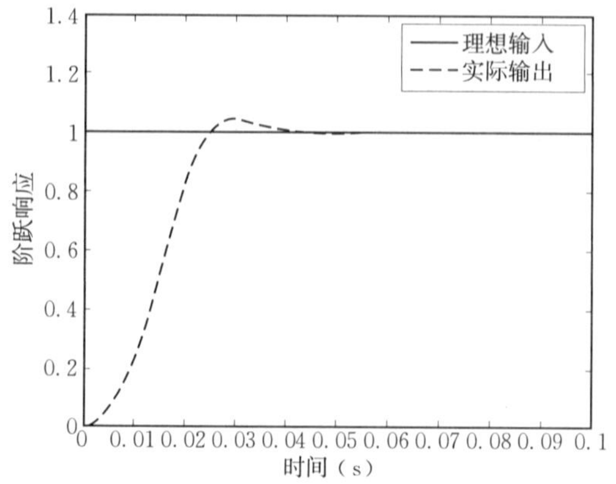

图 7－41　单位阶跃响应曲线

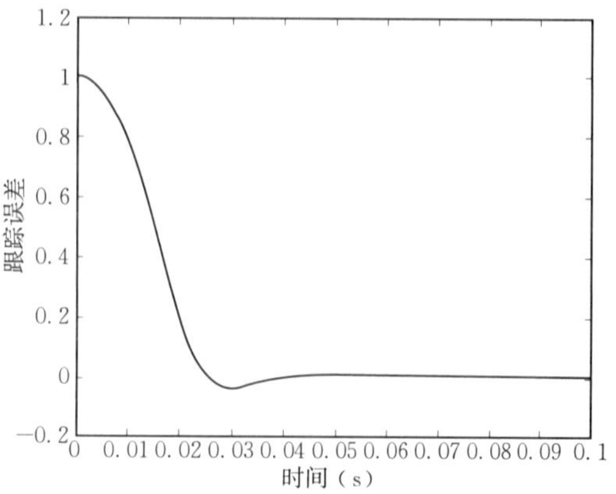

图 7－42　跟踪误差

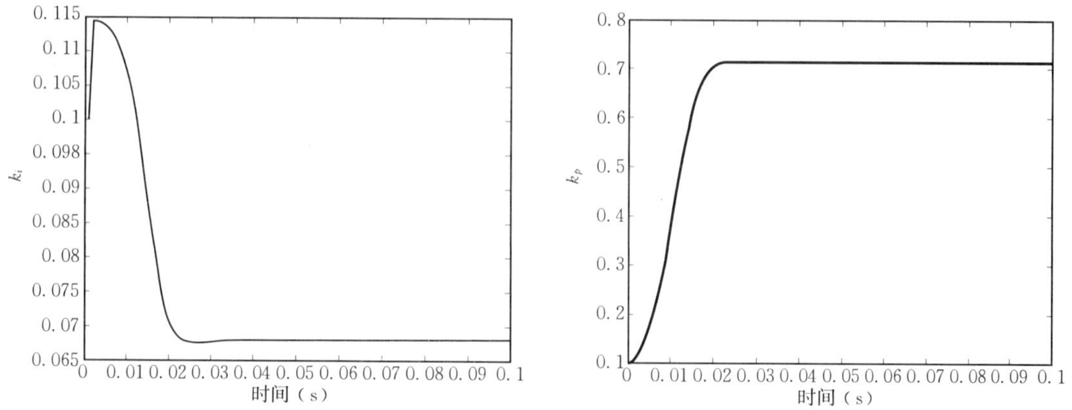

(a)　　　　(b)

图 7－43（一）　PID 三参数的自适应调整

(a) k_i的自适应调整；(b) k_p的自适应调整

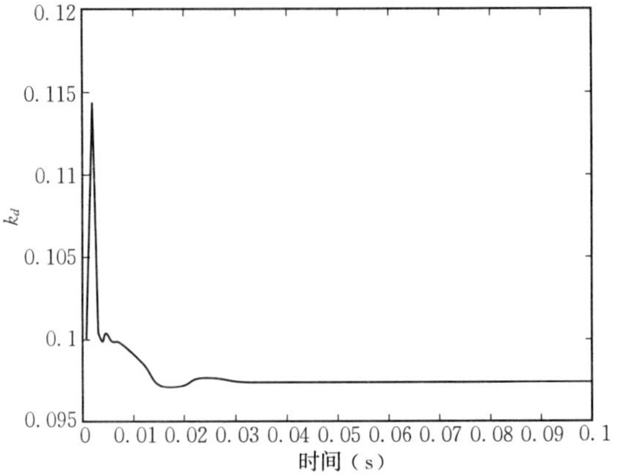

（c）

图 7-43（二）　PID 三参数的自适应调整

（c）k_d的自适应调整

可以看出，增益 K 取 0.12 时，整个系统的快速性能较好，有一定的超调（$\sigma_p \approx 7\%$），当 K 值不变，将输入指令改为幅值为 0.5，频率为 2Hz 的方波信号：$r(k)=0.5\text{sgn}[\sin(4\pi t)]$，考察该单神经元自适应 PID 控制系统跟踪方波输入信号的情况，如图 7-45～图 7-48 所示分别给出了相应的一组仿真曲线。

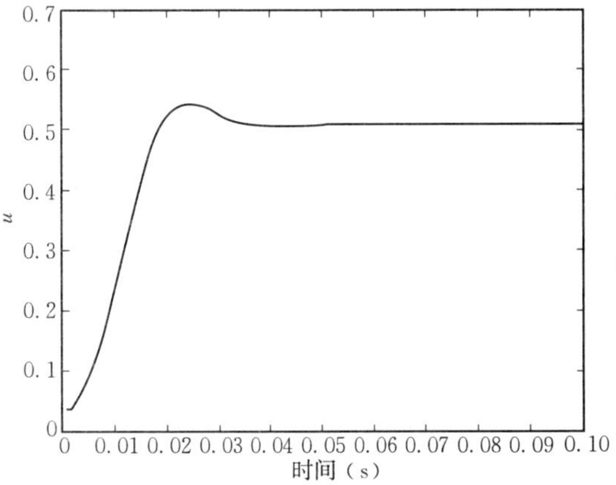

图 7-44　控制量的自适应变化曲线

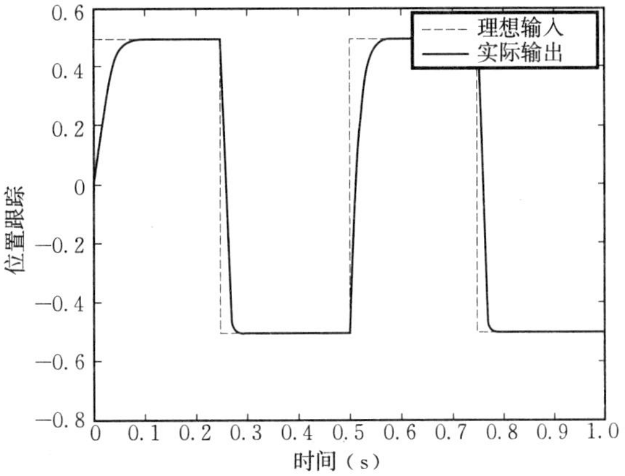

图 7-45　位置跟踪曲线

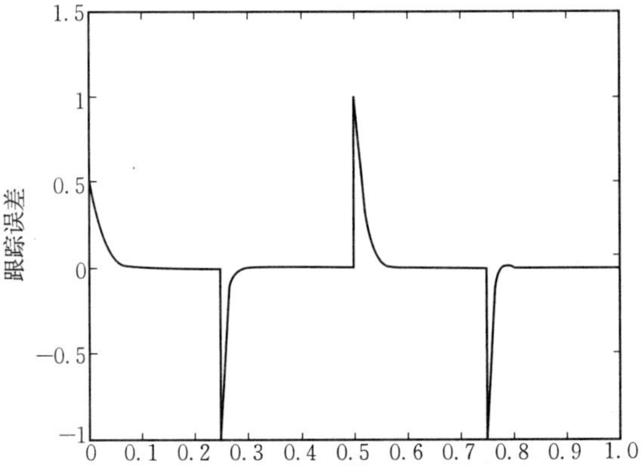

图 7-46　跟踪误差

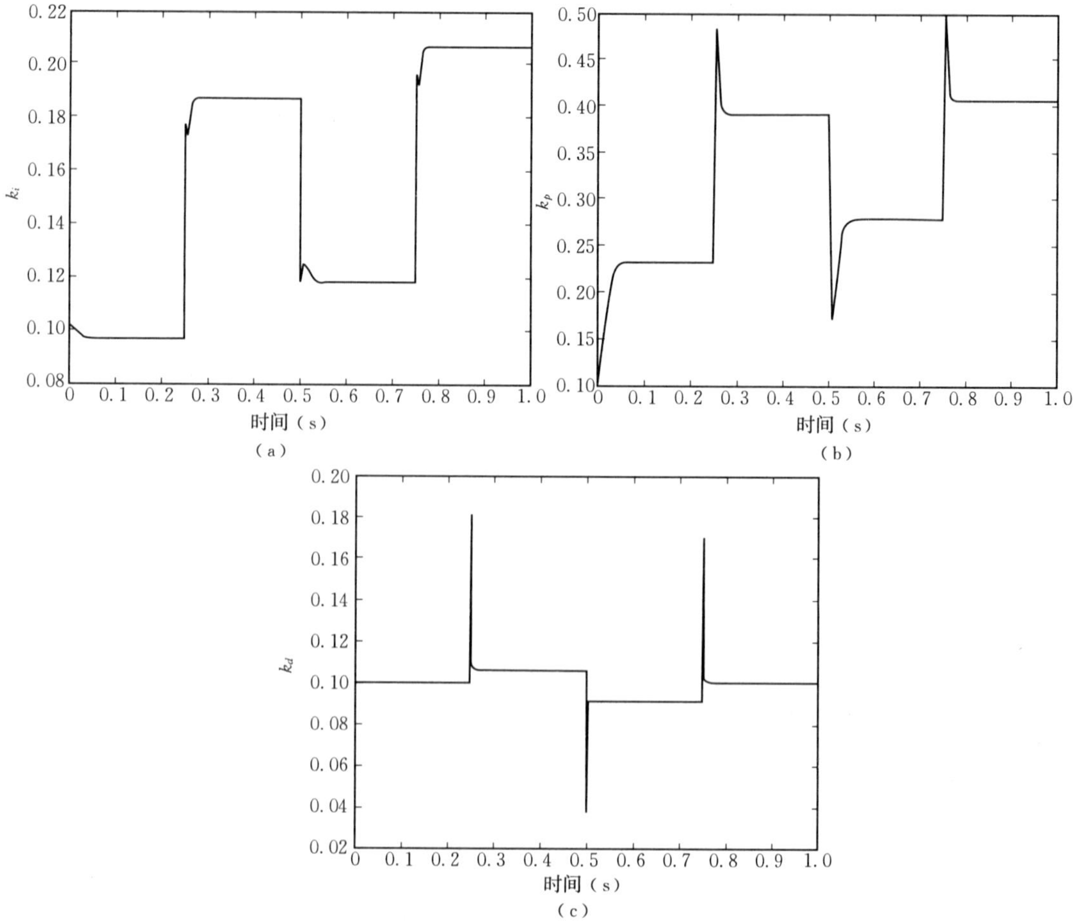

图 7-47 PID三参数的自适应变化曲线

（a）k_i的自适应调整；（b）k_p的自适应调整

（c）k_d的自适应调整

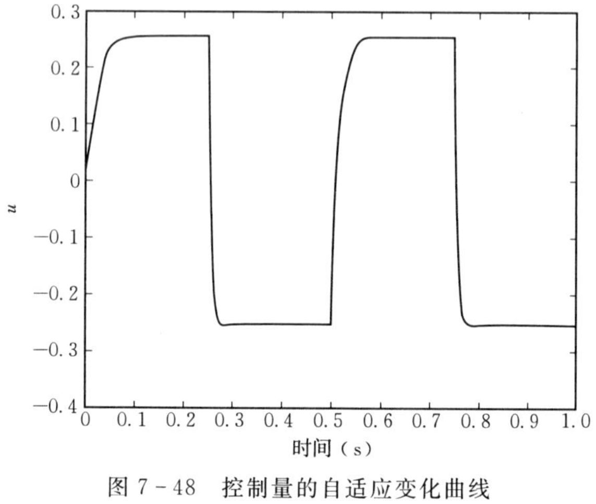

图 7-48 控制量的自适应变化曲线

从上述仿真曲线上看，该系统输出对阶跃及方波输入的跟踪性能均较好，表明该单神经元自适应 PID 的控制效果较好。

(2) 增益 K 不可调情况 ($K=0.02$)。其他仿真条件同 $K=0.12$ 的情形，将增益值减小，如图 7-49～图 7-52 所示分别给出了阶跃响应曲线、跟踪误差曲线和 PID 三参数的自适应变化曲线及控制量的自适应变化曲线。

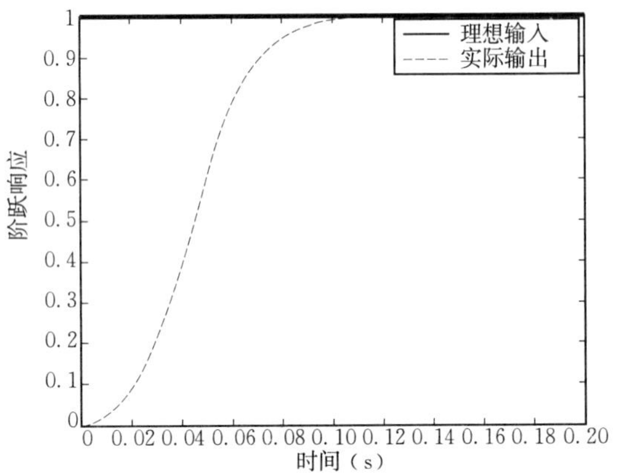

图 7-49　单位阶跃响应曲线

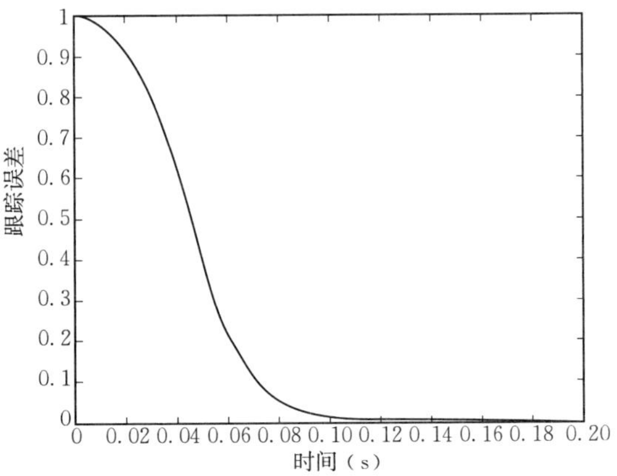

图 7-50　跟踪误差

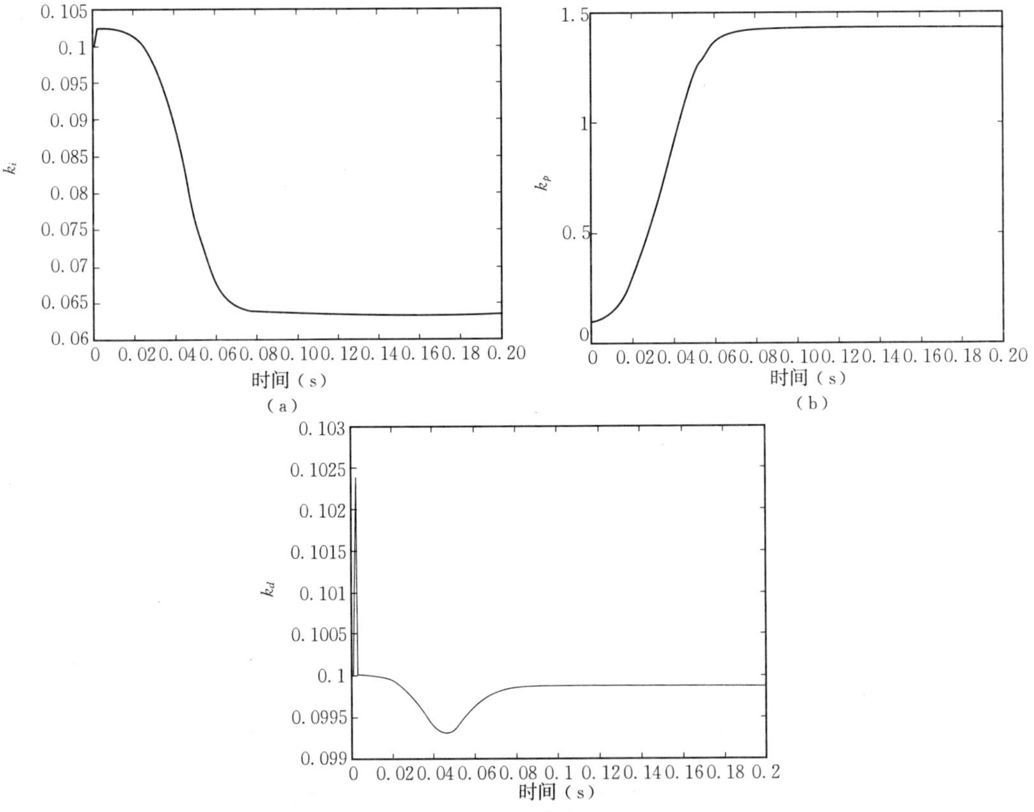

图 7-51　PID 三参数的自适应变化曲线

(a) k_i的自适应调整；(b) k_p的自适应调整；(c) k_d的自适应调整

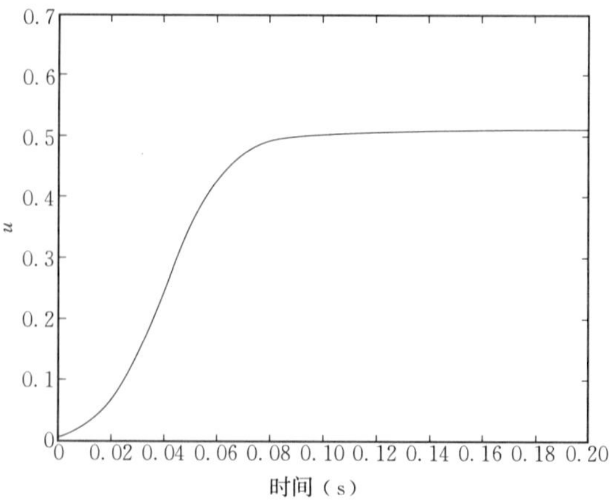

图 7-52 控制量的自适应变化曲线

图 7-49 表明此时单位阶跃响应不存在超调，同图 7-41 相比，K 的减小确实使系统的超调量减小，但整个系统的快速性降低，$K=0.12$ 时，调节时间 $ts<40\text{ms}$，而 $K=0.02$ 时，调节时间接近 100ms。

同经典的 PID 参数整定方法相比，神经网络学习性能的引入，改善三参数一经整定，无法随系统特性变化而进行自调节的缺陷。

（3）增益 K 可调情况（模糊自适应调节，初值为 $K_0=0.02$）。仍采用有监督的 Hebb 学习规则实现权值的学习，增益初值 $K_0=0.02$，采用模糊控制实现增益 K 的在线自适应调节，对系统动态性能进行评价，如图 7-53～图 7-57 所示分别给出了阶跃响应曲线、跟踪误差曲线、PID 三参数的自适应变化曲线、控制量自适应变化曲线及 K 值的自适应变化曲线。

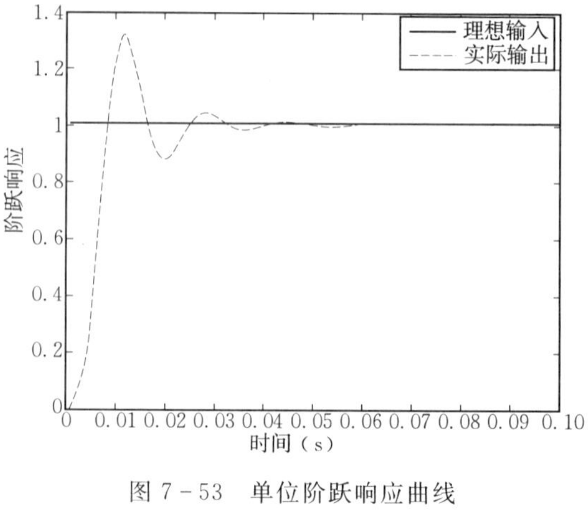

图 7-53 单位阶跃响应曲线

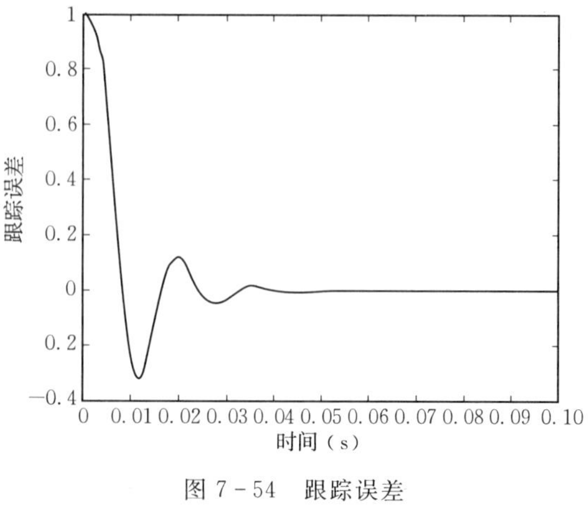

图 7-54 跟踪误差

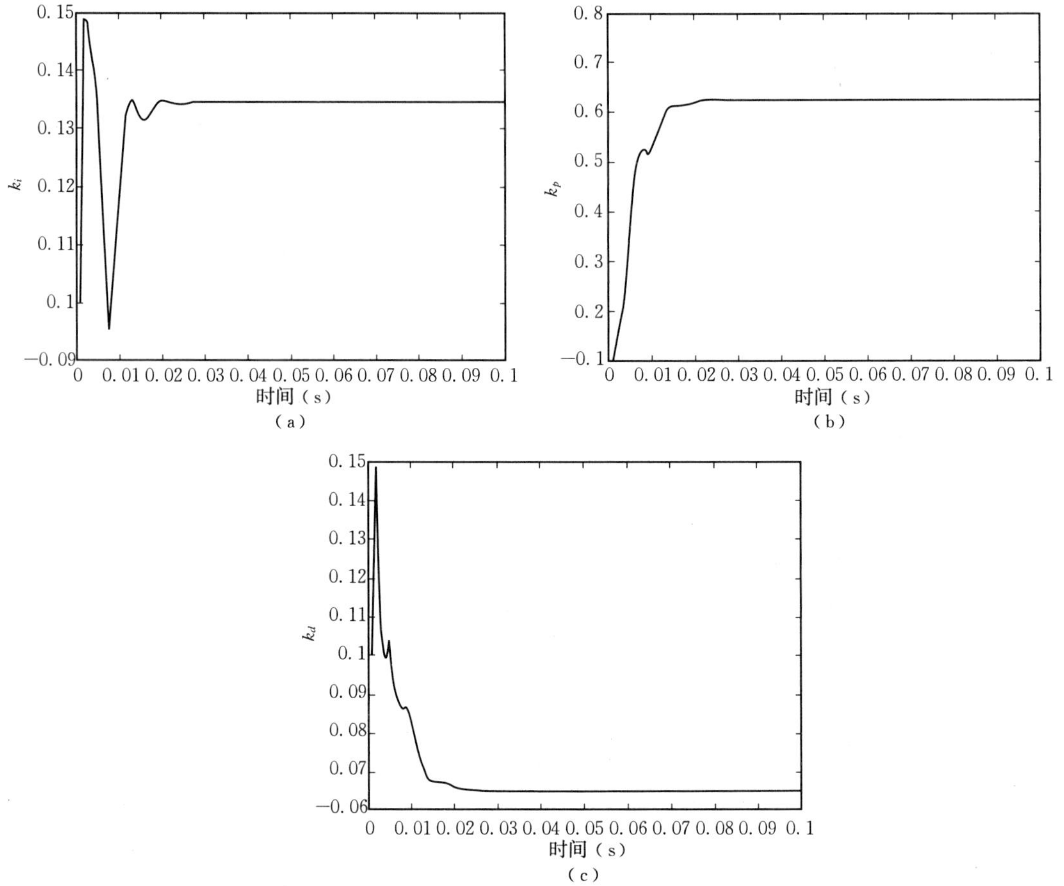

图 7－55　PID 三参数的自适应变化曲线

（a）k_i的自适应调整；（b）k_p的自适应调整

（c）k_d的自适应调整

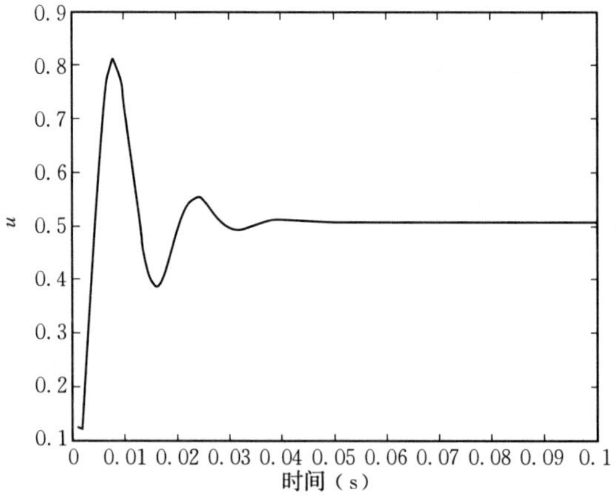

图 7－56　控制量的自适应变化曲线

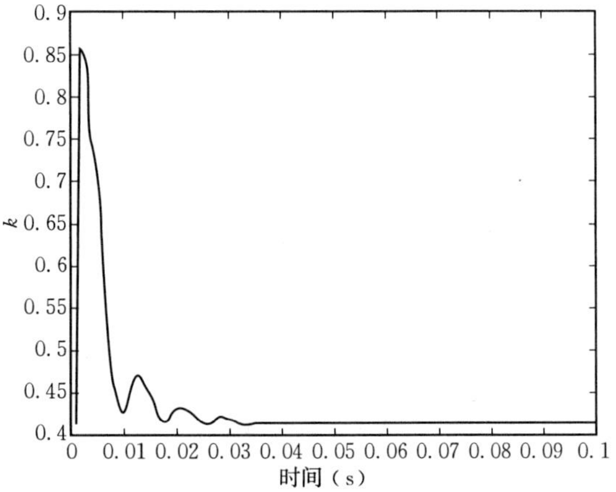

图 7－57　K 值的自适应变化曲线

对比图 7-53 和图 7-49，采用模糊控制调节增益 K 的机制，使系统的超调量有所增加，但调节时间大为减少，在对快速性要求较高的场合下，动态性能确有提升。从对控制系统的分析角度来看，一个好的控制系统是要求有适度的阻尼程度（反映超调）、较快的响应速度（反映峰值时间和上升时间等）和较短的调节时间，工程上，将系统较强的阻尼程度与较高的响应速度进行折中，往往能达到设计的目的，获得满意的性能指标。

从图 7-57 来看，增益 K 的自适应调节主要反映在程序运行的起始段，给出对应 0～10 采样时刻的初值矩阵：

$$K=[0.02\ 0.4119\ 0.8567\ 0.8363\ 0.7362\ 0.7004\ 0.6182\ 0.5208\ 0.4682\ 0.7269\ 0.4278]^{T}$$

在第 65 个采样点处，根据整个动态系统的特性，K 的值不再发生变化，为 $K=0.4119$，实现了 K 值的自适应调节。

改进的单神经元自适应 PID 控制还可以对加权系数学习修正部分就行修改，或者如式(7-15)，引入调节机制，使 η_I、η_P 和 η_D 分别选取合适的值。给出一组通过仿真试验归纳的该 3 个参数的选取规则：

（1）对阶跃输入，若被控对象产生多次正弦衰减现象，应减小 η_P，其他参数不变。

（2）若被控对象响应特性出现上升时间短、超调过大现象，应减小 η_I，其他参数不变。

（3）若被控对象上升时间长，增大 η_I 又导致超调过大，可适当增加 η_P，其他参数不变。

（4）在开始调整时，η_D 选择较小的值，当调整 η_I、η_P 和 K，使被控对象具有良好特性时，再逐渐增大 η_D，而其他参数不变，使系统输出基本无纹波。

诚然，PID 控制器的参数整定是控制系统设计的核心内容，无论理论计算整定法，抑或工程整定方法，控制的目标均是使系统获得优秀的控制品质。利用神经网络实现了 PID 参数的智能化自适应调节，表现为系统对运行工况的适应性逐步提升，计算机软件（Matlab Simulink、Visual C++、Visual Basic 等）可以集成完整的离线或在线算法，促使控制单元逐步形成系列化产品，在鲁棒控制、最优控制等理论蓬勃发展的当今，可以说，在实际工况中，PID 控制方法的简单稳定仍是主流。当工程人员不必将复杂控制系统简化为不很精确的线性模型、当引入神经网络等智能方法的实时性、稳定性等问题得以解决，当理论与工程领域间进一步完备统一，智能化的 PID 方法必将迎来豁然开朗的生机。

第8章 仿人智能控制

广义上说，人们所研究的各种智能控制，从某种意义上说，其共同点都是控制系统具有某种“人”的智能，即仿生或拟人。模仿人或生物的行为、功能所进行的控制，就是拟人控制或仿人控制。

仿人智能控制（Human Simulation Intelligent Control）的原型算法最初是由我国的周其鉴等人在20世纪80年代提出的。他们认为：应将对人脑的宏观结构功能模拟与对人控制器的行为功能模拟结合，仿人智能控制的研究应从分层递阶智能控制的最低层次（运动控制级）着手，直接对人的控制经验、技巧以及各种知觉推理逻辑进行测辨、概括和总结，编制成各种简单实用、精度高、鲁棒性强、能实时运行的控制算法，用于实际控制系统。经过30年的发展，仿人智能控制已经形成了较为完善的体系以及较为系统的设计方法。

8.1 仿人智能控制原理

人的智能是一种能力，即知识获取、处理和记忆的能力；从经验中学习的能力；对环境适应的能力；求解问题的推理能力。其结构由多种智能，即所谓“语言智能”、“音乐智能”、“逻辑一数学智能”、“空间智能”、“人格智能”和“身体一动觉智能”组成。这些智能因求解问题的目标不同而表现出相对独立的智能行为。智能控制实际上就是模仿、模拟、延伸和扩展人的“身体一动觉智能”的人工智能。

自动控制技术从模仿人的控制行为开始。以反馈理论为基础的自动调节原理起源于对人的手动控制的模仿。从一般的开、闭环控制向自适应、自校正控制和自组织、自学习控制的发展过程就是控制技术的“智商”提高的过程。无数事实表明，迄今为止世界上最高级、最有效的控制器是人自身。人体控制系统具有多层递阶的结构体系，其多层次的控制特性能有效解决各类简单与复杂的控制问题。仿人智能控制研究人控制器自身的控制结构与控制机理，并用计算机加以模拟。

熟练操作者对于复杂而未知的对象的手动控制是一般的控制器无法比拟的。仿人智能控制系统的主导思想是在对人的控制结构宏观模拟的基础上进一步研究人的控制行为功能并加以模拟。仿人智能控制认为：从人工智能问题求解的基本观点来看，一个控制系统的运行，实际上就是控制机构对控制问题的求解。因此，仿人智能控制研究的主要目标不是被控对象，而是控制器本身如何对控制专家结构和行为的模拟。例如，编队飞行中的鸟群突然改变飞行路线和重新编队、高难度的杂技表演、人们驾驶车辆在各种路况中穿梭行驶等，都是人类以及其他生物与生俱来的控制能力的实例。

智能控制是人工智能（专家系统）技术、计算机科学技术与自动控制技术相结合的产物。智能控制的核心在高层控制，基础在低层控制。仿人控制理论具体的研究方法是：从递阶控制系统的底层（执行级）入手，充分应用已有的各种控制理论和计算机仿真结果，直接对人的控制经验，技巧和各种直觉推理能力进行测辩和总结，编制成各种实用、精度高、能实时运行的控制算法，并将其直接应用于实际控制系统，进而建立起系统的仿人控制理论。这种计算机控制算法以人对控制对象的观察、记忆和决策等智能行为的模仿为基础，根据被调量、偏差和偏差变化趋势来确定控制策略。

仿人智能控制理论认为，智能控制是对控制问题求解的二次映射的信息处理过程，即从"认知"到"判断"的定性推理过程和从"判断"到"操作"的定量控制过程。仿人智能控制不仅具有其他智能控制（如模糊控制和专家控制等）方法那样的并行、逻辑控制和语言控制的特点，而且还具有以数学模型为基础的传统控制的解析定量控制的特点。

总结人的控制经验，模仿人的控制行为，以产生式规则描述其在控制方面的启发与直觉推理行为。仿人智能控制在结构和功能上具有以下基本特征：

（1）分层递阶的信息处理和决策机构（高阶产生式系统结构）。

（2）在线的特征辨识和特征记忆。

（3）开闭环控制结合和定性决策与定量控制结合的多模态控制。

（4）启发式和直觉推理逻辑的应用。

仿人智能控在结构上是分级递阶的控制结构，遵循"智能增加而相应精度降低"（IP-DI）原则，但不同于 Saridis 的分级递阶结构理论。仿人智能控制认为：其最低层（运行控制级）不仅仅由常规控制器构成，而应具有一定智能，以满足实时，高速，高精度的控制要求。正如 1992 年美国国家自然科学基金会与美国电力科学研究院联合发起的研究智能控制的倡议书中所强调那样："研究工作应开辟新途径去提出问题，去设计智能控制器，而不是把传统的控制方法（如较低层的 PID 控制器）与高层的以规则为基础的控制器简单而松散地联系在一起。"

仿人智能控制不仅提出了特征模型、特征辨识、特征记忆、多模态控制、瞬态指标、稳定性监控和高阶产生式分层递阶结构等一系列基本概念，而且涉及智能控制器及系统的建模与知识表示研究、性能指标、智商与设计方法研究、故障诊断与稳定性、可控性及推理的可达性、可信度研究以及多变量、多系统的协调解耦与控制研究。

8.2 仿人智能控制理论基础研究

8.2.1 仿人智能控制器的原型算法

周其鉴、李祖枢等认为以 PID 为代表的线性控制规律远非尽善尽美，未能妥善解决闭环系统的稳定性与准确性、快速性之间的矛盾是其一大弱点；采用积分作用可以有效地解决稳态误差问题，但必然会增大系统的相位滞后，严重削弱系统的响应速度。采用现有的非线性控制，也只能在某些特定的情况下，改善系统的品质，应用范围有限。

基于以上分析，他们提出了运用“保持”特性取代积分作用，有效地消除了积分作用带来的相位滞后以及积分饱和现象。他们设想将线性与非线性的特点有机地融为一体，使人为的非线性元素能适用于叠加性；提出用“抑制”作用来解决控制系统的稳定性与准确性、快速性之间的矛盾；他们同时还提出了具有极值采样保持形式的调节器，并以此为基础发展成为一种仿人智能控制器。仿人智能控制器的基本算法以熟练操作者的观察、决策等智力行为做基础，根据被调量的误差及误差的变化趋势来决定控制策略。按照人们常规的思维方式，当控制系统的误差区域增大时，仿人控制器输出强烈的控制作用，抑制误差的增加；而当误差有回零趋势，开始下降时，仿人控制器减小控制作用，等待观测系统变化；在控制器调节的同时不断地记录误差的极值，校正控制器的控制点以适应变化的要求。

根据以上分析，提出了如下仿人智能控制器的原型算法：

$$U=\begin{cases} K_p e + kK_p\sum_{i=1}^{n-1} e_{m,i} & e\cdot\dot{e}>0\cup e=0\cap\dot{e}\neq 0 \\ kK_p\sum_{i=1}^{n} e_{m,i} & e\cdot\dot{e}<0\cup\dot{e}=0 \end{cases} \tag{8-1}$$

式中：U 为控制输出；K_p 为比例系数；k 为抑制系数；e 为系统误差；$\dot{e}$ 为误差的变化率；$e_{m,i}$ 为误差的第 i 次峰值。

从式（8-1）这样的运行控制级算法及其特性可以看到控制器通过对误差及其变化率的两种简单的关系特征识别来判断系统处于不同的两种运动状态，并分别采用两种不同的控制模态。定量的控制操作输出则是通过误差峰值特征记忆和先验知识（比例系数 K_p 和抑制系数 k）与当前误差大小的关系决定。这些都可看成是对人智能的简单模仿，仿人智能控制理论的发展就是建立在此基础上的。

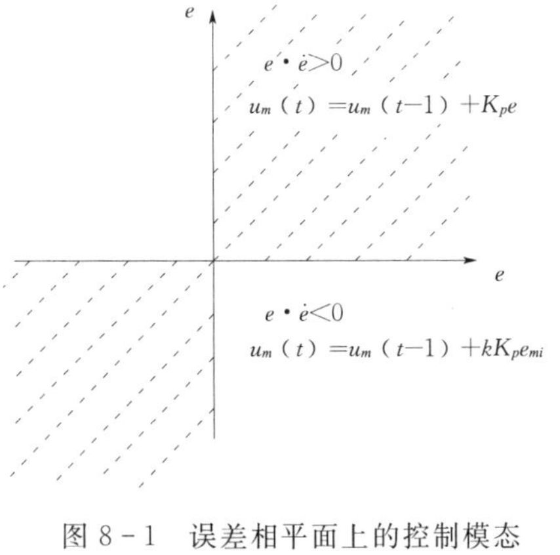

图 8-1　误差相平面上的控制模态

如图 8-1 所示表现了误差相平面的特征及相应的控制模态，当系统误差处于误差相平面的第一、三象限，即 $e\cdot\dot{e}>0$，或 $e=0$ 且 $\dot{e}\neq 0$ 时，仿人智能工作器工作于比例控制模态；而当误差处于相平面的第二、四象限，即 $e\cdot\dot{e}<0$，或 $\dot{e}=0$ 时，仿人智能控制器工作于保持控制模式。

进一步分析仿人智能控制器原理的输入输出关系，可以得到如图 8-2 所示的仿人智能控制器原型的静态特性。

图 8-2（a）为保持模态中抑制系数 k 偏大时控制器的静态特性图。其中：

（1）oa 段为比例控制模式。在 oa 段系统出现误差且趋向增加，即 $e\cdot\dot{e}>0$ 时，控制器的输出 u 是与误差成比例的信号，即 $u=K_pe$，其中 K_p 为比例系数，它可大大超过传统比例控制器所允许的数值。该模式运行在 $e=0\sim e_{m1}$ 区间范围，当 e 达到第一次误差极值

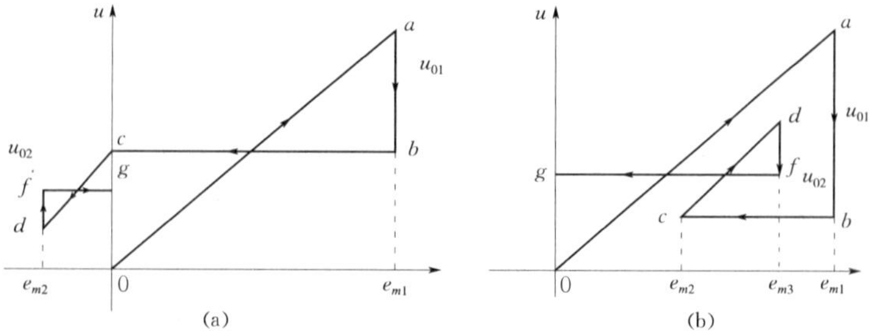

图 8-2　仿人智能控制器原型的静态特性

（a）抑制系数 k 偏大；（b）抑制系数 k 偏小

e_{m1}后，该模式立即结束，并进入 ab 段的抑制阶段。

（2）ab 段为增益抑制模式。当误差 e 等于极值 e_{m1}时，控制模态切换至增益抑制保持模态，保持值 u_{01}等于当前控制器输出 K_pe_{m1}乘以抑制系数 k（$k<1$），即 $u_{01}=k\cdot K_pe_{m1}$，此时控制器工作在 ab 段。在这一段，系统误差到达极值，此时控制器施加一种阻尼作用，由于 $k<1$，因此其增益降低。增益抑制控制有助于改善系统品质及增加系统的稳定裕度。

（3）bc 段为开环保持模式。当 ab 段过程结束时，系统进入到保持阶段，并在 $e\cdot\dot{e}<0$ 的整个过程中，即在 bc 段的整个过程中，控制器的输出都为保持值 u_{01}。在此过程中，误差从极值 e_{m1}减小并向原点趋近。

上述 $oa\rightarrow ab\rightarrow bc$ 段，完成了控制器的第 1 个控制周期，即一个“比例→抑制→保持”的过程。

（4）第二个控制周期。如果抑制系数 k 偏大，误差将沿 bc 段向原点趋近，并过零朝负方向变化。此时控制器的模态将再次切换为比例模态，工作在图中的 cd 段，开始了第二个控制周期，cd 段为反向的比例控制，在反向比例控制的作用下，系统将产生一个负方向的极值 e_{m2}。对于一个稳定的控制系统，通常有 $|e_{m2}|<|e_{m1}|$。为了增加仿人智能控制的灵活性，不同控制周期的比例系数可以不同。当误差到达负极值时后，将再次进入抑制模式，该阶段抑制系数 $k>1$ 使得控制器输出增加，进而进入到增益保持状态。即在 $e\cdot\dot{e}<0$ 的整个过程中（fg 段）控制器的输出保持在输出保持值 u_{02}。

（5）第三个控制周期、第四个控制周期……。如果系统误差在第二个周期的 fg 段能稳定到零，控制过程就此结束，否则控制器将继续进行 $abcd$ 和 $cdfg$ 这样的过程，即第三个控制周期、第四个控制周期……直至误差为零。

图 8-2（b）为保持模态中抑制系数 k 偏小时控制器的静态特性图。其中：

（1）$oa\rightarrow ab\rightarrow bc$ 段。该段的工作情况与上述抑制系数 k 偏大时的第一周期一致，只是由于保持模态的抑制系数 k 偏小，被抑制后的控制作用 u_{01}不足以使误差回到零，而是在 c 点形成误差输出的极小值 e_{m2}。

（2）$cd\rightarrow df\rightarrow fg$ 段。当误差沿着 bc 变化到 c 点，控制器的模态将再次切换为比例模态，工作在图中的 cd 段，开始了第二个控制周期。在比例控制的作用下，系统将到达一个新的极值 e_{m3}，对于一个稳定的控制系统，通常有 $|e_{m3}|<|e_{m1}|$。当到达 e_{m3}时，控制器再次切换至保持状态，并在 $e\cdot\dot{e}<0$ 的整个过程中，即 fg 段，控制器输出为保持值 u_{02}。

如果系统误差至此稳定到零，则控制过程结束，否则控制器将继续 $abcd$ 和 $cdfg$ 这样的过程，即第三个控制周期、第四个控制周期……直至误差为零。

（3）若 k 取值恰到好处，则上面（1）与（2）中的控制过程将在 c 点结束，当然，这种状态是一种理想状态。

以上讨论了仿人智能控制器原型的静态特性分析，下面从动态特性进行分析。

如图 8－3 所示为仿人智能控制器原型的动态特性。其中图 8－3（a）为抑制系数偏大的动态特性，由图可以看出，当系统受到阶跃扰动作用时，其输出响应偏离给定值，在 oa 段满足条件 $(e\cdot\dot{e}>0\cup e=0)\cap\dot{e}\neq0$，采用比例控制，控制量 u 随误差比例变化；在 ab 段误差满足条件 $e\cdot\dot{e}<0\cup\dot{e}=0$，采用保持控制，控制量 u 保持误差 e 极值累计和；在 bc 段误差满足条件 $(e\cdot\dot{e}>0\cup e=0)\cap\dot{e}\neq0$，采用比例控制，控制量 u 随误差比例变化；在 cd 段误差满足条件 $e\cdot\dot{e}<0\cup\dot{e}=0$，采用保持控制，控制量 u 保持误差 e 极值累计和，且小于上次的保持值；在 df 段误差满足条件 $(e\cdot\dot{e}>0\cup e=0)\cap\dot{e}\neq0$，采用比例控制，控制量 u 随误差比例变化；在 fg 段误差满足条件 $e\cdot\dot{e}<0\cup\dot{e}=0$，采用保持控制，控制量 u 保持误差 e 极值累计和，且大于上次的保持值。最后，控制的结果是误差 e 收敛于零，控制量 u 收敛于一个恒值。

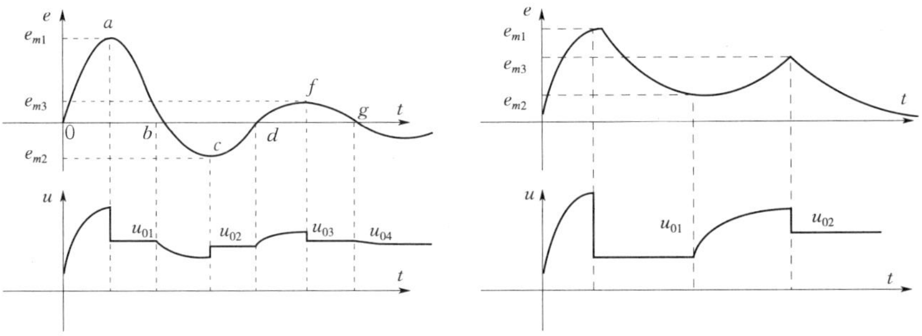

(a)　　　　　　　　(b)

图 8－3　仿人智能控制器原型的动态特性

（a）抑制系数 k 偏大；（b）抑制系数 k 偏小

当抑制系数偏小［如图 8－3（b）所示］，误差的动态响应将呈现出不过零的衰减震荡形式。控制器的输出则呈现出在保持值 u_{oi} 一边的锯齿状曲线，其动态性能分析可参照抑制系数偏大的情况。可以想象，当抑制系数 k 取值适当时，误差曲线将不会呈现振荡，而一次性回复到零位，这当然是最为理想的控制。

从拟人控制的运行控制及原形算法及其特性可以看到，控制器通过对误差及其变化率的两种简单的关系能识别并判断系统处于不同的两种运动状态，并分别采用两种不同的控制模态。定量的控制操作输出则是通过误差峰值特征记忆和先验知识，如比例系数 K_p、抑制系数 k 与当前误差大小的关系决定。这些都可以看成是对人的思维和动作智能的简单模仿。

8.2.2　仿人智能控制的基本概念

如何模拟人的控制行为与功能？仿人智能控制理论首先面临的问题就是如何建立智能

控制系统的广义数学模型。仿人智能控制认为，动态系统的误差 $e(t)$、误差对时间 t 的导数 $\dot{e}(t)$ 和时间 t 一起构成了控制问题求解的信息空间。控制的目标是使 $t\to\infty$，$e(t)\to 0$，$\dot{e}(t)\to 0$。

系统在信息空间的运动轨迹反映了系统的所有动态信息（包括控制作用对系统的影响）。信息空间中系统所有特征信息的集合，反映了系统的动态特征，构成了智能控制的广义数学模型——特征模型。

系统动态特征的模式识别主要是对动态特征模式的分类。根据受控系统的误差 $e(t)$、误差对时间 t 的导数 $\dot{e}(t)$ 以及它们的适当组合构成的特征变量，划分动态特征模式，并通过这些特征模式描述系统的动态行为特征，或用这些特征模式直观地反映系统的动态过程，以期为智能控制决策提供依据。例如，当系统给定突变或出现扰动时，系统瞬态响应偏离给定值的情况，可以根据动态特性划分为 9 种特征状态模式（如图 8-4 所示），并可据此时系统响应偏离给定值的特征状态模式提供的动态特征（误差及其变化趋势等）进行控制决策。又如，当系统的给定信号变化或受到扰动、或结构或参数变化时，系统动态特性的变化将反映到系统输出偏离给定值的误差 $e(t)$ 及其一阶导数 $\dot{e}(t)$ 上。如果在误差相平面 $e(t)-\dot{e}(t)$ 上划分特征状态模式，那么受控动态系统输出的相平面 $e(t)-\dot{e}(t)$ 上所处的不同区域就对应于系统的不同动态行为，反映出系统运行的某种特征状态。特征模式把相平面 $e(t)-\dot{e}(t)$ 划分成不同的特征模式类，并通过不同的特征模式类来形象直观地反映系统的动态特征。

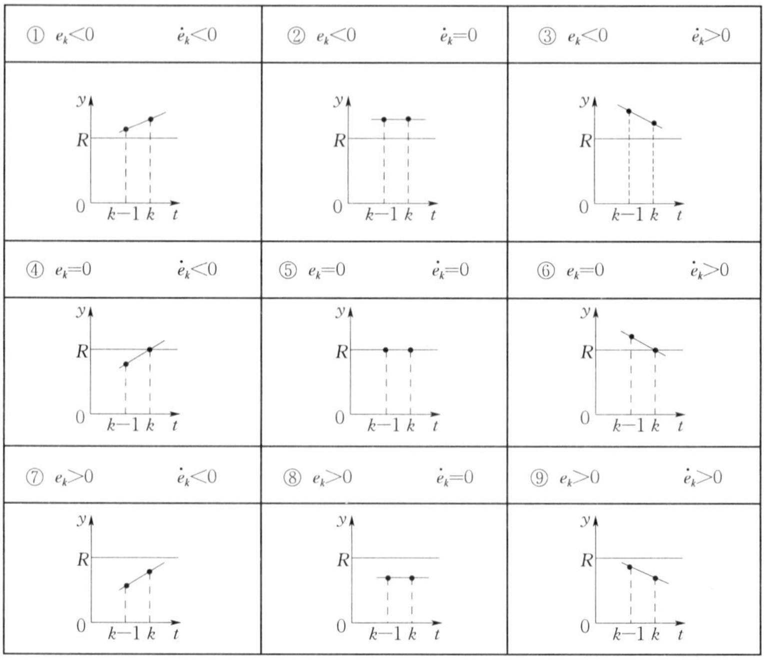

图 8-4 系统瞬态响应偏离给定值的 9 种特征状态模式

【定义 8-1】 特征模型 特征模型 Φ 是对智能控制系统动态特性的定量与定性描述相结合的模型，是针对控制问题求解和控制指标要求的不同，对系统误差信息空间的一种划分，划分出的每一区域分别表示系统的一种特征状态 ϕ_i（见图 8－4）。特征模型为所有特征状态的集合，即：

$$\Phi=\{\phi_1, \phi_2, \cdots, \phi_r\}\phi_r\in\Sigma$$

特征状态由特征元素 q_1，q_2，…，q_m 构成。设：

$Q=\{q_1, q_2, \cdots, q_m\}$是特征元素的集合。对于误差信号空间来说，常用的特征元素有：

q_1：$|e-\dot{e}|\geqslant 0$；　q_2：$|e/\dot{e}|\geqslant\alpha$；　q_3：$|e|<\delta_1$；

q_4：$|e|>M_1$；　q_5：$|\dot{e}|<\delta_2$；　q_6：$|\dot{e}|>M_2$；

q_7：$|e_{mi-1}\cdot e_{mi}|>0$；　q_8：$|e_{mi-1}/e_{mi}|\geqslant 1$；　……

式中：δ_1、δ_2、M_1、M_2 均为阈值；e_{mi} 为误差的第 i 个峰值。

于是可得到特征模型 Φ 与特征元素向量 Q 的关系如下：

$$\Phi=P\odot Q$$

式中：Φ 为 n 维向量；Q 为 m 维特征元素向量；$P=[p_{ij}]_{n\times m}$ 为 $n\times m$ 阶关系矩阵；p_{ij} 可取－1，0，1 三个值之一，分别表示取反、取零和取正，符号 ⊙ 表矩阵的与积关系，即有：

$$\varphi_i=[(p_{i1}*q_1)\wedge(p_{i2}*q_2)\wedge\cdots\wedge(p_{im}*q_m)]$$

例如，当 p_{ij}，$j=1, 2, \cdots, m$ 中，除 $p_{i1}=1$，$p_{i2}=-1$ 外均等于 0 时，则有：

$$\varphi_i=[|e-\dot{e}|\geqslant 0\wedge|e/\dot{e}|<\alpha]$$

【定义 8－2】　特征辨识　特征辨识是仿人智能控制器根据特征模型 Φ 对实时采样信息在线处理，模式识别动态系统当前处于什么样的特征状态的过程。

模式识别是探测与提取某信号（数据）存在的特征或属性，并对信号进行归类或找出信号出现概率的过程。特征辨识综合应用了决策理论方法和句法结构理论方法的分类方式。对系统动态特征的模式识别是根据受控系统输出误差 $e(t)$ 及误差变化率 $\dot{e}(t)$ 及由它们构成的组合特征变量，划分动态特征状态模式。这些特征状态模式能够描述系统的动态行为特征或直观地反映系统动态过程的运动状态。

【定义 8－3】　特征记忆　特征记忆是指仿人智能控制器对一些反映前期决策与控制效果的特征量和反映控制任务要求及对象性质的特征量的记忆。特征记忆集合为：

$$\Lambda=\{\lambda_1, \lambda_2, \cdots, \lambda_p\}, \quad \lambda_i\in\Sigma$$

常用的特征记忆量有：

λ_1：e_{mi}——误差的第 i 次极值；

λ_2：u_h——前期控制输出量的保持值；

λ_3：v_{0i}——误差的第 i 次过零的速度；

λ_4：t_{em}——误差极值出现的间隔时间；

……

在仿人智能控制系统中，往往利用特征记忆来消除偏差，改善控制品质，直接影响控制输出。控制器根据特征辨识与特征记忆，识别系统在该时刻的特征状态，模仿人的控制经验，以启发式或直觉推理的形式作出相应的控制（决策）。

【定义 8-4】 多模态控制（决策） 多控制（决策）模态集合 Ψ 是指控制输出 U 与误差信息集合 E 和特征记忆信息集合 Λ（结合起来为 R）之间的某种定性或定量映射关系 F 的集合。其中：

$$\Psi=\{\psi_1,\ \psi_2,\ \cdots,\ \psi_r\}$$

$$\psi_i:\ U_i=F_i(e,\ \dot{e},\ \lambda_1,\ \cdots)$$

或者：

$$F_i \rightarrow \text{if（条件）then（操作或结论）}$$

智能控制中这种不断变化策略的控制方式，称之为多模态控制（决策）。每一个模态 ψ_i 都是由一些基本的模态基元（如：比例、微分、积分、保持、等待、极限等）组成。组成递阶智能控制最底层控制模态向量的常用的模态基元有：

m_1：$k_p e$——比例；

m_2：$k_d \dot{e}$——微分；

m_3：$k_i \int e dt$——积分；

m_4：u_H——输出保持；

m_5：$k\sum_{i=1}^{n} e_{mi}$——峰值误差记忆；

m_6：$\pm k t_0 u_m$——点-点输出；

m_7：$u \pm a$——输出预补偿；

……

该层控制模态集 Ψ_j 与模态基元间存在如下关系：

$$\Psi_j:\ U_j=L_j M_j$$

式中：U_j 为输出向量；M_j 为模态基元向量；L_j 为关系矩阵，矩阵中元素为 1，0，-1。于是，由此构成的控制模态有：

Ψ_{j1}：$u=u_H+k_p e+k_d \dot{e}$——比例+积分+保持；

Ψ_{j2}：$u=k\sum_{i=1}^{n} e_{mi}$——开级观察保持；

Ψ_{j3}：$u=u \pm u_m$——点—点控制（开关控制）；

Ψ_{j4}：$u=u \pm u_n \pm a$——非线性死区预补偿；

……

典型的仿人控制模态基元有比例（m_1）控制模态基元、微分（m_2）控制模态基元、积分（m_3）控制模态基元及其组合（如 PID）模态基元、极值采样保持（m_5）与稳态保持（m_4）模态基元、开关控制（m_6）模态基元等。

【定义 8-5】 启发与直觉推理 启发与直觉推理规则集 Ω 是对人（控制专家）决策过程的一种模仿，它根据特征辨识与特征记忆结果确定决策与控制策略，可用产生式规则形式"IF…THEN…"予以描述。仿人智能控制器的在线控制（决策）过程实质上是从特征辨识到多模态控制的具有二次映射关系的信息处理过程，如图 8-5 所示，即可表示为：

$$\Omega_j:\ \Phi_j \rightarrow \Psi_j,\ \Omega_j=\{\omega_{j1},\ \omega_{j2},\ \cdots,\ \omega_{jr}\}$$

$$\omega_{ji}：\text{IF } \varphi_{ji} \text{ THEN } \psi_{ji}\ （定时映射）$$

$$\Psi_j：R_j \rightarrow U_j \qquad \Psi_j = \{\psi_{j1}，\psi_{j2}，\cdots，\psi_{jr}\}$$

ψ_{ji}：$u_{ji} = f_{ji}\ (e，\dot{e}，\lambda，\cdots)$（定量映射）或 f_u：IF 条件 THEN 操作（定性映射）

设智能控制过程为 IC，则可以用两个三重序元关系描述：

$$IC_j = \{\Phi_j，\Psi_j，\Omega_j\}$$

$$\Psi_j = \{R_j，U_j，F_j\}$$

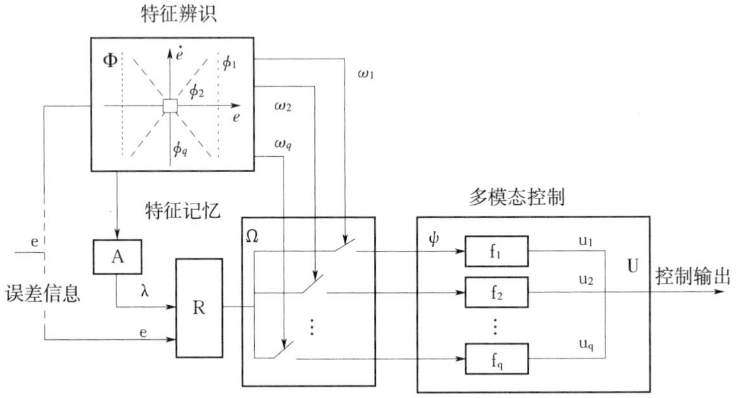

图 8 - 5 仿人智能控制与决策的二次映射关系

控制模态集和推理规则集根据对象特征和不同的控制要求而确定，同时不断在线修改，以适应被控对象和控制要求的变化。

8.2.3 仿人智能控制系统结构

仿人智能控制系统具有分级递阶的控制结构，各控制层次遵循“层次越高智能增加精度降低”的原则。尽管在低层次的运行控制级智能程度要低一些，但要求实时性和较高的精度。仿人智能控制采用分级递阶的高阶产生式系统结构很好地解决了这一问题。产生式系统由数据库，规则库和推理机组成，它方便地描述了控制问题的求解过程。

仿人智能控制系统按层次高低可分为：中枢司令级（Centrum - Command Class，简称 CC），组织协调级（Organization - Coordination Class，简称 OC）和单元控制级（Unit - Control Class，简称 UC）构成，如图 8 - 6 所示。单元控制器 UC 为二阶产生式系统结构，它由任务自适应级（Task Adaptive Level，简称 TA），参数自校正级（Self - Turner Level，简称 ST）和运行控制级（Main Controller，简称 MC）构成。

控制单元 UC 具有二阶产生式系统结构，如图 8 - 7 所示。它能够独立地面向实际被控对象，自学习，自适应地完成实时控制任务。运行控制级 MC 是目标级零阶产生式系统，直接产生定量的控制作用；参数自校正级 ST 解决 MC 控制模态的参数自校正问题，与 MC 一起构成一阶产生式系统，完成在线自校正控制。当控制要求发生变化，以及被控对象和环境发生大的改变时，任务自适应级 TA 能够重新学习组织新的控制策略，与 ST 和 MC 一起构成二阶产生式系统结构。MC、ST 和 TA 三级都有各自的数据库 DB，规则库 RB，各自的特征辨识器 CI 和推理机 IE，三级之间蕴含的信息交换通过对公共数据库

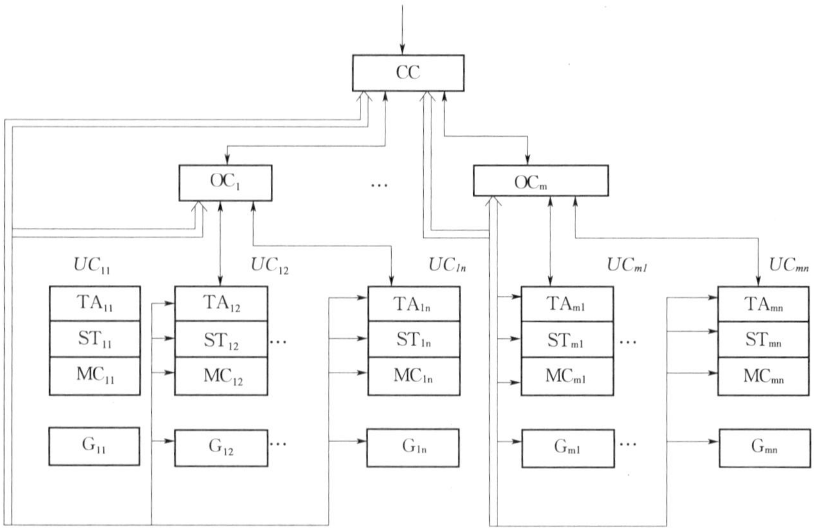

图 8-6 仿人智能控制系统的递阶结构

CDB 的直接存取数据来完成。这种紧耦合的并行运行机制便于单元控制器快速自适应自校正过程的完成。同时各级通过特征记忆，实现自学习功能，可不断提高系统的控制品质。

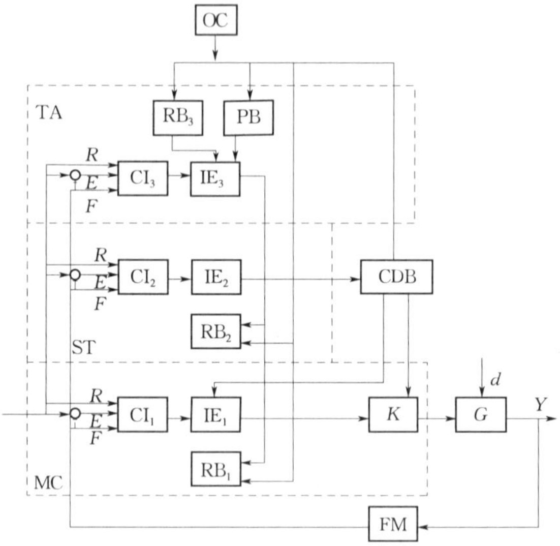

图 8-7 单元控制级的产生式系统结构

在图 8-6 中，多个单元控制级（UC）的任务规划及相互协调由组织协调级（OC）来完成，根据中枢司令级（CC）的总体控制要求以及 UC 的反馈信息和其他 OC 的要求信息，使 CC 级的总体任务规划得以顺利地实现。OC 及其所属的 UC 构成三阶产生式系统。以总体的控制要求为目标，中枢司令级规划控制任务，组织整个控制系统，构成四阶产生式系统。当然，对于大型的集散控制系统，以此类推，需要更高级的管理决策层，以解决复杂和广泛的问题。集成智能控制系统阶数的高低和各级产生式问题求解的效率，反映了智能控制系统的知识水平和智力水平。

8.3　仿人智能控制器设计方法研究

8.3.1　系统的瞬态性能指标及理想动态误差相平面轨迹

控制系统的性能指标一般可从瞬态和静态两方面加以考虑，其中，瞬态性能指标是仿人智能控制系统的主要指标。根据被控对象性质的不同，仿人智能控制可能采用不同的设计技术和方法，但设计的依据都是系统的瞬态性能指标。

传统控制中以经典的时域性能指标和最优控制的误差泛函积分评价指标来描述控制系统控制性能的好坏。经典时域性能指标，以“上升时间”描述系统的快速性；以“超调量”和“调节时间”描述系统的相对稳定性；“稳态误差”描述系统的精确性。最优控制以误差泛函积分评价指标（误差绝对值积分（IAE）和误差时间绝对值积分（ITAE）等）最小来综合评价控制系统的性能。这些性能指标对于控制系统的设计十分重要，但也存在着一定局限性。经典的时域性能指标非常直观，但不能直接参与设计，只能作为设计结束后的评价。传统的单模态控制方式在设计时无法兼顾所有的指标。最优控制的误差泛函积分评价指标虽然可直接参与设计，但只能在各经典的时域性能指标中折衷。传统控制系统的设计必须基于对象精确的数学模型。

仿人智能控制器基于特征模型的多模态控制方式为实现各经典时域性能指标的兼顾创建了基础。在仿人智能控制器的设计中为实现特征模型和多控制模态及参数的设计，建立一种能够依据系统瞬态响应判断系统当前状态与目标状态的差距和当前运行趋势好坏的指标并作为设计用的目标函数，这就是能够评价系统运行瞬态品质的性能指标。一个能够兼顾各经典时域性能指标的控制系统，其动态过渡过程在误差时间相空间中将画出一条理想的误差时相轨迹。这条理想误差时相轨迹构成了设计和实时控制过程中的瞬态性能指标。如图 8-8 所示表明了与理想的系统闭环阶跃响应相对应的误差时相轨迹。该轨迹体现了

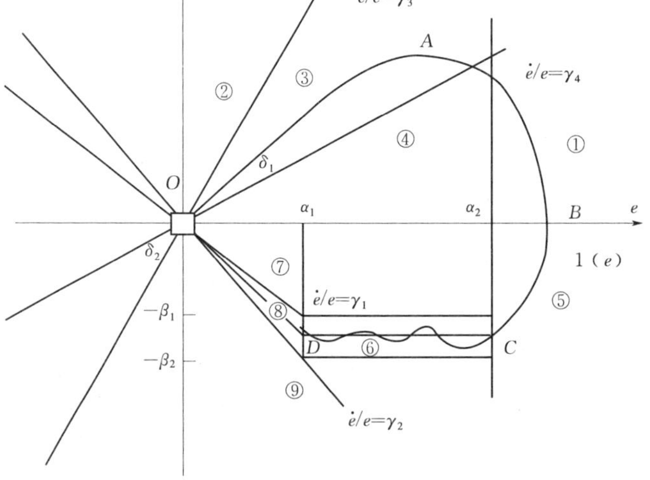

图 8-8　具有理想性能的系统误差时相轨迹

设计和实现控制过程中的瞬态性能指标。图中 OA 和 OD 为直线段（对应于图中的③和⑧），AB、BC 和 CD 为曲线段（对应于图中①、⑤和⑥），而直线②、④、⑦和⑨对应于不同的 $\dot{e}/e$ 的值。仿人智能控制器特征模型与控制（决策）模态集的设计的目标就是使系统的动态响应在理想的误差时相轨迹上滑动。

【定义 8-6】 仿人智能控制系统的瞬态性能指标 将能评价智能控制系统运行的瞬态品质，并能兼顾系统快速性、稳定性和精确性指标要求的理想误差时相轨迹，称为仿人智能控制系统的瞬态性能指标。

无论是定值控制还是伺服控制，一个动态控制过程总会在（$e-\dot{e}-t$）空间中画出一条轨迹，品质好的控制画出的是一条理想的轨迹。

如果以这条理想轨迹作为设计智能控制器的目标，应该说轨迹上的每一点都可视为控制过程中需要实现的瞬态指标。这条理想的误差时相轨迹可以分别向（$e-t$）、（$\dot{e}-t$）和（$e-\dot{e}$）3 个平面投影，设计者可以根据分析的侧重点，考虑这 3 条投影曲线中的一条或者几条作为设计用的瞬态指标，以简化设计的目标。

当受控系统不含纯滞后环节时。考虑这条轨迹在（$e-\dot{e}$）相平面上的投影，设计即可在（$e-\dot{e}$）相平面上进行。当系统有纯滞后环节时，考虑这条理想轨迹对（$e-t$）平面的投影，设计可以在（$e-t$）平面上进行。当系统具有非线性环节时，一般考虑这条理想轨迹也是在（$e-\dot{e}$）向平面上进行。

8.3.2 仿人智能控制器设计的基本步骤

1. 建立用于设计的被控对象的“类等效”简化模型

虽然对于复杂的被控对象（高阶、非线性、时变和未知性等）不能得到精确的数学模型，但仿人智能控制理论认为，这种对象可由系统的“类等效”低阶线性模型加典型非线性环节来近似模拟。从对象的一些先验知识可以建立对象的结构模型和大致的参数变化范围，估计或测辨出对象的某些特征参数和典型的非线性要素等。经验表明描述系统主要动态特性的特征量有：

（1）增益 K：表示系统对零频（直流）输入信号的放大能力，决定了稳定系统域中单位阶跃响应的稳态值。

（2）纯滞后（Dead Time）τ：表示系统对输入信号的不应期。

（3）等效时滞（Equivalent Dead Time）D：表示系统对输入信号的滞后特性。

（4）主要频率响应数据（带宽频率、截止频率、穿越频率、转角频率及其相应的相位角）：反应系统对不同频率信号的通过能力。

被控对象的“类等效”模型应该具有对象的增益、纯滞后、等效时滞和某些主要频率响应数据。例如一般情况下被控对象的“类等效”描述有如下形式：

（1）具有纯滞后的过程对象：

$$\frac{K(1+a_1 s)}{(1+b_1 s)(1+b_2 s)}\mathrm{e}^{-\tau s}$$

（2）具有非线性环节的伺服对象：

$$f(\bullet)\frac{K(1+as)}{s(1+bs)}$$

仿人智能控制器设计的任务就是采用尽可能简单的结构和尽可能少的控制模态和参数，能够在上述对象模型参数变化的范围内，都能达到控制指标的要求。

2. 确立设计目标（系统瞬态性能指标）

根据对系统控制品质的要求，如上升时间、稳态精度和超调等，绘出系统动态理想的单位阶跃响应曲线，并将该曲线映射到（$e-\dot{e}-t$）时相空间去，得到理想的误差相轨迹，并以这条相轨迹作为设计仿人控制器的目标轨迹。

该轨迹上的每一点都可视为控制过程中的瞬态指标。这条相轨迹可分为（$e-t$）、（$\dot{e}-t$）和（$e-\dot{e}$）3 个平面投影，根据要求的侧重点，选择这 3 条投影曲线中的一条或几条，作为设计仿人智能控制特征模型及控制与校正模态的目标轨迹。

3. 建立对象的数学模型

根据被控对象或系统的生产流程、结构机理、工艺特点和控制要求等，结合自动控制及相关基础理论和专业知识或经验，建立相应的过程的数学模型，作为进一步设计与分析的基础。

例如，对于一个有平衡能力的化工和热工过程，可以用一阶环节加纯滞后这样的数学模型来描述：

$$G(s)=\{g_{ij}(s)e^{-\tau_{ij}s}\}_{n\times n}$$
$$g_{ij}(s)=K_{ij}/(T_{ij}s+1)$$

式中：$G(s)$为开环系统的传递函数；$g_{ij}(s)$为一阶惯性环节的传递函数；$e^{-\tau_{ij}s}$为纯滞后环节的传递函数；比例系数 K_{ij}、时间常数 T_{ij} 和 τ_{ij} 要根据实验选定，i，$j=1$，2，…，n。

4. 建立各控制级的特征模型和特征算法

根据目标轨迹在误差相平面（$e-\dot{e}$）上的位置或误差时间平面（$e-t$）上的位置以及控制器的不同级别（运行控制级、参数矫正级和任务适用级），确定特征基元集 Q，划分出特征状态集合 Φ，从而建立不同级别的特征模型：

$$\Phi_i=P\odot Q_i$$

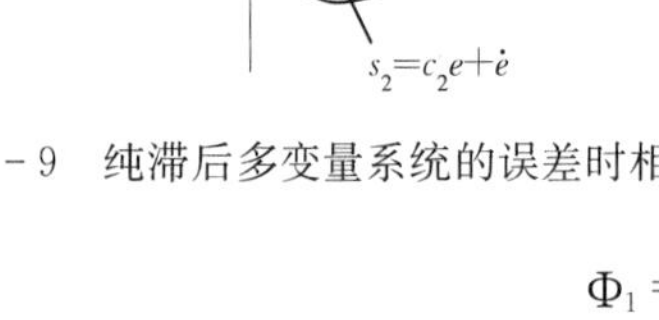

图 8-9　纯滞后多变量系统的误差时相轨迹

例如，对上述化工和热工过程，其单回路仿人控制器的误差时相轨迹如图 8-9 所示，其运行控制级和参数校正级的特征模型（控制算法）如下：

（1）运行控制级。特征基元级为：

$$Q_1=\{q_{11},\ q_{12},\ q_{13},\ q_{14},\ q_{15}\}$$

式中：$q_{11}\Rightarrow|e|<\delta_1$；$q_{12}\Rightarrow|\dot{e}|<\delta_2$；$q_{13}\Rightarrow e\cdot\dot{e}>0$；$q_{14}\Rightarrow|\dot{e}/e|<c_1$；$q_{15}\Rightarrow|\dot{e}/e|<c_2$。

特征模型为：

$$\Phi_1=\{\phi_{11},\ \phi_{12},\ \phi_{13},\ \phi_{14},\ \phi_{15}\}$$

式中：$\phi_{11}=\bar{q}_{11}\cap\bar{q}_{12}\cap q_{13}$；$\phi_{12}=\bar{q}_{11}\cap\bar{q}_{12}\cap\bar{q}_{13}\cap q_{14}$；$\phi_{13}=\bar{q}_{11}\cap\bar{q}_{12}\cap\bar{q}_{14}\cap q_{15}$；$\phi_{14}=\bar{q}_{11}\cap\bar{q}_{12}\cap\bar{q}_{13}\cap q_{15}$；$\phi_{15}=q_{11}\cap q_{12}$。

（2）参数校正级。特征基元级为：

$$Q_2=\{q_{21}, q_{22}, q_{23}, q_{24}, q_{25}, q_{26}\}$$

式中：$q_{21} \Rightarrow |e| < \delta_1$；$q_{22} \Rightarrow |\dot{e}| < \delta_2$；$q_{23} \Rightarrow |e_{m,i}| > a$；$q_{24} \Rightarrow |e_{m,i-1}| > a$；$q_{25} \Rightarrow \Delta e \cdot e \geqslant 0$；$q_{26} \Rightarrow \Delta\dot{e} \cdot \dot{e} \geqslant 0$。

特征模型为：

$$\Phi_2=\{\phi_{21}, \phi_{22}, \phi_{23}, \phi_{24}, \phi_{25}\}$$

式中：$\phi_{21}=\bar{q}_{21} \cap \bar{q}_{22} \cap q_{23} \cap q_{24}$；$\phi_{22}=\bar{q}_{21} \cap \bar{q}_{22} \cap \bar{q}_{23} \cap \bar{q}_{24}$；$\phi_{23}=q_{21} \cap q_{22} \cap q_{25}$；$\phi_{24}=q_{21} \cap q_{22} \cap \bar{q}_{25} \cap q_{26}$；$\phi_{25}=q_{21} \cap q_{22} \cap \bar{q}_{25} \cap \bar{q}_{26}$。

5. 设计控制器结构

控制器的结构是否合理将决定系统是否能合理地实现控制目标、是否能保证系统的稳定运行。不同被控对象和应用环境，其控制器和控制系统的结构也有所不同。

6. 设计运行控制级的控制模态集与控制规则集

通过特征模型可以看出，当误差状态（e，$\dot{e}$）不在理想区域时，必须采取相应的控制模态，使误差状态尽量回到理想状态运动，特征状态与控制模态之间的匹配关系构成了推理规则集。特征状态与控制模态之间的匹配关系，是以自动控制理论为基础的一种定量映射关系。

仍以纯滞后多变量系统为例，其运动控制级和参数校正级的控制模态集与控制规则如下。

（1）运动控制级。运动控制模态向量为：

$$\Psi_1=\{\psi_{11}, \psi_{12}, \psi_{13}, \psi_{14}, \psi_{15}\}$$

式中：$\psi_{11}=K_p e+kK_p\sum_{i=1}^{n} e_{m,i}$；$\psi_{12}=(1-k)K_p e+kK_p\sum_{i=1}^{n} e_{m,i}$；$\psi_{13}=kK_p\sum_{i=1}^{n} e_{m,i}$；$\psi_{14}=-K_p e+kK_p\sum_{i=1}^{n} e_{m,i}$；$\psi_{15}=kK_p\sum_{i=1}^{n} e_{m,i}+K_I\int e(t)\mathrm{d}t$。

推理规则向量为：

$$\Omega_1=\{\omega_{11}, \omega_{12}, \omega_{13}, \omega_{14}, \omega_{15}\}$$

式中：$\omega_{11} \Rightarrow \phi_{11} \rightarrow \psi_{11}$；$\omega_{12} \Rightarrow \phi_{12} \rightarrow \psi_{12}$；$\omega_{13} \Rightarrow \phi_{13} \rightarrow \psi_{13}$；$\omega_{14} \Rightarrow \phi_{14} \rightarrow \psi_{14}$；$\omega_{15} \Rightarrow \phi_{15} \rightarrow \psi_{15}$。

（2）参数校正级。参考校正模态向量为：

$$\Psi_2=\{\psi_{21}, \psi_{22}, \psi_{23}, \psi_{24}, \psi_{25}\}$$

式中：$\psi_{21} \Rightarrow K_p=\left(1+\omega_1\frac{e_{m,i}}{e_{m,i-1}}\right)K_p$；$\psi_{22} \Rightarrow K_p'=\left(1+\omega_1\frac{e_{m,i}}{e_{m,i-1}}\right)K_p'$；$\psi_{21} \Rightarrow K_I=\omega_2$；$\psi_{24} \Rightarrow K_I=-\omega_2$；$\psi_{25} \Rightarrow K_I=0$。

推理规则向量为：

$$\Omega_2=\{\omega_{21}, \omega_{22}, \omega_{23}, \omega_{24}, \omega_{25}\}$$

式中：$\omega_{21} \Rightarrow \phi_{21} \rightarrow \psi_{21}$；$\omega_{22} \Rightarrow \phi_{22} \rightarrow \psi_{22}$；$\omega_{23} \Rightarrow \phi_{23} \rightarrow \psi_{23}$；$\omega_{24} \Rightarrow \phi_{24} \rightarrow \psi_{24}$；$\omega_{25} \Rightarrow \phi_{25} \rightarrow \psi_{25}$。

7. 仿真和实验研究

选择典型状况和参数对控制系统进行仿真实验，并通过仿真调整系统设定的参数，以至修正系统控制结构，使仿真结果满足动态和静态的要求。如果条件许可，应在仿真研究的基础上，进行系统实时实验进行验证。

下面以受控对象不含纯滞后环节的伺服系统为例，说明仿人控制算法的基本步骤及实现过程。基本步骤如下：

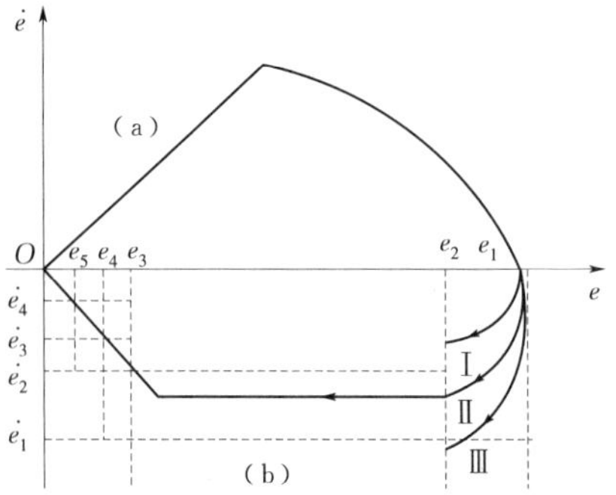

图 8-10　设计仿人智能控制器的误差相平面图

(1) 在控制的初始阶段（$e_1 \rightarrow e_2$），偏差很大，应采用开关式控制激发出 e_2 点的偏差变化速度 $\dot{e}_2$。对于不同的对象（如参数不同），这一速度是不一样的。如图 8-10 所示中的Ⅰ、Ⅱ、Ⅲ表明：受控对象由偏差 e_1 变化到偏差 e_2 时，偏差变化的速度是不同的。这一速度反映了对象的静态增益及时间常数等参变量的大小。

(2) 在偏差减小的中间段（$e_2 \rightarrow e_3$），采用偏差为 e_2 时的偏差变化速度作为控制的瞬态目标，并通过控制这一速度来控制系统的性能。当实际的偏差变化速度大于此速度时，采用将偏差速度压低的组合控制模态；而当实际偏差变化速度低于此速度时，采取相应措施将偏差速度提高。此时的控制策略是尽可能保持这一较大的偏差减小速度，提高动态过程的可控性，并使偏差较快减小。

(3) 当偏差减少到 e_3 时，为了使被调量无超调且无静差地逐步跟踪上输入给定值，应采取压低偏差变化速度的措施。为使其逐步减小，可采用分层压低策略。在（$e_3 \rightarrow e_4$）段和（$e_4 \rightarrow e_5$）段分别设立偏差减小速度的上下限（$\dot{e}_2$，$\dot{e}_3$，$\dot{e}_4$）作为此时的瞬态特征指标。因为这段过程（$e_3 \rightarrow e_4 \rightarrow e_5$），主要是为了降低过大的偏差减少速度，避免超调，进而避免速度过小而出现爬行现象。应逐步使偏差变化速度减小，让偏差过渡到控制所要求的值。

(4) 在偏差及偏差变化速度满足控制要求时（$e \leqslant e_3$，$\dot{e} \leqslant \dot{e}_4$），采取维持控制量的策略，使之自行衰减达到平衡，以实现对被调量的无超调和无静差控制。

(5) 为了防止失控现象，从特征模型到控制决策行为模态的映射应是满射。当误差相轨迹进入第二象限时（第四象限同），应有相应的控制决策模式。此外，还必须对误差和相轨迹进入第三象限（与第一象限类似）的控制决策模式加以研究。误差相轨迹进入第三象限时，说明有超调发生。对于不同的超调及不同的偏差上升速度，应采取不同的控制措施。加上对误差进入相平面第三象限情况的研究可知，上述过程对定值控制也是有效的。定值控制时，误差首先进入相平面第一象限，当误差变化速度衰减为零时，开始进入相平面第四象限，其设计思想与以上（1）～（4）点是相同的。

8.4　仿人控制器设计示例

本节以小车—倒摆系统为例，来深入讲解仿人智能控制其的具体设计和实现过程。

1. 小车—倒摆系统的数学模型

如图 8-11 所示给出了小车—倒摆系统的结构示意图。

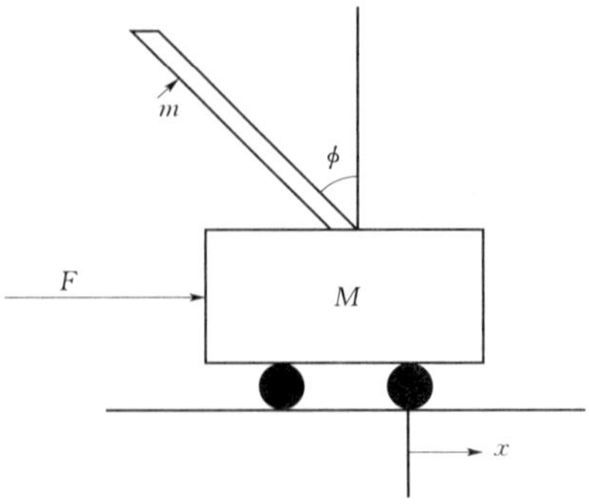

图 8-11　小车—倒摆系统示意图

系统的运动方程可以表示为：

$$\begin{pmatrix}\dot{x}\\ \ddot{x}\\ \dot{\theta}\\ \ddot{\theta}\end{pmatrix}=\begin{pmatrix}0 & 1 & 0 & 0\\ 0 & \dfrac{-(I+ml^2)b}{I(M+m)+Mml^2} & \dfrac{m^2gl^2}{I(M+m)+Mml^2} & 0\\ 0 & 0 & 0 & 1\\ 0 & \dfrac{mlb}{I(M+m)+Mml^2} & \dfrac{mgl(M+m)}{I(M+m)+Mml^2} & 0\end{pmatrix}\begin{pmatrix}x\\ \dot{x}\\ \theta\\ \dot{\theta}\end{pmatrix}+\begin{pmatrix}0\\ \dfrac{I+ml^2}{I(M+m)+Mml^2}\\ 0\\ \dfrac{ml}{I(M+m)+Mml^2}\end{pmatrix}F$$

式中：M 为小车质量；m 为摆杆质量；b 为小车摩擦系数；l 为摆杆转动轴心到杆质心的长度；I 为摆杆惯量；F 为加在小车上的力；X 为小车位置；ϕ 为摆杆与垂直向上方向的夹角；θ 为摆杆与垂直向下方向的夹角（考虑到摆杆初始位置为竖直向下）。

由此模型可见，小车—倒摆系统实际上是一个单输入多输出的系统，并存在着很强的耦合作用。

2. 小车—倒摆系统仿人控制器的结构设计

如图 8-12 所示表示小车—倒摆系统仿人控制器的结构示意图。首先依据问题规约法，可以把一个问题化简为一些比较简单的子问题的集合。小车—倒摆系统的仿人智能控制器中，运用仿人智能控制的理论和方法，通过模仿人在小车—单摆的摆起倒立控制中的运动控制策略，将整个控制过程划分为两个阶段：起摆阶段和稳摆阶段。起摆阶段运用正反馈的 Bang-Bang 控制，以完成单摆的能力积累；稳摆阶段运用了仿人智能控制的规约分析方法，即将整个系统的控制归约为摆动控制和定位控制，进一步摆动控制又被归约为单摆的摆动控制和小车的运动控制，定位控制被归约为单摆为定位控制和小车的定位控制。

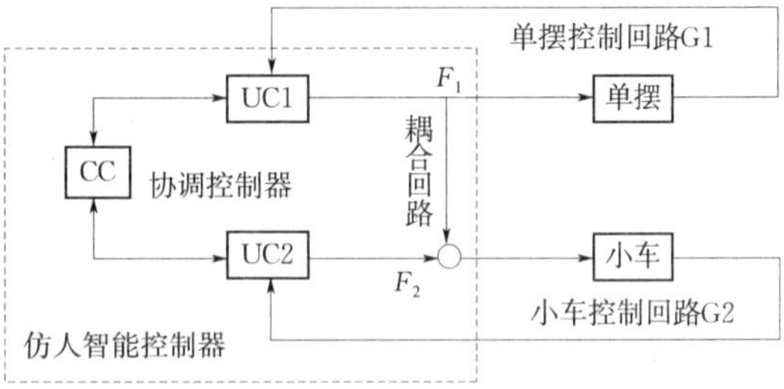

图 8-12　小车—倒摆系统仿人控制器结构图

由图 8-12 可见，小车—倒摆系统的摆起倒立定位稳定控制问题被规约为小车控制和单摆控制两个子问题。在进行分析时有两个控制作用 F_1、F_2，而实际上只存在一个作用在小车上的控制作用 F。分析的重点是小车—倒摆的协调解耦，即 $F=F_1+F_2$。

3. 控制模态及控制规则的设计

(1) 起摆控制阶段。小车一倒摆系统在起摆时，有如下的定性控制经验，设 $e=\pi-\theta$ 为摆角偏差（考虑到摆杆初始位置为竖直向下，定义 θ 为摆杆与垂直向下方向的夹角），x 为小车位移，则有：

$$\text{if}\,|\phi|\leqslant\frac{\pi}{2}\Rightarrow e>0\ \text{then}\begin{cases}F<0\Rightarrow\ddot{\phi}>0,\ \ddot{e}<0,\ \ddot{x}<0\\F\geqslant0\Rightarrow\ddot{\phi}\leqslant0,\ \ddot{e}\geqslant0,\ \ddot{x}\geqslant0\end{cases}$$

从而起摆控制作用可选为：

$$F=\begin{cases}-U & e\cdot\dot{e}\geqslant0\\U+b & e\cdot\dot{e}<0\end{cases}$$

式中：$U>0$，$b>0$。

U 为正作用，在激振起摆过程中，控制作用不断地增加单摆的摆动动能，加大单摆的摆动动作达到起摆的目的。为防止摆杆速度过大，使摆杆到达倒立点时速度为零，不产生过调，可在适当的时刻采用“等等看”的策略（即令 $F=0$），以避免起摆过量。一般说来，如果 U 值足够大，只要控制小车“进-退-进”，是单摆完成“左-右-左”的摆起运动过程，就能将单摆摆起倒立稳定并将小车定位控制在指定的位置。

在单摆的摆起控制作用中，采用了不对称的 Bang - Bang 控制作用，这是因为在单摆的起摆过程中，车的往返运动次数不对称和存在摩擦等阻力因素的缘故。为了在起摆过程结束之时，小车能基本稳定在给定的位置，通过选择适当的 b 值，以不对称的起摆控制作用来补偿起摆过程中小车位移的偏差。

Bang - Bang 控制的强弱直接决定摆动一次单摆获得能力的多少，因此 F 较大时，系统经较少的摆动次数就能实现倒立，但小车的位移也较大；当 F 较小时，则需多激振系统方能倒立，但小车的移动较少；而当 F 减少到一定程度时，由于难以积累足够的能量，系统经多次摆动也不能达到倒立点。

(2) 稳摆控制阶段。控制系统中存在有车、摆两个控制回路和一个耦合回路。当车、摆均用负反馈控制时，因耦合关系的存在，车、摆间的耦合将形成一个正反馈回路（见图 8-13）。这个正反馈的耦合回路在单摆进入到倒立点位置附近的平衡状态时将明显表现出来，并很容易导致小车—单摆系统失去平衡。

单摆控制器的输出为：

$$F_1=K_{p1}e_1+K_{d1}\dot{e}_1$$

$$F_2=K_{p2}e_2+K_{d2}\dot{e}_2$$

式中：$e_1=\pi-\theta$；$e_2=x_r-x$ 分别表示单摆角度和小车位移误差；x_r 为小车位置的给定值。

为保证单摆的稳定，将单摆的控制作为控制的主要矛盾，小车的控制为辅助控制，因此 K_{p1} 应大于 K_{p2}，大部分时间单摆的控制将起主要作用，小车的调节只在单摆的误差较小时才表现出来。在小车—倒立摆系统中，小车与单摆之间存在严重的耦合，若对小车的位移采用负反馈控制，由于车摆的耦合经形成对小车的正反馈，为实现系统中小车倒立摆系统的解耦，对小车的位移控制采用了正反馈作用，即当小车出现某方向的位移或向某方

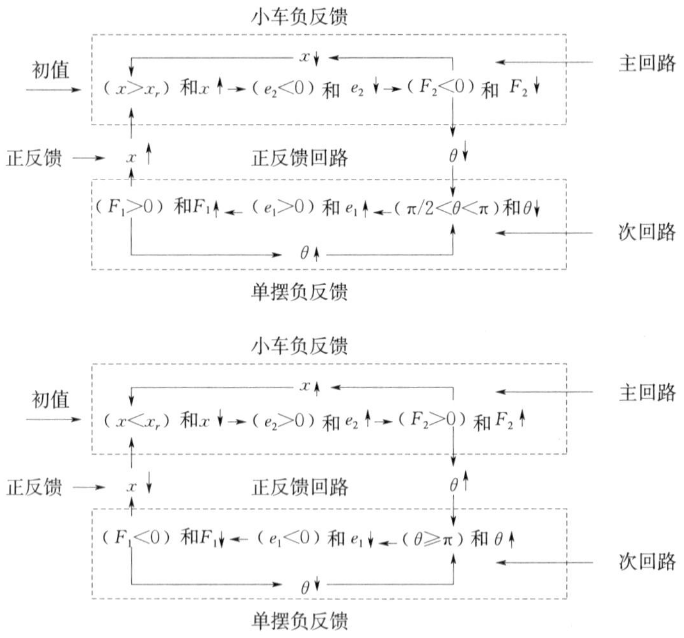

图 8-13　小车—倒摆耦合示意图

向运动时，再向该方向施加控制作用，使小车向此方向加速，在车摆耦合的作用下必然带动单摆反方向运动，而由于 K_{p1} 大于 K_{p2}，对单摆的调整将使小车向原点运动。因此对小车的控制采用正反馈协调了车—摆间的耦合。所以使小车的控制为正反馈的补偿控制方式，如图 8-14 所示，令：

$$F_2 = -K_{p2}e_2 - K_{d2}\dot{e}_2$$

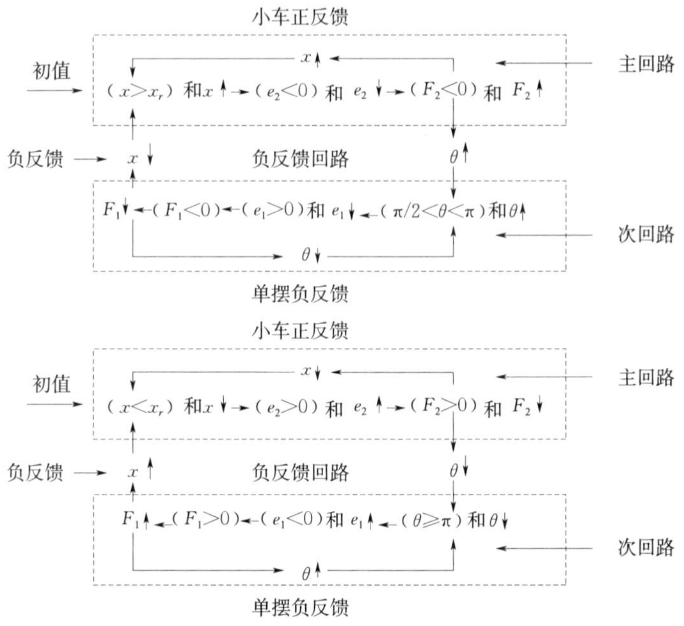

图 8-14　小车—倒摆解耦示意图

则车、摆间的耦合关系，将最终演变成负反馈控制回路。即在单摆足够靠近目标位置时，对车施加短暂的正反馈补偿可以使整个控制过程朝我们所希望的状态演变。小车—单摆系统的协调控制算法可归纳成：

$$F=K_{p1}e_1+K_{d1}\dot{e}_1-K_{p2}e_2-K_{d2}\dot{e}_2 \tag{8-2}$$

将4种独立的控制以线性叠加的方式和在一起，这是一种简单的但也是一种有效的控制方式，事实上式（8-2）是将对小车的PD控制与由于对单摆的PD控制叠加组合而成。从理论上讲，PD控制是一种有差控制，只有加入积分环节才能完全消除偏差。但在式中的四个量实际上分别代表角位移、角速度、小车位移、小车速度，而在小车—倒立摆系统中，也就需要控制着4个物理量。而且，小车—倒立摆系统是一个快速自不稳定系统，对滞后特别敏感，而积分会给系统带来一定的滞后，若在倒立摆控制系统中加入积分环节将会影响单摆在倒立点附近的控制敏感性，不利于倒立摆的稳定控制。从仿真和实验的结果看，在小车单摆系统控制中，若加入积分环节，即使是很小的积分增益，也会使系统变得很难控制。但控制又必须保证没有静差。实际在式（8-2）中，由于车摆之间的耦合，对小车的正反馈控制实现了可以消除单摆的静差，对单摆的控制可以消除小车的静差。对小车唯一的正反馈控制实现了两个作用，其一是实现车摆的解耦，其二是解决单摆控制的静差。在单摆的控制存在静差时，由于倒立摆是自不稳定系统，在重力作用下，单摆会有向某方向倒下的趋势，控制器将因此使小车向该方向运动，因而会出现该方向的速度甚至位移，在调节小车位移和速度时，由于耦合将使单摆偏向倒立点甚至可能出现反方向的超调，但也克服了单摆的静差。因此，小车速度增益（即小车位移的微分增益系数）K_{d2}不能太小，否则将不能消除单摆的静差。综合起来，模仿人在小车—倒摆控制中的运动策略，如图8-15所示。

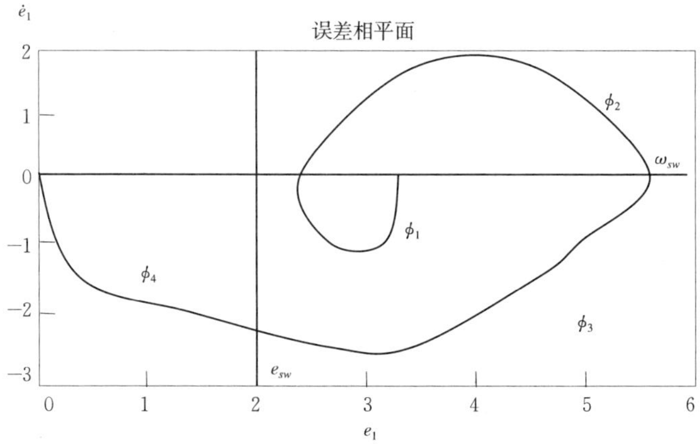

图8-15 单摆摆起倒立控制的误差相平面

单摆稳摆控制的误差相平面$e_1-\dot{e}_1$可划分为以下特征模型：

ϕ_1：$|e_1|\geqslant e_{sw} and |\dot{e}_1|<\omega_{sw}$

ϕ_2：$|e_1|\geqslant e_{sw} and |\dot{e}_1|\geqslant \omega_{sw} and e_1\cdot\dot{e}_1>0$

ϕ_3：$|e_1|\geqslant e_{sw} and |\dot{e}_1|\geqslant \omega_{sw} and e_1\cdot\dot{e}_1<0$

ϕ_4：$|e_1|<e_{sw}$

与上述特征模型相应的多模态控制策略 Ψ 为：

ψ_1： $F=0$

ψ_2： $F=-U$

ψ_3： $F=U+b$

ψ_4： $F=K_{p1}e_1+K_{d1}\dot{e}_1-K_{p2}e_2+K_{d2}\dot{e}_2$

其中控制作用 F 受限且满足：

$f|F|\geqslant F_{\max}\text{ then}F=\text{sgn}(F)F_{\max}$

此外还需要一个启动作用，启动作用可选为：ψ_0：$F=-U$。这样，得到特征模型与控制模态之间的推理规则集为：

$$t\leqslant t_s: \psi_0$$

$$t>t_s: \omega_1: \phi_1\rightarrow\psi_1,\ \omega_2: \phi_2\rightarrow\psi_2,\ \omega_3: \phi_3\rightarrow\psi_3,\ \omega_4: \phi_4\rightarrow\psi_4$$

4. 控制器参数的选择

（1）摆动阶段的参数 U，b 的选择。摆动阶段的控制是正反馈的 Bang - Bang 控制，作用是实现单摆的能量积累，以使单摆具有足够的能量到达倒立点在仿真时为了模拟实时控制的情况，设定了最大控制作用限制，当控制作用 F 大于 Fmax 时，使 $F=F$max。因而 U 及 $U+b$ 的最大值不超过 Fmax，Bang - Bang 控制的强弱直接决定摆动一次单摆获得能量的多少，因此 F 较大时，系统经较少的摆动次数就能实现倒立，但小车的位移也较大；当 F 较小时，则需多次激振系统方能倒立，但小车的移动较少；而当 F 减少到一定程度时，由于难以积累足够的能量，系统经多次摆动也不能到达倒立点。

在稳摆阶段，系统控制的重点是单摆角度，若系统进入稳摆阶段时小车有较大的位移偏差和速度，由于车摆间强烈的耦合作用，要调整小车的位移将非常困难。为了补偿小车位移的偏差，使小车在整个控制中的位移都较小且系统控制进入稳摆阶段时小车在起点附近，引入了参数 b，b 值体现了对起摆中小车运动不对称的补偿思想，通过设置 b 可以在起摆控制中对小车位移的偏差进行补偿，使 Bang - Bang 控制的正反方向的驱动一样小，这样来有意识地减少小车的位移偏差。b 的选择可以利用人的直觉判断，当小车偏向某一方时，改变 b 值，使向该方向的控制相对减小或向反方向的控制增大。

（2）阈值 e_{sw}，ω_{sw} 初值的确定及智能控制器的设计。e_{sw}，ω_{sw} 的取值对摆的定位控制起着十分重要的作用，考虑到控制作用对摆的可控范围和摆到达倒立点时的摆动动能应为零，阈值 e_{sw}，ω_{sw} 初值可由下式确定：

$$e_{sw}\leqslant\arctan\frac{mg}{u_{\max}}$$

$$\omega_{sw}^2=2gl(1-\cos e_{sw})$$

在角度的变化率即角速度较小的地方，一般也是 Bang - Bang 控制换向的地方。此处不但将摆角作为智能切换的条件，同时也将此刻的角速度也作为另一个切换条件。这样就能防止在摆本身进入控制角度范围之内，但角速度过大导致的控制失败。此时进行切换的思想是：当摆杆进入到稳摆区域时（即当 $e\leqslant e_{sw}$ 时），先判断摆杆角速度是否达到要求的阈值 ω_{sw}，若达到则进入稳摆控制，否则使 $F=0$，等待摆杆角速度下降。直到角速度达到阈值 ω_{sw} 的要求，再进入稳摆控制。

仿真中发现：若 $\omega_{s\omega}$ 定得较小，则进入稳摆控制后，摆杆角速度有可能偶尔超过 $\omega_{s\omega}$，从而导致控制失败。为此需设置一个稳摆控制“标志”：即当进入稳摆控制后，该标志位置 1，这样无论此后的角速度是否超过 $\omega_{s\omega}$，都只进行稳摆控制。因此调整后的智能切换的框图如图 8-16 所示。根据实验数据，可以很容易得到角速度的范围以及单摆换向附近角速度的范围。从经验来看将智能切换的角度定为 $e_{s\omega}=0.6\text{rad}$，角速度临界值定为 $\omega_{s\omega}=0.005\ \text{rad/s}$。

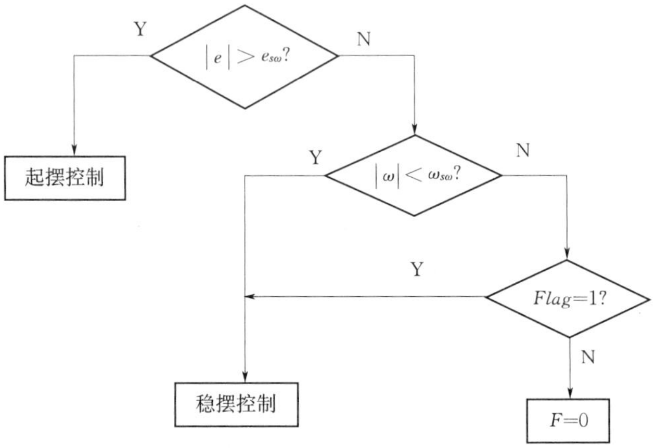

图 8-16　智能切换控制器框图

（3）稳摆阶段参数的选取。K_{p1}、K_{d1}、K_{p2} 和 K_{d2} 的合理取值是抑制小车单摆间的正反馈互扰耦合关系，是协调好车摆控制任务的关键。通常需要反复多次方能确定控制参数的合理取值范围，但原则上有如下的定性经验：在稳摆阶段，一旦摆角偏差或偏差速度较大时，稳摆控制作用应当居于主导地位，与单摆控制相关的负反馈参数 K_{p1}、K_{d1} 的初值应选得较大。与小车控制相关的正反馈是一种补偿调节作用。经验表明 K_{p1}、K_{d1}、K_{p2} 和 K_{d2} 应有一个对应于特定小车单摆系统的合理的取值范围，找到并确定这样一个合理的取值范围是小车—单摆摆起倒立控制中的一个重要的任务。

由于稳摆控制的主要控制为单摆的摆起和稳定，小车的控制作为辅助控制。故 K_{p1}、K_{d1} 均比 K_{p2}、K_{d2} 大，否则在稳摆时，由于小车位移和速度的影响太强将使单摆的控制和稳定变得很困难。

在控制器的参数中，K_{p1} 是角度偏差信号的比例增益。从比例调节的规律可知，若该值太大，系统控制超调甚至振荡，太小则控制力不够会存在残差。从我们的仿真研究结果来看，当 K_{p1} 太小时，单摆因力量不够而在到达倒立点之前停住并倒下，进而振荡。由于倒立摆系统是一个自不稳定系统，若系统的控制没能到达倒立点，系统就无法进入平衡，而仿人智能控制器中既有正反馈也有负反馈，若系统失去平衡，在这些多类控制的作用下，有可能会引起系统振荡。

控制器中角度误差的微分增益 K_{d1} 同时也相当于角速度的增益，在单摆到达倒立点之前，K_{d1} 有抑制单摆摆动过快而摆过倒立点的功能，而在单摆摆过倒立点后，K_{d1} 有使其向反方向运动的趋势。从理论上分析，若 K_{d1} 太大，在单摆摆起之前的抑制作用太强，有可能导致单摆不能到达倒立点，或需多摆动几次才能到达倒立点；而 K_{d1} 太小，则因微分作用太弱而可能使单摆摆过倒立点。

从 K_{p1}、K_{d1} 对控制的影响可以看出，两个参数对系统控制的影响是相互关联的。若 K_{p1} 太大，单摆摆过倒立点，则可以适当调小 K_{p1}，也可将 K_{d1} 增大；同样，若 K_{p1} 太小，可以增大 K_{p1}，也可以减小 K_{d1}。可见，参数的调整有不只一种方向，最终得到的合适的参数也应该不只一种。

参数 K_{p2}、K_{d2} 主要是控制小车位置，力图将小车的位置控制在起点位置考虑到倒立摆系统控制中车摆之间存在的强烈耦合，在进行单摆的稳定控制时为了排除小车控制的影响，将对小车的控制作为辅助控制，K_{p2}、K_{d2} 的取值比相应的 K_{p1}、K_{d1} 小，因此在单摆距倒立点较远时，对小车的控制几乎可以忽略，只有当单摆接近倒立点时，对小车的控制作用才较为明显，但也是对小车的位置做小幅度的调整，以免小车的移动破坏倒立摆平衡。由于 K_{p2}、K_{d2} 的值均较小，对它们的调整可以在整定好 K_{p1}、K_{d1} 的基础上，然后再通过仿真结果调整 K_{p2}、K_{d2} 整定这两个参数。主要基于两个方面的考虑：其一是不能破坏单摆的稳定，其二是使小车的位移尽可能小且能尽快回到起点。

5. 小车—倒摆的仿真

仿真中所取的模型参数为：小车质量 $M=1.096\text{kg}$，摆杆质量 $m=0.196\text{kg}$，小车摩擦系数 $b=0.1\text{N/m/s}$，摆杆惯量 $I = 0.0034\ \text{kg}\cdot\text{m}^2$，摆杆转动轴心到杆质心的长度 $l=0.25\text{m}$。控制器参数选择：$U=4.8$，$b=3$，$K_{p1}=320$，$K_{d1}=20$，$K_{p2}=5.7$，$K_{d2}=12$。目标位置：$\theta=\pi$，$x_r=-2.5\text{m}$。

如图 8-17 所示给出了小车—倒摆系统的仿真曲线，在不同的初始条件下，小车均得到了较好的控制效果，控制系统具有较好的稳定性及鲁棒性，说明控制器设计方法的正确性及技术上的可行性。

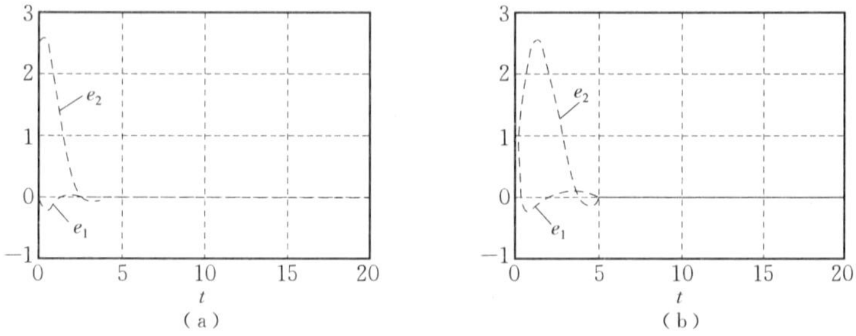

图 8-17　小车—倒摆系统仿真曲线

(a) 初始条件 $\theta=\pi$，$x=0$；(b) 初始条件 $\theta=5\pi/4$，$x=-2.5$

第9章 智能优化计算

在诸多研究领域中普遍存在着优化问题。例如，工程设计中怎样选择参数，使设计方案既满足要求又能降低成本；资源分配中，怎样分配有限资源，使分配方案既满足各方面的基本要求，又能获得好的经济效益等。因此，优化是科学研究，工程技术和经济管理领域的重要研究对象。而优化技术是一种以数学为基础，用于求解各种工程问题优化解的应用技术。

由于实际问题的复杂性，优化问题的最优解的求解是十分困难的。20 世纪 80 年代以来，应运而生了一系列现代优化算法，这些算法在求解一些复杂问题中取得成功应用，使得它们越来越受到科技工作者的重视和广泛应用。这类算法通常都以人类、生物的行为方式或物质的运动形态为背景，经过数学抽象建立算法模型，通过计算机的计算来求解最优化问题，因此这些算法也称为智能优化算法。

近年来，国内外对智能优化算法的研究异常活跃，新的优化算法不断出现。例如，1975 年，Holland 提出了模仿生物种群中优胜劣汰机制的遗传算法（Genetic Algorithms，简称 GA）；1983 年，Kirk - patrick 基于对热力学中固体物质退火机制的模拟，提出了模拟退火（Simulated Annealing，简称 SA）算法；1986 年，Glover 通过将记忆功能引入最优解的搜索过程，提出了禁忌搜索（Tabu Search，简称 TS）算法；1991 年，Dorigo 等借鉴自然界中蚂蚁群体的觅食行为，提出了蚁群优化算法（Ant Colony Algorithms，简称 ACA）；1995 年，Kennedy 和 Eberhart 受鸟群觅食行为启发，提出了粒子群优化（Particle Swarm Optimization，简称 PSO）算法。另外，免疫克隆选择算法（Clonal Selection Algo - rithm，简称 CSA）、量子计算（Quantum Computing，简称 QC）以及国内学者李晓磊等提出的鱼群算法等都是较为常用的智能优化算法。本章将对其中的部分算法的基本思想进行介绍。

9.1 优化问题的分类

在第 7 章中已对优化问题做了简单的介绍。优化问题分为函数优化和组合优化两大类。为便于测评各种优化算法的性能，人们提出了一些典型的测试函数和组合优化问题。例如，常用的函数优化测试函数有：

$$F_1 = 100\,(x_1^2 - x_2)^2 + (1 - x_1)^2 \qquad -2.048 \leqslant x_i \leqslant 2.048$$

$$F_2 = [1 + (x_1 + x_2 + 1)^2\,(19 - 14x_1 + 3x_1^2 - 14x_2 + 6x_1x_2 + 3x_2^2)] \times [30 + (2x_1 - 3x_2)^2\,(18 - 32x_1 + 12x_1^2 + 48x_2 - 36x_1x_2 + 27x_2^2)] \qquad -2 \leqslant x_i \leqslant 2$$

$$F_3 = \left[\frac{1}{500} + \sum_{j=1}^{25} \frac{1}{j + \sum_{i=1}^{2} (x_i - a_{ij})^6}\right]^{-1} \qquad -65536 < x_i < 65536$$

其中，$[a_{ij}] = \begin{bmatrix} -32 & -16 & 0 & 16 & 32 & -32 & -16 & \cdots & 0 & 16 & 32 \\ -32 & -32 & -32 & -32 & -32 & -16 & -16 & \cdots & 32 & 32 & 32 \end{bmatrix}$

$$F_4 = \frac{\sin^2 \sqrt{x_1^2 + x_2^2} - 0.5}{[1 + 0.001 (x_1^2 + x_2^2)]^2} - 0.5 \qquad -100 < x_i < 100$$

$$F_5 = (4 - 2.1 x_1^2 + \frac{x_1^4}{3}) x_1^2 + x_1 x_2 + (-4 + 4x_2^2) x_2^2 \qquad -100 < x_i < 100$$

$$F_6 = (x_1^2 + x_2^2)^{0.25} \{\sin^2 [50 (x_1^2 + x_2^2)^{0.1}] + 1.0\} \qquad 100 < x_i < 100$$

组合优化问题是通过数学方法的研究去寻找离散事件的最优编排、分组、次序或筛选等，可以涉及信息技术、经济管理、工业工程、交通运输和通信网络等许多方面。其数学模型描述为：

目标函数：$\min f(x)$

约束函数：$s.t.\ g(x) \geqslant 0$

有限点集，决策变量：$x \in D$

典型的组合优化问题有：

（1）0－1背包问题（0－1 Knapsack Problem）：设背包容积为 b，第 i 件物品单位体积为 a_i，第 i 件物品单位价值为 c_i，其中 $i=1, 2, \cdots, n$。求如何以最大价值装包。

（2）旅行商问题（Traveling Salesman Problem，简称 TSP）：一商人去 n 个城市销货，所有城市走一遍再回到起点，使所走路程最短。

（3）装箱问题（Bin Packing）：尺寸为1的箱子有若干个，怎样用最少的箱子装下 n 个尺寸不超过1的物品，物品集合为：$\{a_1, a_2, \cdots, a_n\}$

（4）N－皇后问题（N Queens Problem）：在 $N \times N$ 格的棋盘上，放置 N 个皇后。要求每行每列放一个皇后，而且每一条对角线和每一条反对角线上最多只能有一个皇后，即对同时放置在棋盘的任意两个皇后 (i_1, j_1) 和 (i_2, j_2)，不允许 $(i_1 - i_2) = (j_1 - j_2)$ 或者 $(i_1 + j_1) = (i_2 + j_2)$ 的情况出现。

（5）可满足性问题（Satisfiability Problem，简称 SAT 问题）：对于一个命题逻辑公式，是否存在对其变元的一个真值赋值公式使之成立。

（6）图的 m 着色问题：给定无向连通图 G 和 m 种不同的颜色。用这些颜色为图 G 的各顶点着色，每个顶点着一种颜色。如果有一种着色法使 G 中每条边的2个顶点着不同颜色，则称这个图是 m 可着色的。图的 m 着色问题是对于给定图 G 和 m 种颜色，找出所有不同的着色法。

9.2 优化算法分类

如前所述，目前优化算法的种类众多，按照寻优机制来看，可分为串行优化算法和并行优化算法。

所谓串行优化算法是指算法在每次优化迭代计算中，仅搜索解空间中的一个点（或状态）。例如，第7章介绍的利用Hopfield神经网络或暂态混沌神经网络实现的函数优化或组合优化计算就属于此类。这类方法每次迭代运算量小，运算时间短，但通常为完成优化问题的求解，所需迭代次数较多，且对复杂的优化问题求解能力有限。通常适合于中小规模的组合优化问题或不十分复杂的函数优化问题的求解，并可用较短的时间以较高的质量完成优化问题的求解。

并行优化算法是指算法的寻优机制通常采用类似于种群或群体的方式，在每次迭代计算中可同时完成对解空间的多点搜索，并提供多个备选可行解。例如遗传算法、蚁群算法等。这类方法每次的迭代运算量较大，通常与种群的规模直接相关，但完成优化所需的迭代次数较少，且具有较强的全局寻优能力。通常适合于大规模或较大规模的组合优化问题或较复杂的函数优化问题的求解。

另外，还有一些优化算法，如混沌优化算法，在刚刚提出时属于串行搜索算法，但人们为了应用其求解复杂优化问题，在算法中结合并行搜索机制对其进行改进，从而发展出并行优化算法。下面将对各种优化算法做较为详细的介绍。

9.3 梯度优化计算

梯度优化计算方法是指算法所利用的启发式信息是按照优化函数梯度下降的方向实现优化计算的。典型的算法如第7章中所述的Hopfield神经网络、BP学习算法等。这类方法在优化过程中启发式信息发挥作用较大，算法收敛速度较快。但算法不具有全局寻优能力，所得优化解与初始解位置有直接关系。

9.4 混沌优化

混沌运动具有遍历性、随机性、规律性和初值敏感性等特点。混沌运动能在一定范围内按其自身规律不重复地遍历所有状态。因此，利用混沌变量进行优化搜索，无疑会比随机搜索具有更好的搜索性能。故而，优化计算成为混沌应用研究的方向之一。

混沌优化思想最早是由我国唐山大学的李冰教授在1997年提出的。她提出了混沌载波的基本优化策略。在此基础上，张彤等人结合变尺度的思想提出了变尺度混沌优化方法。王子才等人则将混沌的遍历性机制引入模拟退火算法中。

之后，人们又开始研究混沌发生机制本身对搜索性能的影响，尝试采用不同的混沌发生机制产生搜索序列，不断提高搜索性能。修春波等采用两种混沌序列同时在解空间进行搜索的方法提高算法的通用性。唐魏等采用幂函数载波的方法提高混沌序列的遍历性。

为了求解大规模优化问题，人们又提出了众多的并行混沌优化搜索算法。求解的范围也逐渐从最初的函数优化问题的求解扩展到组合优化问题的求解。并在火力分配、电力系统负荷分配、分包商选择以及控制系统参数选取等各种问题中得到实际应用。

本节将对几种典型的混沌优化算法的思想进行介绍。

1. 基本混沌优化算法

基本混沌优化算法思想比较简单，主要是采用混沌载波的方式将混沌状态引入到优化变量中，将混沌运动的遍历范围映射到优化变量的取值范围，然后利用混沌变量进行搜索。利用混沌运动的遍历性、随机性等特点提高搜索效率。

混沌变量的发生机制选为式（9-1）的 Logistic 映射。

$$x_{k+1}=u\cdot x_k\ (1-x_k) \tag{9-1}$$

该映射的混沌分叉及其对应的 Lyapunov 指数图如图 9-1 和图 9-2 所示。

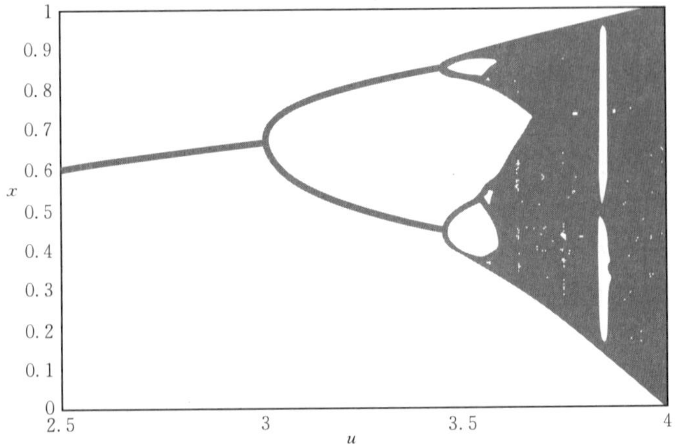

图 9-1　Logistic 映射分叉图

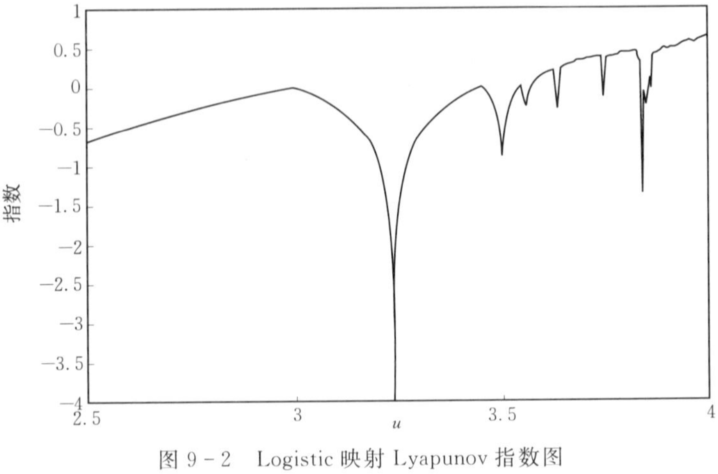

图 9-2　Logistic 映射 Lyapunov 指数图

当控制参数 $u=4.0$ 时，该映射是处于（0，1）之间的混沌满映射。由其产生的序列表现出了混沌系统的随机性、遍历性等基本特点，具有良好的搜索性能。

对连续对象的全局极小值优化问题有：

$$\min f\ (x_1,\ x_2,\ \cdots,\ x_n) \qquad x_i\in[a_i,\ b_i],\ i=1,\ 2,\ \cdots,\ n$$

算法实现过程如下：

(1) 利用式（9-1）产生 n 个轨迹不同的混沌序列。

(2) 将混沌变量 x_i 映射到优化变量的区间内得到搜索变量 mx_i。

$$mx_i=a_i+x_i\cdot(b_i-a_i)$$

(3) 计算搜索变量的函数值是否优于当前最优值，如果是，则更新当前最优值，否则进行下一次搜索。

(4) 如果连续若干次搜索后，最优值始终未获得更新，则实现第二次载波，即在当前最优值附近确定新的较小的搜索范围，然后继续搜索，直到满足终止条件为止。

混沌搜索虽然具有遍历性，但要在原始搜索空间内搜索到最优解可能需要较长的时间。因此基本混沌搜索算法中采用了二次载波技术来提高搜索效率。由于一次载波在原始搜索空间内实现了一定次数的粗搜索，因此可认为一次载波搜索结束后所寻得的当前最优解可能处于真正最优解的邻域内。而二次载波所确定的搜索空间较小，相当于是在近似最优解的邻域内进行细搜索，从而可有效提高寻优效率。

2. 变尺度混沌优化算法

变尺度混沌优化算法是在基本混沌优化算法的基础上提出的，主要特点是随着搜索进行，不断缩小优化变量的搜索空间，也可看成采用了多次二次载波搜索。该算法设定了细搜索标志 r，只要在当前搜索空间内连续搜索一定次数后最优值未获得更新，则采用式(9-2)和式（9-3）缩小各变量的搜索范围。

$$a_i^{r+1}=\max\{a_i^r,\ mx_i^*-\gamma\cdot(b_i^r-a_i^r)\} \tag{9-2}$$

$$b_i^{r+1}=\min\{mx_i^*+\gamma\cdot(b_i^r-a_i^r),\ b_i^r\} \tag{9-3}$$

式中：$\gamma\in(0,\ 0.5)$；mx_i^* 为当前最优解。

上式中的取大取小操作是为了防止新范围超出原搜索空间。

在新空间内进行第 k 次混沌搜索时，混沌搜索变量 y_i^k 采用当前混沌变量 x_i^k 与最优变量 x_i^* 的线性组合的形式得到，即：

$$y_i^k=(1-a)\ x_i^*+ax_i^k$$

$$x_i^*=\frac{mx_i^*-a_i^{r+1}}{b_i^{r+1}-a_i^{r+1}}$$

式中：a 是一个较小的数，并且随着搜索空间的缩小，a 的值不断减小，逐渐提高最优解邻域范围内的搜索次数，以此提高搜索效率。

3. 双混沌优化搜索算法

双混沌优化算法是结合了最大似然估计的思想，给出了缩小搜索空间的条件，从而提高了混沌优化算法的通用性。

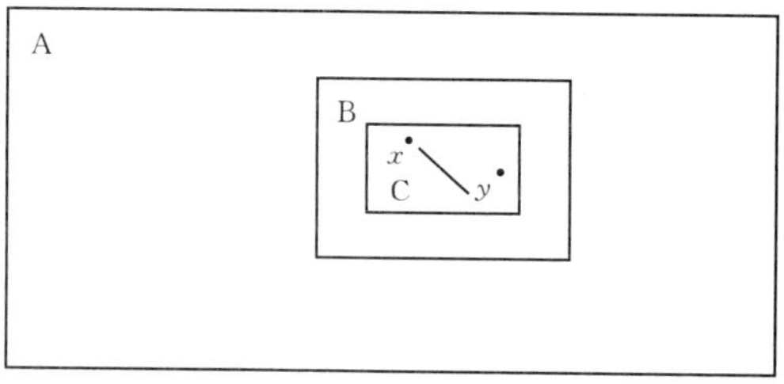

图 9-3 双混沌搜索算法示意图

如图 9-3 所示，算法首先在已知的搜索空间 A 中，利用两种混沌机制 x 和 y 进行独立并行搜索，当各自搜索所得到的最优值 x^* 和 y^* 的距离足够小时（例如同时在 C 空间中时），按照最大似然估计的思想，可以估计真正的最优值就在该空间附近（如 B 空间中），因此就可以将搜索空间从 A 空间缩小到 B 空间。然后，在 B 空间中按上述过程继续缩小到更小的搜索空间，直到寻找到最优解为止。双混沌优化算法采用的两种混沌发生机制分别是 Logistic 映射和立方映射。

4. 幂函数载波的混沌优化算法

上述混沌优化算法所采用的混沌发生机制主要是 Logisitc 映射，载波方式皆为线性载波方式。虽然 Logistic 映射产生的混沌变量具有遍历性，但其轨道点分布却是不均匀的，表现为区间两端较区间内部点要稠密得多，致使其遍历性受到影响，进而影响算法的寻优效率。

如图 9-4 所示给出了定性考察 Logistic 映射遍历性的轨迹图。作图方式为：以 $z_{10}=0.213$ 和 $z_{20}=0.124$ 为初值，迭代 2000 次，得到两个混沌序列 $\{z_1\}$ 和 $\{z_2\}$，图中小圆圈代表二维空间中的一点 $\{z_{1i}, z_{2i}\}$。

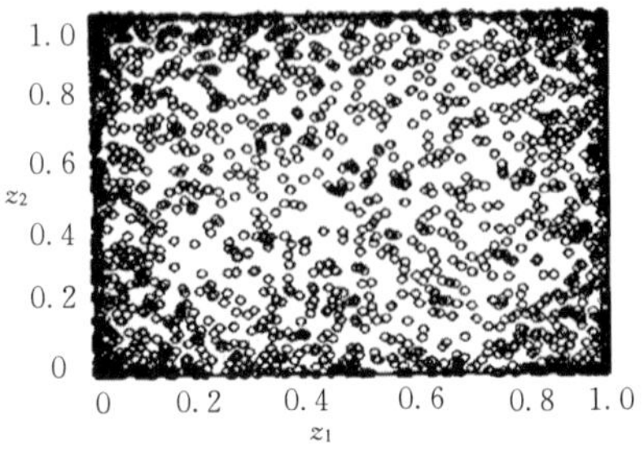

图 9-4　Logistic 映射的遍历性

幂函数载波混沌优化算法采用幂函数载波的方式改善了 Logistic 映射轨道的遍历性，混沌变量可在搜索区间内更均匀地遍历搜索。所采用的幂函数载波方式如下：

$$z'_n=\begin{cases} z_n^p & z_n\in[0, a] \\ z_n & z_n\in[a, b] \\ z_n^q & z_n\in[b, 1] \end{cases}$$

式中：$0<a<b<1$；$0<p<1$；$q>1$；z_n 为 Logisitc 映射产生的混沌变量；z'_n 为在幂函数载波后重新获得的混沌变量。

在区间 $[0, a]$ 中，因 $0<p<1$，故 $z'_n>z_n$，使得靠近区间左端的点右移；在区间 $[b, 1]$ 中，因 $q>1$，故 $z'_n<z_n$，使得靠近区间右端的点左移；p 越小，q 越大，点移动的距离越远。而 z'_n 在 $[0, 1]$ 区间内仍然保持有遍历性。

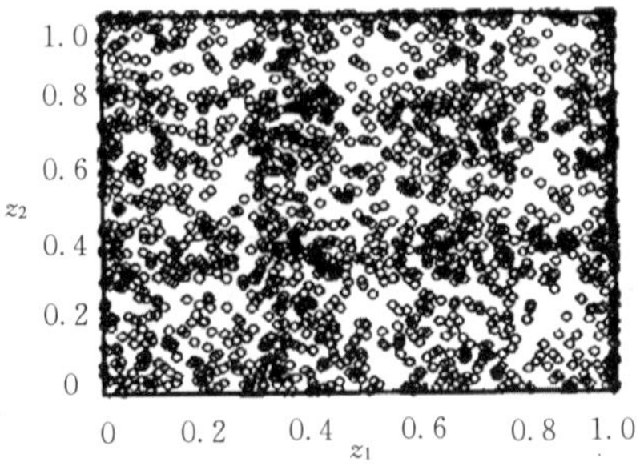

图 9-5　z'_n 的遍历性

取 $a=0.3$，$b=0.8$，$p=0.66$，$q=2.48$，Logistic 映射幂函数载波后的遍历性轨迹图如图 9-5 所示。

采用幂函数载波后的序列进行混沌优化搜索可进一步提高算法的寻优效率。

5. 并行混沌优化算法

以上混沌优化算法皆为串行机制的搜索算法。为适应大规模优化问题的需要，可采用并行混沌优化算法进行问题的寻优求解。并行混沌优化算法的主要思想是采用种群寻优的策略。每一代产生多个搜索个体在搜索空间内同时进行搜索，算法根据较优个体的分布情况确定细搜索空间的中心位置，并不断缩小搜索空间的范围实现并行寻优。

通常对于中小规模的优化计算问题，串行混沌优化算法具有较高的寻优效率，而对于复杂度高的大型优化问题，采用并行混沌优化算法具有更好的寻优性能。

9.5 模拟退火算法

模拟退火算法（Simulated Annealing，简称 SA）的思想最早是由 Metropolis 在 1953 年研究二维相变时提出的，1983 年 Kirkpatrick 等人将模拟退火算法应用于组合最优化问题中，

Press 和 Tueukolsky 将单纯形法和模拟退火算法有机地结合起来，形成一种新的改进的优化算法，即单纯形模拟退火算法，并且成功地解决了非线性规划问题。1995 年 Tarek M 等对 SA 算法进行了并行化计算的研究，提高 SA 算法的计算效率，用来解决比较复杂的科学和工程计算。

1997 年胡山鹰等人在求解无约束非线性规划问题的 SA 算法基础上，进行有约束问题求解的进一步探讨，对不等式约束条件提出了检验法和罚函数法的处理方法，对等式约束条件开发了罚函数法和解方程法的求解步骤，并进行了分析比较，形成了完整的求取非线性规划问题全局优化的模拟退火算法。

模拟退火算法的来源是根据复杂组合优化问题与固体的退火过程之间的相似之处。固体的退火过程是一种物理现象，随着温度的下降，固体粒子的热运动逐渐减弱，系统的能量将趋于最小值。固体退火过程能最终达到最小能量的一个状态，从理论上来说，必须满足 4 个条件：

（1）初始温度必须足够高。

（2）在每个温度下，状态的交换必须足够充分。

（3）温度的下降必须足够缓慢。

（4）最终温度必须足够低。

模拟退火算法在系统向着能量减小的趋势变化过程中，偶尔允许系统跳到能量较高的状态，以避开局部最小，最终稳定在全局最小。它的基本步骤如下：

（1）设系统初始化值 t 较大，相当于初始温度 T 足够大，设初始解为 i，记每个 t 值的迭代次数为 N。

（2）迭代次数 k 的范围 $k=1$，…，N，（$k=1$ 初始）。

（3）随机选择一个解 j。

（4）计算增量 $\Delta=f(j)-f(i)$，其中 $f(x)$为评价函数。

（5）若 $\Delta<0$ 则接受 j 作为新的当前解，否则以概率 $\exp\left(-\frac{\Delta}{t}\right)$接受 j 作为新的当前解。

（6）如果满足终止条件则输出当前解作为最优解，结束程序。终止条件通常取为连续若干个新解都没有被接受时终止算法。否则转步骤（7）。

（7）t 下降 k 次，$k=k+1$；然后转步骤（3）。

模拟退火算法按照概率随机地接受一些劣解，即指标函数值大的解。当温度比较高时，接受劣解的概率比较大。在初始温度下，几乎以接近 100%的概率接受劣解。随着温度的下降，接受劣解的概率逐渐减小，直到当温度趋于 0 时，接受劣解的概率也趋于 0。这有利于算法从局部最优解中跳出，求得问题的全局最优解。

9.6 遗传算法

1975 年美国 J. Holland 教授受生物进化论的启发提出了一种新的智能优化算法即遗传算法（Genetic Algorithm，简称 GA）。该算法是基于适者生存原则的一种高并行、随机优化算法，它将问题的求解表示成染色体的生存过程，通过群体的复制、交叉以及变异等操作最终获得最适应环境的个体，从而求得问题的最终解。GA 抽象于生物体的进化过程，通过全面模拟自然选择和遗传机制，形成一种具有“生成+检验”特征的搜索算法。它以编码空间代替问题的参数空间，以适应度函数为评价依据，以编码群体为进化基础，以对群体中个体位串的遗传操作实现选择和遗传机制，建立起一个迭代过程。在这一过程中，通过随机重组编码位串中重要的基因，使新一代的位串集合优于老一代的位串集合，群体的个体不断进化，逐渐接近最优解，最终达到求解问题的目的。GA 作为一种通用的优化算法，其主要特点是群体搜索策略和群体中个体之间的信息交换，搜索不依赖于梯度信息。随着计算机技术的不断发展，遗传算法在模式识别、神经网络、组合优化以及图像处理等领域取得了成功的应用。本节将介绍简单遗传算法的关键参数与操作、算法流程以及算法的改进与简单实现。

9.6.1 遗传算法中的关键参数与操作

GA 是模拟遗传选择和自然淘汰的生物进化过程的计算模型。其所涉及的关键参数与操作主要有以下几点：

1. 编码

GA 中的编码（Encoding）即是将一个问题可行解从解空间转换到 GA 所能处理的搜索空间的转换过程。在 GA 的研究发展过程中，提出了许多不同的编码方式，而采用不同的编码方式对问题的求解精度与效率有很大影响。通常，问题编码一般应满足以下 3 个原则：

（1）完备性（Completeness）：问题空间中的所有点（潜在解）都能成为 GA 编码空间中的点（染色体位串）的表现型。

（2）健全性（Soundness）：GA 编码空间中的染色体位串必须对应问题空间中的某一潜在解。

（3）非冗余性（Non－redundancy）：染色体和潜在解必须一一对应。

在某些情况下，为了提高遗传算法的运行效率，允许生成包含致死基因的编码位串，它们对应于优化问题的非可行解。虽然这会导致冗余或无效的搜索，但可能有助于生成全局最优解所对应的个体，求解问题所需要的总计算量反而会减少。

上述的 3 个编码原则虽然带有普遍意义，但是缺乏具体的指导思想，特别是满足这些规范的编码设计不一定能有效地提高遗传算法的搜索效率。相比之下，De Jong 提出较为客观明确的编码评估准则，他称之为编码原理，又称之为编码规则：

（1）有意义基因块编码规则：所设计的编码方案应当易于生成所求问题相关的短定义距和低阶的基因块。

（2）最小字符集编码规则：所设计的编码方案应采用最小字符集以使问题得到自然的表示或描述。

目前最常用的编码方式为二进制编码，此种编码简单易用，并依此提出了模式定理。除此之外，还有灰度编码、实数编码、符号编码等编码方式。例如，对于求实数区间 [0，3] 上函数 $f(x)=-(x-1)^2+6$ 的最大值，传统方法是通过逐步调整 x 的值来获得该函数的最大值，而 GA 则是将参数进行编码形成位串并对其进行进化操作。例如，采用二进制编码方式可以由长度为5的位串表示变量 x，即从“00000”到“11111”，并将取值映射到区间［0，3］内。从整数上看，5位长度的二进制编码位串可以表示0到63，对应区间每个相邻值之间的阶跃值为3/63≈0.0476，即编码精度。从中可以找到二进制编码中位串长度与编码精度之间的对应关系。假设位串长度为 L，则对应整数区间为［0，2^L-1］，若实际参数的定义域为［a，b］，则编码精度为（$b-a$）/（2^L-1）。一般来说，编码精度越高，所得到解的质量也越好，但操作所需要的计算量也越大，算法运算时间也越长。因此在解决实际问题时，应适当选择编码位数。

此外，对于问题的变量是实向量的情况，可以直接采用实数编码。实数编码就是采用十进制进行编码，直接在解空间上进行遗传操作。这种方法在求解高维问题或者复杂优化问题时采用的较多。实验证明，对于大部分数值优化问题，通过引入一些专门设计的遗传算子，采用实数编码比采用二进制编码时算法的平均效率要高。由于实数编码表示比较自然，容易引入相关领域的知识，加入启发式信息以增加搜索能力，所以它的使用越来越广泛。

其他非二进制编码往往要结合问题的具体形式。一方面简化编码和解码过程，另一方面可以采用非传统操作算子，或者与其他搜索算法相结合。主要有大字符集编码、序列编码、树编码、自适应编码及乱序编码等。

2. 适应度函数

适应度函数主要用于对个体进行评价。在对简单问题进行优化时，通常可以直接采用目标函数作为GA的适应度函数，例如 $f(x)$ 为某一问题的目标函数，则适应度函数 $F(x)$ 可以采用 $M-f(x)$，其中 M 为一足够大正数。在复杂问题的优化过程中，通常需要根据问题的特点构造评价函数以适应GA的优化过程。

遗传算法将问题空间表示为染色体位串空间，为了执行适者生存的原则，必须对个体位串的适应度进行评价。因此，适应函数（fitness function）就构成了个体的生存环境。根据个体的适应值，就可决定它在此环境下的生存能力。一般来说，好的染色体位串结构具有比较高的适应函数值，即可以获得较高的评价，具有较强的生存能力。

由于适应值是群体中个体生存机会选择的唯一确定性指标，所以适应函数的形式直接决定着群体的进化行为。根据实际问题的经济含义，适应值可以是销售、收入、利润、市场占有率、商品流通量或机器可靠性等。为了能够直接将适应函数与群体中的个体优劣度量相联系，在遗传算法中适应值规定为非负，并且在任何情况下总是希望越大越好。

若用 S^L 表示位串空间，S^L 上的适应位函数可表示为 $f(\cdot)$：$S^L \to R^+$，为实值函数，其中 R^+ 表示非负实数集合。

对于给定的优化问题 opt $g(x)$（$x\in[u,v]$），目标函数有正有负，甚至可能是复数值，所以有必要通过建立适应函数与目标函数的映射关系，保证映射后的适应值是非负的，而且目标函数的优化方向应对应于适应值增大方向。

针对进化过程中关于遗传操作控制的需要，选择函数变换 T：$g \to f$，使得对于最优解 x^*，$\max f(x^*)=opt\, g(x^*)$（$x^*\in[u,v]$）。

（1）对最小化问题，建立如下适应函数 $f(x)$ 和目标函数 $g(x)$ 的映射关系：

$$f(x)=\begin{cases} c_{\max}-g(x) & \text{若 } g(x)<c_{\max} \\ 0 & \text{否则} \end{cases}$$

式中：c_{max}可以是一个输入值或是理论上的最大值，或者是到当前所有代或最近 K 代中 $g(x)$的最大值，此时 c_{max}随着代数会有变化。

（2）对于最大化问题，一般采用下述方法：

$$f(x)=\begin{cases} g(x)-c_{min} & 若\ g(x)>c_{min} \\ 0 & 否则 \end{cases}$$

式中：c_{min}既可以是特定的输入值，也可以是当前所有代或最近 K 代中 g（x）的最小值。

若 opt $g(x)$（$x\in$ [u，v]）为最大化问题，且 min [$g(x)$] $\geqslant 0$ （$x\in$ [u，v]），仍然需要针对进化过程的控制目标选择某种函数变换，以便于制定合适的选择策略，使得遗传算法获得最大的进化能力和最佳的搜索效果。

3. 算法参数

GA 中的算法参数主要有种群数目、交叉概率和变异概率等。一般来说，种群数目直接影响算法的优化效率与结果。当种群数目太小时，则不能提供足够多的采样点，使算法性能很差并可能得不到可行解；当种群数目太大时，则会增加算法的运行时间，降低算法的运行效率。在这里需要说明的是，在 GA 优化过程中种群数目是允许变化的。

交叉概率用于控制交叉操作的频率，当交叉频率过大时，种群中的位串更新过快，从而会使高适应值的个体被过快破坏掉；当交叉频率过小时，导致很少发生交叉操作，从而容易使搜索停滞。

变异概率的大小直接影响着种群的多样性。在二进制编码的 GA 中，较小的变异率完全可以避免整个种群中任一位置的基因一直保持不变，但概率太小则不会产生新的个体，概率太大则使 GA 成为了随机搜索。

4. 算法操作

GA 作为模拟生物进化论的一种工程模型，它的主要价值不仅在于能够对优化问题给出一种有效的计算方法，而且遗传算法的结构中包含了大自然所赋予的一种哲理，在科学思想方法上给予人们以深刻的启迪。在 GA 中主要的遗传操作包括选择（Selection，或复制 Reproduction）、交叉（Crossover，或重组 Recombination）和变异（Mutation）3 种基本形式，它们构成了遗传算法具备强大搜索能力的核心，是模拟自然选择以及遗传过程中发生的繁殖、杂交和变异现象的主要载体。

选择（Selection）是遗传算法的关键，它模拟了生物进化过程中自然选择规律。选择是由某种方法从群体 A（t）中选取 N 个个体放入交配池，交配池是用于繁殖后代的双亲个体源。选择的根据是每个个体对应的优化问题目标函数转换成的适应度函数值的大小，适应度函数值大的被选中的机会就多，即越适合于生存环境的优良个体将有越多的繁殖后代的机会，从而使得优良特性得以遗传，体现了自然界中适者生存的道理。选择的作用效果能提高群体的平均适应度函数值，因为通过选择操作，低适应度函数值个体趋向于被淘汰，而高适应度函数值个体趋向于被复制，因而在选择操作中群体的这些改进具有代表性，但这是以损失群体的多样性为代价的。虽然选择操作能提高群体的平均适应度函数值，但它并没有产生新的个体，当然群体中最好个体的适应度函数值也不会改进。

下面介绍几种常用的选择方法：

（1）适应值比例选择。适应值比例选择是最基本的选则方法，其中每个个体被选择的期望数量与其适应值和群体平均适应值的比例有关，通常采用轮盘赌（roulette wheel）方式实现。这种方式首先计算每个个体的适应值，然后计算出此适应值在群体适应值总和中所占的比例，表示该个体在选择过程中被选中的概率。选择过程体现了生物进化过程中“适者生存，优胜劣汰”的思想，并且保证优良基因遗传给下一代个体。

对于给定的规模为 n 的群体 $P=\{a_1, a_2, \cdots, a_n\}$，个体 $a_j \in P$ 的适应值为 $f(a_j)$，其选择概率为：

$$p_s(a_j)=\frac{f(a_j)}{\sum_{i=1}^{n} f(a_i)} \qquad j=1,2,\cdots,n$$

该式决定后代种群中个体的概率分布。经过选择操作生成用于繁殖的交配池，其中父代种群中个体生存的期望数目为：

$$p(a_j)=n \cdot p_s(a_j) \qquad j=1, 2, \cdots, n$$

当群体中个体适应值的差异非常大时，最佳个体与最差个体被选择的概率之比（选择压力）也将按指数增长。最佳个体在下一代的生存机会将显著增加，而最差个体的生存机会将被剥夺。然而，这种方法亦会使当前群体中的最佳个体快速充满整个群体，导致群体的多样性迅速降低，GA 也就过早地丧失了进化能力，这是适应值比例选择容易出现的问题。

（2）Boltzmann 选择。在群体进化过程中，不同阶段需要不同的选择压力。早期阶段选择压力较小，我们希望较差的个体也有一定的生存机会，使得群体保持较高的多样性；后期阶段选择压力较大，我们希望 GA 缩小搜索邻域，加快当前最优解改善的速度。为了动态调整群体进化过程中的选择压力，Goldberg 设计了 Boltzmann 选择方法。个体选择概率为：

$$p_s(a_j)=\frac{e^{f(a_j)/T}}{\sum_{i=1}^{n} e^{f(a_j)/T}} \qquad j=1,2,\cdots,n$$

式中：$T>0$ 是退火温度。T 随着迭代的进行逐渐缩小，选择压力将随之升高。

Goldberg 通过一组试验分析，认为该选择方法显然好于适应值比例选择。T 是控制群体进化过程中选择压力的关键，一般 T 的选择需要考虑预计最大进化代数。

（3）排序选择。排序选择方式是将群体中个体按其适应值由大到小的顺序排成一个序列，然后将事先设计好的序列概率分配给每个个体。显然，排序选择与个体的适应值的绝对值无直接关系，仅仅与个体之间的适应值相对大小有关。排序选择不利用个体适应值绝对值的信息，可以避免群体进化过程的适应值标度变换。由于排序选择概率比较容易控制，所以在实际计算过程中经常采用，特别适用于动态调整选择概率，根据进化效果适时改变群体选择压力。

最常用的排序选择方法是采用线性函数将队列序号映射为期望的选择概率，即线性排序选择（linear ranking selection）。

对于给定的规模为 n 的群体 $P=\{a_1, a_2, \cdots, a_n\}$，并满足个体适应值降序排列 $f(a_1)\geqslant f(a_2)\geqslant\cdots\geqslant f(a_n)$。假设当前群体最佳个体 a_1 在选择操作后的期望数量为 η^+，即 $\eta^+=n\times p_1$；最差的个体 a_n 在选择操作后的期望数量为 η^-，即 $\eta^-=n\times p_n$。其他个体的期望数量按等差序列计算，$\Delta\eta=\eta_j-\eta_{j-1}=\frac{\eta^+-\eta^-}{n-1}$，则 $\eta_j=\eta^+-\Delta\eta(j-1)=\eta^+-$

$\frac{\eta^+-\eta^-}{n-1}(j-1)$，故线性排序的选择概率为：

$$p_s(a_j)=\frac{1}{n}\left[\eta^+-\frac{\eta^+-\eta^-}{n-1}(j-1)\right]\qquad j=1,2,\cdots,n$$

由 $\sum_{j=1}^{n}\eta_j=n$ 可以导出 $\eta^++\eta^-=2$。要求 $p_i\geqslant 0$，$\eta^-\geqslant 0$ 故 $1\leqslant\eta^+\leqslant 2$。当 $\eta^+=2$，$\eta^-=0$时，即最差个体在下一代生存的期望数量为 0，群体选择压力最大；当 $\eta^+=\eta^-=1$ 时，选择方式为按均匀分布的随机选择，群体选择压力最小。

除了上面介绍的几种方法外还有其他方法，如：联赛选择、精英选择和稳态选择等。

交叉（Crossover）操作主要用于产生新的个体，在解空间中进行有效搜索，同时降低对有效模式的破坏概率。二进制编码中，单点交叉随机确定一个交叉位置，然后对换相应的子串；多点交叉随机确定多个交叉位置，然后对换相应的子串。在组合优化中，交叉操作可分为次序交叉、循环交叉以及映射交叉等。

交叉操作一般分为以下几个步骤：

(1) 从交配池中随机取出要交配的一对个体。

(2) 根据位串长度 L，对要交配的一对个体，随机选取 $[1, L-1]$ 中一个或多个的整数 k 作为交叉位置。

(3) 根据交叉概率 p_c $(0<p_c\leqslant 1)$ 实施交叉操作，配对个体在交叉位置处，相互交换各自的部分内容，从而形成新的一对个体。

通常使用的交叉操作包括一点交叉、两点交叉、多点交叉以及一致交叉等形式。

1) 一点交叉（one-point crossover）。一点交叉是由 Holland 提出的最基础的一种交叉方式，如图 9-6 所示。对于从交配池中随机选择的两个串 $s_1=a_{11}a_{12}\cdots a_{1l_1}a_{1l_2}\cdots a_{1l}$，$s_2=a_{21}a_{22}\cdots a_{2l_1}a_{2l_2}\cdots a_{2l}$，随机选择一个交叉位 $x\in\{1,2,\cdots,L-1\}$，不妨设 $l_1\leqslant x\leqslant l_2$，对两个位串中该位置右侧部分的染色体位串进行交换，产生两个子位串个体为：

$$s'_1=a_{11}a_{12}\cdots a_{1l_1}a_{2l_2}\cdots a_{2l}$$

$$s'_2=a_{21}a_{22}\cdots a_{2l_1}a_{1l_2}\cdots a_{1l}$$

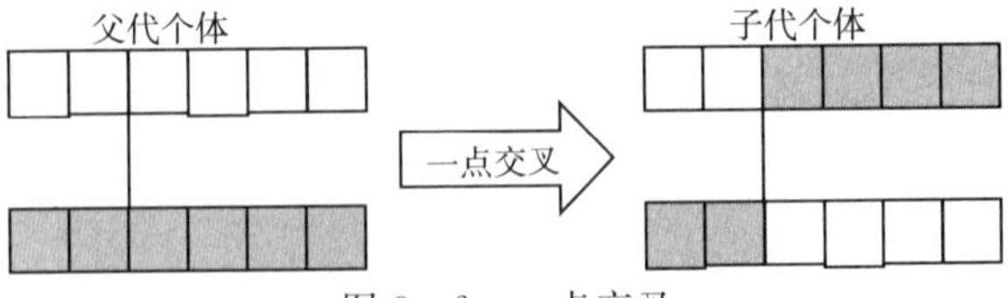

图 9-6　一点交叉

一点交叉操作的信息量比较小，交叉点位置的选择可能带来较大偏差（positional bias）。按照 Holland 的思想，一点交叉算子不利于长距模式的保留和重组，而且位串末尾的重要基因总是被交换（尾点效应，end-point effect），故实际应用中采用较多的是两点交叉（two-point crossover）。

2) 多点交叉（Multi-point crossover）。为了增加交叉的信息量，GA 发展了多点交叉的概念。对于选定的两个个体位串，随机选择多个交叉点，构成交叉点集合，如图 9-7 所示。

$$x_1, x_2, \cdots, x_k\in\{1,2,\cdots,L-1\},\qquad x_k\leqslant x_{k+1}\quad k=1,2,\cdots,K-1$$

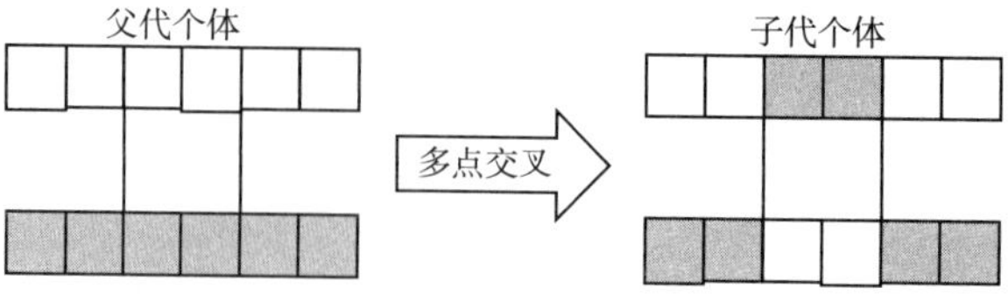

图 9-7　多点交叉

将 L 个基因位划分为 $K+1$ 个基因位集合：

$$Q_K=\{l_k,\ l_{k+1},\ \cdots,\ l_{k+1}-1\}\qquad k=1,\ 2,\ \cdots,\ K-1$$

算子形式为：

$$O(p_c,\ K):\ a'_{1i}=\begin{cases}a_{2i} & \text{若 } i\in Q_k,\ k \text{ 为偶数}\\ a_{1i} & \text{否则}\end{cases}$$

$$a'_{2i}=\begin{cases}a_{1i} & \text{若 } i\in Q_k,\ k \text{ 为偶数}\\ a_{2i} & \text{否则}\end{cases}$$

则生成的新个体为：

$$s'_1=a'_{11}a'_{12}\cdots a'_{1L}$$

$$s'_2=a'_{21}a'_{22}\cdots a'_{2L}$$

多点交叉算子的交叉点数和位置的选择有多种方法。对于实参数优化问题采用二进制编码，一般交叉点的数量不宜低于实参数的维数。Mitchell 建议每次交叉操作时，按泊松（Poisson）分布确定交叉点数：

$$p(x)=\frac{\lambda^x}{x!}e^{-\lambda},\ E(x)=D(x)=\lambda=g(L)>0$$

式中：x 为交叉点数，其均值 $E(x)$ 和方差 $D(x)$ 为位串长度的函数。

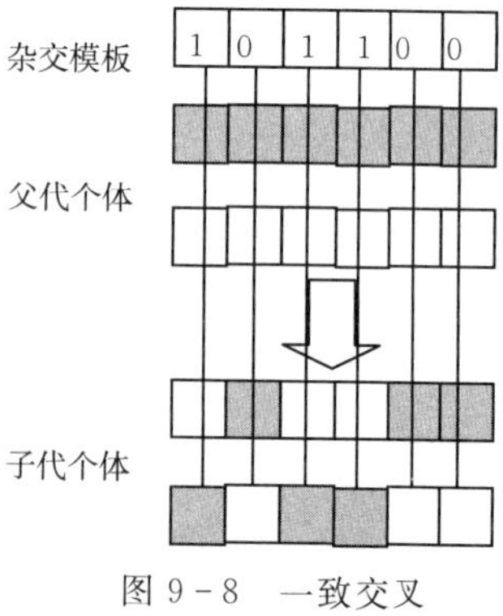

图 9-8　一致交叉

3）一致交叉（uniform crossover，又称均匀交叉）。一致交叉即染色体位串上的每一位在相同概率进行随机均匀交叉，如图 9-8 所示。一致交叉算子生成的新个体为：

$$s'_1=a'_{11}a'_{12}\cdots a'_{1L}$$

$$s'_2=a'_{21}a'_{22}\cdots a'_{2L}$$

操作描述如下：

$$O(p_c,\ x):\ a'_{1i}=\begin{cases}a_{2i} & x>1/2\\ a_{1i} & x\leqslant 1/2\end{cases}$$

$$a'_{2i}=\begin{cases}a_{2i} & x>1/2\\ a_{1i} & x\leqslant 1/2\end{cases}$$

式中：x 是取值为 [0，1] 上符合均匀分布的随机变量。

Spears 和 De Jong 认为一致交叉算子优于多点交叉算子，并提出了一种带偏置概率参数的一致交叉（$0.8\geqslant x\geqslant 0.5$），不存在多点交叉算子操作引起的位置偏差，任意基因位的重要基因在一致交叉作用下均可以重组，并遗传给下一子代个体。

从第 t 代群体的交配池中，任意选择两个个体进行交叉操作的一般形式表示为：

$$P''(t)=c[P'(t),\ p_c]$$

针对特定问题，还可以设计其他类型的交叉算子。而且，对于不同的编码方式，交叉算子也不同，比如 Messy GA 中的交叉算子、基于树形结构表示的染色体位串的交叉、TSP 问题中的部分匹配交叉（PMX）、顺序交叉（OK）和周期交叉（CX）等。

变异（Mutation）操作模拟自然界生物体进化中染色体上某位基因发生的突变现象，从而改变染色体的结构和物理性状。在遗传算法中主要用于避免算法的早熟收敛。当交叉操作产生的后代适应值不再进化且没有达到最优时，将采用变异操作来克服有效基因的缺损，增加种群的多样性。实数编码中通常采用扰动式变异，二进制或十进制编码中通常采用替换式变异。

变异算子通过按变异概率 p_m 随机反转某位等位基因的二进制字符值来实现变异操作。对于给定的染色体位串 $s_1=a_1a_2\cdots a_L$，具体如下：

$$O(p_m, x): a'_i=\begin{cases}1-a_i & 若\ x_i\leqslant p_m\\ a_i & 否则\end{cases}\qquad i\in\{1, 2, \cdots, L\}$$

生成新的个体 $s'_1=a'_1a'_2\cdots a'_L$。其中，x_i 是对应于每一个基因位产生的均匀随机变量，$x_i\in[0, 1]$，如图 9-9 所示。

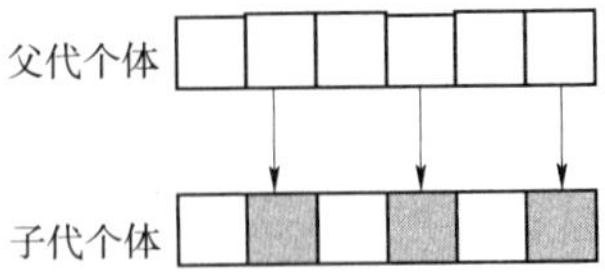

图 9-9　变异

变异操作作用于个体位串的等位基因上，由于变异概率比较小，在实施过程中一些个体可能根本不发生一次变异，造成大量计算资源的浪费。因此，在 GA 具体应用中，可以采用一种变通措施，首先判断个体层次的变异发生的概率，然后再实施基因层次上的变异操作。一般包括两个基本步骤：

（1）计算个体发生变异的概率。以原始的变异概率 p_m 为基础，可以计算出群体中个体发生变异的概率：

$$p_m(a_j)=1-(1-p_m)^L\qquad j=1, 2, \cdots, n$$

给定均匀随机变量 x [0, 1]，若 $x\leqslant p_m(a_j)$，则对该个体进行变异，否则表示不发生变异。

（2）计算发生变异的个体上基因变异的概率。由于变异操作方式发生了改变，被选择变异的个体上基因的变异概率也需要相应修改，以保证整个群体上基因发生变异的期望次数相等。传统变异方式下整个群体基因变异的期望次数为 $n\times L\times p_m$，设新的基因变异概率为 p'_m，新的变异方式下整个群体基因变异的期望次数为：$[n\times p_m(a_j)]\times(L\times p'_m)$。要求二者相等，即：

$$n\times L\times p_m=[n\times p_m(a_j)]\times(L\times p'_m)$$

可以导出：

$$p'_m=\frac{p_m}{p_m(a_j)}=\frac{p_m}{1-(1-p_m)^L}$$

$p'_m>p_m$，位串越短，p'_m 越比 p_m 大。当位串长度趋于无穷大时二者相等，即 $\lim\limits_{L\to\infty}p'_m=p_m$。

传统变异方式下的计算量为 $n\times L$，新的变异方式下的计算量 $n\times p_m(a_j)\times L$，计算量差异为 $n\times L\times[1-p_m(a_j)]$，显然新的变异方式比传统方式计算量降低了，且随着位串长度的增大而下降。但是，这种新变异方式也在一定程度上偏离了原来的变异基因位在全部群体个体基因位中的均匀分布的情况，当群体比较小时，可能会带来一定的变异误差。

5. 算法终止条件

根据GA以概率1收敛的极限性质，需要通过算法操作设计和参数选择来提高算法的收敛速度。在实际采用GA算法来求解某问题时，通常设定一定的算法终止条件来避免算法无停止的发展下去。最常用的终止条件为事先给定一个最大进化步数或给定一个适应值最大不改进进化步数。

应该清楚地看到，GA是在一种复杂的非线性智能计算模型，通过数学方法来预测其运算结果是很难达到的。为兼顾GA的优化效率及质量，在应用算法时许多环节通常是凭经验解决的，因而这方面还需要人们更深入的研究。

9.6.2 遗传算法的基本流程

标准的遗传算法主要步骤如下：

(1) 随机产生初始种群，评价每一个个体的适应值。

(2) 判断是否满足收敛准则，若满足则输出结果，否则继续执行算法以下步骤。

(3) 根据适应值大小执行复制操作。

(4) 根据已设交叉概率（L_c）执行交叉操作。

(5) 根据已设变异概率（L_m）执行变异操作。

(6) 返回步骤（2）。

算法流程图如图9-10所示。

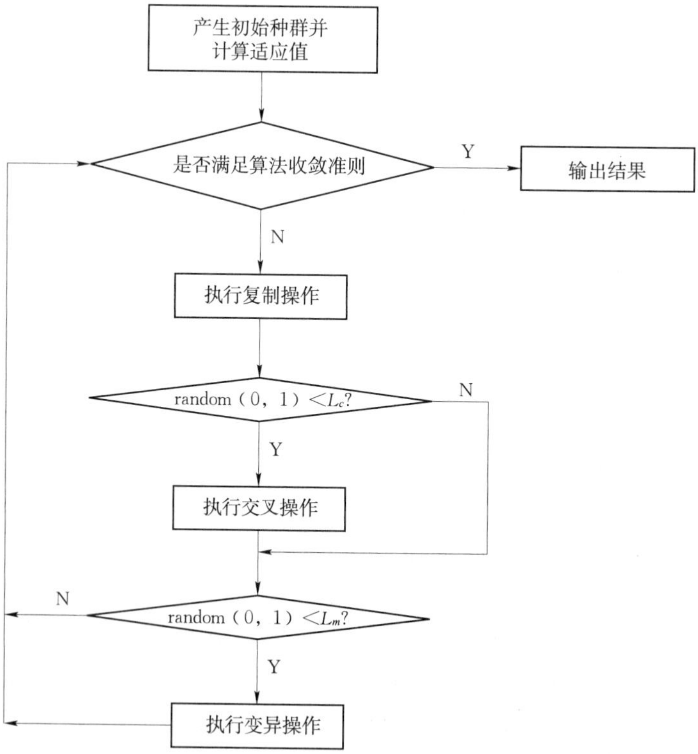

图9-10　标准遗传算法流程图

与传统优化算法相比，遗传算法采用生物进化和遗传的思想来实现优化过程，具有以下特点：

(1) GA 针对问题参数编码成染色体后进行操作，因而不受约束条件的限制，例如连续性、可导性等。

(2) GA 搜索过程不是从一个个体开始，而是从问题解的一个集合开始，具有隐含并行搜索特性，从而在很大程度上降低了陷入局部最优的可能性。

(3) GA 使用的操作均是随机操作，只依赖于个体的适应值信息。

(4) GA 具有全局搜索能力，可以有效求解非线性复杂问题。

9.6.3 遗传算法的改进

自从 Holland 出版了第一本系统论述遗传算法和人工自适应系统的专著《自然系统和人工系统的自适应性（Adaptation in Natural and Artificial Systems)》后，至今各国学者已对遗传算法进行了各方面的改进工作。从已有的工作中可以看出，大都在基因操作、种群的宏观操作以及算法结构上做进一步的改进，其主要思想是为了提高算法的效率并避免出现早熟收敛现象。

目前，除了如表 9 - 1 所示中针对交叉操作的改进外，常用的交叉算子还有置换交叉、启发式交叉以及算术交叉等。

表 9 - 1　　针对交叉操作的改进

年份	学者	对交叉操作的改进
1975	Dejong	单点交叉（one - point crossover）和多点交叉
1985	Smith	循环交叉（cycle crossover）
1989	Goldberg	部分匹配交叉（partially mapped crossover）
	Syswerda	双点交叉（two - point crossover）
1991	Starkweather	加强弧重组（enhanced edge recombination）
	Davis	序号交叉（order crossover）和均匀排序交叉（uniform order - based crossover）

针对复制操作，Dejong 于 1975 年设计了回放式随机采样复制，由于存在选择误差大的缺点，又设计了选择误差较小的无回放式随机采样复制。Brindle 于 1981 年又在前人对复制操作研究的基础上设计了确定式采样以及无回放式余数随机采样方法，进一步降低了选择误差。Back 在 1992 年针对求解线性问题提出了全局收敛的最优串复制策略和均匀排序策略。

针对变异操作，学者们主要研究了自适应变异以及多级变异等操作，同时针对基因操作也进行了进一步的改进。例如，设计了倒位操作用于增加有用基因块的紧密形式；优先策略用于将当前解集中的最好解直接移入下一代种群中以保证每代种群中都有当前最好解；显性遗传策略用于增加曾经适应值好而当前比较差的基因寿命，并在变异率比较低的情况下能保持一定的多样性；静态繁殖策略用部分优秀子串来代替部分父串并作为下一代种群，保留优秀的父串。除此之外，还有分离、异位、多倍体结构等基因操作。针对 GA

结构方面的改进如表 9-2 所示。

表 9-2　遗传算法结构的改进

年份	学者	算法结构改进点
1981	Grefenstette	设计多种并行结构，如同步主-仆方法、亚同步主-仆方法、分布式异步并发方法、网络方法
1989	Krishnakumar	提出 mGA 小群体方法
	Goldberg	提出基于对象设计 GA 并行结构思想
1991	Androulakis	提出扩展遗传搜索方法
	Muhlenbein	采用并行遗传算法求解高维多极小函数的全局最小解
1992	Schraudolph	提出参数动态编码策略
1994	Poths	提出基于变迁和人工选择的遗传算法

从 20 世纪 80 年代中期开始，针对遗传算法的研究达到了一个高潮，以遗传算法为主题的国际会议在世界各地定期召开。1985 年第一届国际遗传算法会议（International conference on genetic algorithms，简称 ICGA）在美国卡耐基梅隆大学召开，以后每两年召开一届，与遗传算法相关的会议还有很多。

9.6.4　遗传算法的实现

装箱问题（bin packing）为一类典型的组合优化问题，从计算复杂性理论来讲，装箱问题是一个 NP 完全问题，很难精确求解。本节以装箱问题为例介绍遗传算法的实现方案。

装箱问题可以定义如下：n 个物品 p_1，p_2，…，p_n 需要装箱，每个物品的体积为 $q(p_i)\in(0,1]$，其中 $i=1$，2，…，n。设每个箱子的容积为 1，如何装载 n 个物品所使用的箱子数量最少。

1. 编码

假设 l 个箱子的编号分别为 K_1，K_2，…，K_l，（$l<n$）。这里，多个物品可以装入同一个箱子，所以各个物品 p_i 所装入箱子的编号的顺序排列可以构成该问题的染色体编码，例如：$K_1K_4K_2\cdots K_3K_4K_2$ 表示一个装箱方案，其中第一个物品装 K_1 箱子，第 2 个和第 $n-1$ 个物品装 K_4 箱子，第 3 个和第 n 个物品装 K_2 箱子。初始种群可以由箱子编号的随机排列得到。

2. 目标函数以及适应度函数

设 m 为装载方案中使用箱子的数量，$K(p_i)$ 为物品 p_i 所装箱子号，则该装箱问题的目标函数如下：

$$\begin{aligned}f(x)&=m\times(m-\sum_{j-1}^{m}c_j)\\&=m\times\{m-\sum_{j-1}^{m}[\sum_{K(p_j)=K_j}q(p_j)-\beta\times\max(0,\sum_{K(p_j)=K_j}q(p_j)-1)]\}\end{aligned}$$

式中：c_j为K_j箱子所装物品体积和；β为箱子所装物品体积超出箱子容积的惩罚系数。

在该目标函数中，既考虑了所使用箱子数量最少，又考虑了每个箱子剩余容积尽可能的小。通过目标函数可以容易获得该问题的适应度函数，即：

$$F(x)=\begin{cases}M-f(x) & f(x)<M\\0 & f(x)\geqslant M\end{cases}$$

式中：M为一足够大正数以此保证适应度函数所获得的值为非负值。

3. 遗传算子

选用通用的一些遗传操作算子，如：选择算子采用比例选择算子；交叉算子采用单点交叉算子；变异算子采用编码字符集$V=\{K_1, K_2, \cdots, K_l\}$范围内的均匀随机变异。

上述求解装箱问题的简单遗传算法的缺点是：初始群体和进化过程中可能会产生一些无效染色体，这些无效染色体所表示的装箱方案中，某一箱子所装物品的体积之和超过箱子的规定容量，从而使得运算效率降低，也会导致得不到好的运算结果。一般可以通过与其他算法混合的方法来提高算法的运行效率和解的质量。

【例 9-1】 用遗传算法求解一元函数$f(x)=x\sin(10\pi\times x+2.0)$ $x\in[-1, 2]$的最大值，求解精度要求精确到6位小数。

对方程的解x进行编码，采用二进制编码形式。首先计算区间长度为$2-(-1)=3$，则可以将区间$[-1, 2]$分为3×10^6等份。由于$2^{21}<3\times10^6<2^{22}$，所以二进制编码的长度至少需要22位。二进制编码与区间内对应的实数之间的关系如下：

$$(b_{21}b_{20}\cdots b_0)_2=\left(\sum_{i=0}^{21}b_i\cdot2^i\right)=x' \tag{9-4}$$

$$x=-1.0+x'\frac{2-(-1)}{2^{22}-1} \tag{9-5}$$

由于是求函数的最大值，且函数在定义域内的函数值大于0，因此可以直接使用目标函数作为遗传算法的适应函数。遗传操作使用轮盘赌的方式选择子代个体。初始种群为80，最大迭代次数为100，交叉概率为0.3，变异概率为0.05。遗传算法的部分寻优过程如表9-3所示，在运行到第96代时找到了最优个体，其对应的解与微分方程计算的最优解相吻合。

表 9-3　遗传算法部分寻优过程及最优个体演变情况

迭代次数	个体的二进制编码	函数最大值（适应值）	x
1	1111001010100111101100	1.843614	3.806640
2	1111001010101111101100	1.843981	3.811107
6	1111001110010110001100	1.854532	3.835767
7	1111001101010111010100	1.851654	3.849155
11	1111001101000110100100	1.850887	3.850168
25	1111001101000110100100	1.850887	3.850168
36	1111001101000110100100	1.850887	3.850168

续表

迭代次数	个体的二进制编码	函数最大值（适应值）	x
52	1111001100111001001001	1.850273	3.850205
54	1111001100111101001001	1.850456	3.850266
91	1111001100111101110100	1.850486	3.850270
96	1111001100111111010000	1.850562	3.850274
100	1111001100111111010000	1.850562	3.850274

上述过程的 Matlab 实现的详细步骤如下：

（1）编写目标函数的 M 文件，并且将该文件保存为 afun. m。

```
function y=afun(x)
if x<=2 & x>=-1
y=-(x*sin(10*pi*x)+2.0);        %转化为最小化问题
else
y=0;
end
```

（2）利用遗传算法工具箱进行计算，在 matlab 命令窗输入：>>gatool

则遗传算法的 GUI 被打开，在 Fitness function 窗口输入@afun，在 Number of variables 窗口输入变量数目为 1，其他参数设定为默认值，单击“Start”按钮运行遗传算法，得到如图 9－11 所示的运行结果。

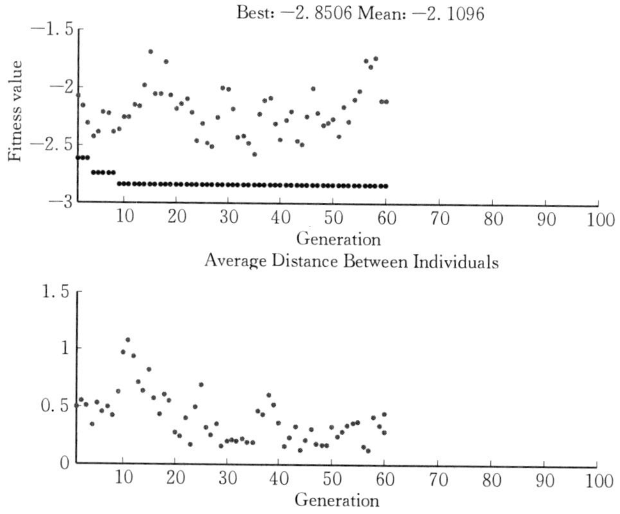

图 9－11　遗传算法的运行结果

适应度函数值为：－2.8505774685210494

超过最大迭代次数，优化过程终止

该函数的曲线如图 9－12 所示。

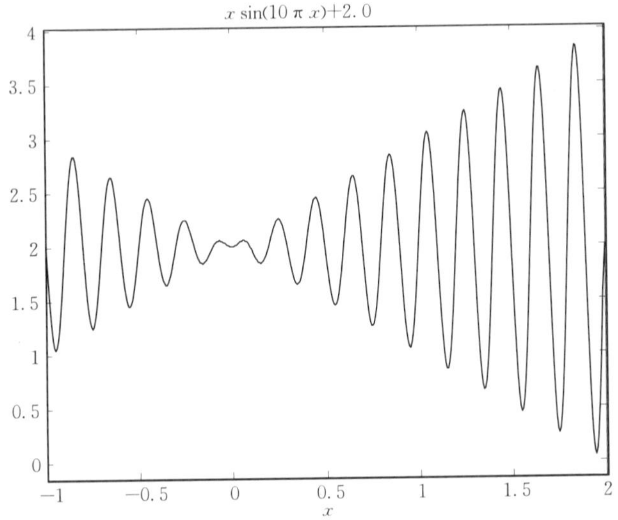

图 9-12 函数 $f(x)=x\sin(10\pi\cdot x+2.0)$，$x\in[-1, 2]$ 的图像

9.7 蚁 群 算 法

蚁群算法是受自然界中真实蚁群的集体觅食行为的启发而发展起来的一种基于群集智能的进化算法，属于随机搜索算法，它是由意大利学者 Dorigo 等人在 20 世纪 90 年代初首先提出来的。虽然蚂蚁本身的行为极其简单，但由这些简单个体所组成的蚁群却表现出极其复杂的行为特征。如蚁群除了能够找到蚁巢与食物源之间的最短路径外，还能适应环境的变化，即在蚁群运动的路线上突然出现障碍物时，蚂蚁能够很快地重新找到最短路径。

仿生学家经过大量的观察、研究发现，蚂蚁在寻找食物时，能在其经过的路径上释放一种蚂蚁特有的分泌物——外激素（Pheromone），使得一定范围内的其他蚂蚁能够感觉到这种物质，且倾向于朝着该物质强度高的方向移动。因此，蚁群的集体行为表现为一种信息正反馈现象：某条路径上经过的蚂蚁数越多，其上留下的外激素的痕迹也就越多，后来蚂蚁选择该路径的概率也越高，从而更增加了该路径上外激素的强度。蚁群这种选择路径的过程被称之为自催化行为（Autocatalytic behavior），由于其原理是一种正反馈机制，因此也可将蚁群的行为理解成所谓的增强型学习系统。

9.7.1 蚁群算法的研究现状

1991 年，意大利学者 M. Dorigo 等首次提出了蚁群算法求解 TSP 问题，实验表明蚁群算法具有较强的鲁棒性和发现较好解的能力，但也存在收敛速度慢、易出现停滞现象等。该算法的问世引起了学者们的普遍关注，并且针对算法的缺点提出了一些改进的蚁群算法（见表 9-4）。L. M. Gambardella，M. Dorigo 提出了 Ant-Q 算法，该算法用伪随机比例状态转移规则（Pseudo random proportional state transition rule）替换随机比例转移规则（Stochastic proportional choice rule），从而使 Ant-Q 算法在构造解的过程中能够更好的保持知识探索与知识利用之间的平衡。除此之外，该算法中还引用了局部信息素更新机制和全局信息素更新中的精英策略。Stutzle 和 Hoss 还提出了最大—最小蚂蚁系统（MAX－MIN Ant System），该算法的主要特点就是为信息素设置上下限来避免算法过早出现停滞现象。Bullnheimer 等提出了基于排序的蚂蚁系统（Rank－based Version of Ant System），该算法在完成一次迭代后，将蚂蚁所经路径的长度按从小到大的顺序排列，并根据路径长度赋予不同的权重，路径较短的权重加大。鉴于蚂蚁系统搜索效率低和质量差的缺点，O. Cordon 提出了最优—最差蚂蚁系统（Best－Worst Ant System），该算法的主要思想就是对最优解进行更大限度的增强，而对最差解进行削弱，使得属于最优路径边与属于最差路径边之间的信息素量差异进一步增大，从而使蚂蚁的搜索行为更集中于最优解的附近。

除了各种组合优化问题外，蚁群算法还在函数优化、系统辨识、机器人路径规划、数据挖掘和大规模集成电路的综合布线设计等领域取得了令人瞩目的成果。

9.7.2 基本蚁群算法的工作原理

蚁群算法是一种基于群体的、用于求解复杂优化问题的通用搜索技术。与真实蚂蚁的间接通信相类似，蚁群算法中一群简单的蚂蚁（主体）通过信息素（一种分布式的数字信息，与真实蚂蚁的外激素相对应）进行间接通信，并利用该信息和与问题相关的启发式信息逐步构造问题的解，如表 9－4 所示。

表 9－4　蚁群算法的发展及应用

研究问题	作者	算法改进	年份
车辆路径问题	Bullnheimer，Hartl&Strauss	AS－VRP	1999
	Gambadella，Taillard&Agazzi	HAS－VRP	1999
	Reimann，Stummer&Doerner	SBAS－VRP	2002
指派问题	Maniezzo，Colorni&Dorigo	AS－QAP	1994
	Gambardella，Taillard&Dorigo	HAS－QAP	1997
	Stutzle，Hoos	MMAS－QAP	1997
	Maniezzo，Colorni	AS－QAP	1999
	Maniezzo	ANTS－QAP	1999
	Stutzle，Hoos	MMAS－QAP	2000
旅行商问题	Dorigo，Maniezzo&Colorni	AS	1991
	Gambardella，Dorigo	ANT－Q	1995
	Dorigo，Gambardella	ACS－3opt	1997
	Stutzle，Hoos	MMAS	1997
调度问题	Colorni，Dorigo&Maniezzo	AS－JSP	1994
	Pfahringer	AS－OSP	1996
	Stutzle	AS－FSP	1997

所谓基本蚁群算法，指的是经典的 ACS（Ant Colony System）算法，它具有当前很多种类的蚁群算法最基本的共同特征，后来一系列的改进蚁群算法都以此为基础。

下面针对旅行商问题（TSP）来说明蚁群算法的工作原理。蚂蚁不断地选择新的节点到其路径中，直到其遍历了所有的节点并返回到初始点为止，我们则认为这只蚂蚁构造了一个解决方案。蚂蚁在移动时不是盲目的，它是根据转移规则，也就是每条可行的路径上残留的信息素和启发式信息（两点间的距离）来选择下一节点。这样，蚂蚁 k 在节点 i 选择节点 j 的转移概率如下：

$$p_{jk}(k)=\begin{cases}\dfrac{\tau_{ij}^{\alpha}\times\eta_{ij}^{\beta}}{\sum\limits_{h\in allowed_h}\tau_{ih}^{\alpha}\times\eta_{ih}^{\beta}} & j\in allowed_k\\ 0 & j\notin allowed_k\end{cases}$$

式中：τ_{ij} 为（i，j）边的信息素强度，反映蚁群在这条边上先验的经验，是蚁群在寻优过程中所积累的信息量；η_{ij} 为（i，j）边的能见度，它只考虑边上的本地信息，通常由一个与源问题相关的贪婪算法得到，它反映的是蚂蚁在运动过程中的启发信息，例如长度等；α 是信息启发式因子，它的大小反映了蚁群在路径搜索中随机性因素作用的强度，其值越大，蚂蚁选择以前走过的路径的可能性越大，搜索的随机性减弱，当 α 值过大就会使蚁群的搜索过早陷于局部最优；β 是能见度启发式因子，它的大小则反映了蚁群在路径搜索中确定性因素作用的强度，其值越大，蚂蚁在某个局部点上选择局部最短路径的可能性越大，虽然搜索的收敛速度得以加快，但蚁群在最优路径的搜索过程中随机性减弱，也易于陷入局部最优。

蚁群算法的全局寻优性能，首先要求蚁群的搜索过程必须有很强的随机性；而蚁群算法的快速收敛性能，又要求蚁群的搜索过程必须要有较高的确定性。两者对蚁群算法性能的影响和作用是相互配合、密切相关的。

为了对后续的搜索提供有效的信息，先前蚂蚁在其所经过的路径上留下的信息素痕迹必须能够反映其找到路径的优劣程度。当所有蚂蚁完成一次周游以后，各路径上的信息素根据下式更新。

$$\tau_{ij}^{new}=\rho\times\tau_{ij}+\sum_k\Delta\tau_{ij}^k$$

式中：$\tau_{ij}{}^k$ 表示蚂蚁 k 在本次循环中留在路径上的信息量；ρ 为信息素残留系数，且满足$0<\rho<1$。

在现实的蚁群系统中，较短路径上的信息素浓度更高；同样地，在蚁群算法中，越好的方案中的路径应获得越多的信息素增量，使其在后续的搜索中更具有吸引力。因此算法中采用何种策略更新信息素增量是非常重要的。M. Dorigo 给出 3 种不同的更新策略方法，即 ant－density、ant－quantity 和 ant－cycle。

（1）ant－density。

$$\Delta\tau_{ij}^k=\begin{cases}Q & \text{如果蚂蚁 } k \text{ 经过边（}i\text{，}j\text{）}\\ 0 & \text{否则}\end{cases}\tag{9-6}$$

（2）ant-quantity。

$$\Delta\tau_{ij}^{k}=\begin{cases}Q/f_{ij}^{k} & \text{如果蚂蚁 } k \text{ 经过边 } (i,\ j)\\ 0 & \text{否则}\end{cases} \tag{9-7}$$

（3）ant-cycle。

$$\Delta\tau_{ij}^{k}=\begin{cases}Q/f^{k} & \text{如果蚂蚁 } k \text{ 经过边 } (i,\ j)\\ 0 & \text{否则}\end{cases} \tag{9-8}$$

式中：Q 为一正的常数；f_{ij}^{k} 表示蚂蚁 k 经过边（i，j）的目标函数值；f^{k} 表示蚂蚁 k 经过整个路径的目标函数值。

以上 3 种模型的区别在于：前两种策略中蚂蚁每走一步都要更新残留的信息量，而不是等到所有的蚂蚁完成对所有的城市访问以后。最后一种模型利用的是蚁群的整体信息，即走完一个循环以后才进行残留信息量的全局调整。

由此可以得到基本蚁群算法的具体实现步骤如下：

（1）参数初始化。令时间 $t=0$，循环次数 $Iter=0$，最大循环次数 Max_Iter，将 m 只蚂蚁置于 n 个点上，每条边的信息量 τ_{ij} 为常数，且初始时刻 $\Delta\tau_{ij}=0$。

（2）循环次数 $Iter=Iter+1$。

（3）蚂蚁禁忌表索引号 $k=1$。

（4）蚂蚁数目 $k=k+1$。

（5）蚂蚁个体根据转移概率公式计算的概率选择元素 j，且满足 $j\in\{C-tabu_{k}\}$。

（6）更新禁忌表，蚂蚁移动到新点，并将该点放置到该蚂蚁禁忌表中。

（7）若集合中点未遍历完，转步骤（4），否则进行下一步。

（8）根据信息素更新公式更新每条边上的信息量。

（9）若 $Iter=Max\_Iter$，算法结束，否则清空禁忌表并转步骤（2）。

从中可以看出蚁群算法具有如下特征：

（1）系统性。作为系统元素的蚂蚁是相异的个体，算法每次循环它们都各自独立完成一次搜索过程体现了系统的多元性；蚂蚁之间通过信息素相互联系、传递经验进而指导搜索的行为体现了系统的相关性：而由多只蚂蚁组成的蚁群的搜索性能明显优于单只蚂蚁也反映了整体大于部分之和这一系统的整体性。

（2）分布式计算。多只蚂蚁在问题空间的多点同时独立地进行搜索，问题的求解不会因为部分个体的缺陷而受到影响，算法不仅具有了较强的全局搜索能力，也增强了可靠性。适合于单机调度问题复杂的结构图。

（3）自组织性。系统论中的自组织行为是指系统在获得时间的、空间的或者功能的结构过程中没有受到外界的特定干扰，其组织力或组织指令来自于系统内部。抽象来说，自组织就是在没有外界作用下使得系统熵增加的过程，也就是系统从无序到有序的进化过程。蚁群算法的寻优过程恰恰体现了这种自组织性，而自组织性也大大增强了算法的鲁棒性。

（4）正反馈。蚁群算法是通过信息素的不断更新来实现正反馈的，将反映当前局部最优解特性的参数作为增量来提高这些解的构成元素上的信息素浓度，使得更多的蚂蚁有机会选择这些元素去构建更好的解。便于利用问题的启发信息更快找到更优的解。

9.8 粒子群算法及应用

粒子群优化（Particle Swarm Optimization，简称 PSO）算法是由 Kennedy 和 Eberhart 于 1995 年提出的一种优化算法。PSO 算法的运行机理不是依靠个体的自然进化规律，而是对生物群体的社会行为进行模拟，它最早源于对鸟群觅食行为的研究。在生物群体中存在着个体与个体、个体与群体间的相互作用、相互影响的行为，这种行为体现的是一种存在于生物群体中的信息共享的机制。PSO 算法就是对这种社会行为的模拟，即利用信息共享机制，使得个体间可以相互借鉴经验，从而促进整个群体的发展。

PSO 算法和遗传算法（Genetic Algorithm，简称 GA）类似，也是一种基于迭代的优化工具，系统初始化为一组随机解，通过某种方式迭代寻找最优解。但 PSO 没有 GA 的“选择”、“交叉”、“变异”算子，编码方式也较 GA 简单。由于 PSO 算法容易理解、易于实现，所以 PSO 算法发展很快。在函数优化、系统控制、神经网络训练等领域得到广泛应用。目前已被“国际进化计算会议”（IEEE International Conferences on Evolutionary Computation，简称 CEC）列为一个讨论的专题。

9.8.1 基本粒子群优化算法

自从粒子群优化算法被提出以来，它就被多次改进和应用。大多数对基本 PSO 的改进都致力于提高它的收敛性能以及提升种群的多样性。因此在本节当中将首先介绍基本粒子群优化算法。

1. 算法原理

粒子群优化算法兼有进化计算和群智能的特点。起初 Kennedy 和 Eberhart 只是设想模拟鸟群觅食的过程，但后来发现 PSO 是一种很好的优化工具。与其他进化算法相类似，PSO 算法也是通过个体间的协作与竞争，实现复杂空间中最优解的搜索。PSO 先生成初始种群，即在可行解空间中随机初始化一群粒子，每个粒子都为优化问题的一个解，并由目标函数为之确定一个适应值（fitness value）。每个粒子将在解空间中运动，并由一个速度决定其方向和距离。通常粒子将追随当前的最优粒子而动，并经逐代搜索最后得到最优解。在每一代中，粒子将跟踪两个极值，一为粒子本身迄今找到的最优解 *pbest*，另一为全种群迄今找到的最优解 *gbest*。

数学描述为：设在一个 n 维的搜索空间中，由 m 个粒子组成的种群 $X=\{X_1, \cdots, X_i, \cdots, X_m\}$，其中第 i 个粒子位置为 $x_i=(x_{i1}, x_{i2}, \cdots, x_{in})^{\mathrm{T}}$，其速度为 $v_i=(v_{i1}, v_{i2}, \cdots, v_{in})^{\mathrm{T}}$。它的个体极值为 $P_i=(p_{i1}, p_{i2}, \cdots, p_{in})$，种群的全局极值为 $P_q=(p_{q1}, p_{q2}, \cdots, p_{qn})$。按追随当前最优粒子的原理，粒子 x_i 将按式（9－9）和式（9－10）改变速度和位置。

$$v_{id}^{k+1}=v_{id}^{k}+c_1r_1^k(p_{id}-x_{id}^k)+c_2r_2^k(p_{gd}-x_{gd}^k) \tag{9-9}$$

$$x_{id}^{k+1}=x_{id}^{k}+v_{id}^{k+1} \tag{9-10}$$

式中：$d=1, 2, \cdots, n$；$i=1, 2, \cdots, m$，m 为种群规模；k 为当前进化代数；r_1 和 r_2 为分布于 $[0, 1]$ 之间的随机数，这两个参数用来保持群体的多样性；c_1 和 c_2 为

加速常数（acceleration constants），也称学习因子，通过它们使粒子具有自我总结和向群体中优秀个体学习的能力，从而向自己的历史最优点以及群体内历史最优点靠近。

这两个参数对粒子群算法的收敛起的作用不是很大，但如果适当调整这两个参数，可以减少局部最小值的困扰，当然也会使收敛速度变快。此外，为使粒子速度不致过大，可设定速度上限 V_{max}，即当式（9-9）$v_{id}>V_{max}$ 时，取 $v_{id}>V_{max}$；当 $v_{id}<-V_{max}$ 时，$v_{id}=-V_{max}$；式（9-9）的第1部分为粒子当前速度；第2部分为“认知（cognition）”部分，表示粒子自身的思考；第3部分为“社会（social）”部分，表示粒子间的信息共享与相互合作。式（9-9）描述了粒子根据它上一次迭代的速度、它当前位置和自身最好经验与群体最好经验之间的距离来更新速度，然后粒子根据式（9-10）飞向新的位置。

2. 算法流程

粒子群算法的主要流程步骤如下：

（1）初始化。设定加速常数 c_1 和 c_2，阈值 ε，最大进化代数 K_{max}，将当前进化代数置为 $k=1$，在定义空间 R^n 中随机产生 m 个粒子 x_1，x_2，…，x_m，组成初始种群 $X(t)$；随机产生各粒子的初始速度 $v_i^0=(v_{i1}, v_{i2}, \cdots, v_{in})$。

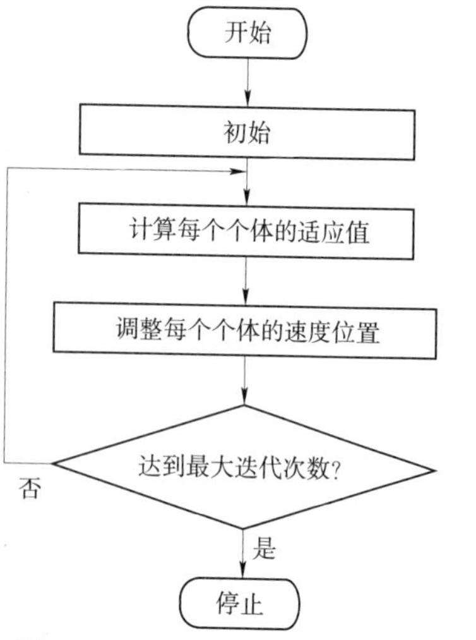

图9-13 粒子群算法流程图（简化）

（2）评价种群 $X(t)$。计算每个粒子在每一维空间的适应值。

（3）比较粒子的适应值和自身最优值 *pbest*。如果当前值比 *pbest* 更优，则置 *pbest* 为当前值，并设 *pbest* 位置为 n 维空间中的当前位置。

（4）比较粒子适应值与种群最优值。如果当前值比 *gbest* 更优，则置 *gbest* 为当前粒子的矩阵下标和适应值。

（5）按式（9-9）和式（9-10）更新粒子的位移方向和步长，产生新种群 $X(t+1)$。

（6）检查结束条件，若满足，则结束寻优；否则，$t=t+1$，转至步骤（2）。结束条件为寻优达到最大进化代数 K_{max}，或评价值小于给定精度 ε。

粒子群算法流程图如图9-13所示。

3. 基本粒子群优化的参数

基本粒子群优化受它的一些参数影响，包括问题的维数、粒子的个数、加速度系数、惯性权重、邻域大小和迭代次数等。下面讨论这些参数在算法中的作用。

（1）种群大小。种群大小 m，即群中粒子的个数：当一个均匀初始化方案被应用到种群的初始化操作的时候，粒子个数越多，种群的初始化多样性越好。大数量粒子的种群可在每一次迭代中搜索更大的区域，然而这也同时增大了算法的计算量以及降低了并行随机搜索的性能。相对于较少粒子数的种群，大数量的种群可以在更少的迭代次数中找到问题的解。经研究表明，PSO可以用10～30个粒子的种群来找到最优化问题的解。虽然有上述经验性的结论，如何确定粒子的个数仍然依赖于具体要解决的问题。搜索一个光滑的空间中的最优值比在粗糙的空间需要更少的粒子数。

(2) 邻域大小。邻域大小定义了种群中的社会影响力，邻域越小，交流越少。较大的邻域收敛较慢，不过它的收敛更能可靠的找到最优解，同时它也不容易陷入局部极小值。更好地利用邻域大小的方法是在开始时设定较小的邻域，然后随着迭代次数的增加逐渐增大。这种方法既保证了种群多样性，同时也有更快的收敛速度。

(3) 迭代次数。得到一个好的解所需要的迭代次数也是依赖于具体问题的。太小的迭代次数可能使得算法早熟，而太大的迭代次数会增加很多不必要的计算负担（假设一定的迭代次数作为唯一的停止准则）。

(4) 加速度系数。常数 c_1 和 c_2 也叫做信任度参数，分别表示粒子对自身和对其邻居的信任程度。当 $c_1=c_2=0$ 时，粒子将会在其现有速度的方向上持续移动，直到撞到搜索边界为止（假设没有惯性）。假如 $c_1>0$ 且 $c_2=0$，所有粒子就是独立的爬山者。每个粒子都在其邻域内寻找新的更好的最优位置以替代当前的最优位置，粒子进行的是局部搜索。反之，如果 $c_1=0$ 且 $c_2>0$，整个种群都被一个点所吸引，粒子变成一个随机爬山者。

(5) 最大速度。一般来说，V_{max}的选择不应超过粒子的宽度范围，如果 V_{max} 太大，粒子可能飞过最优解的位置；如果太小，可能降低粒子的全局收索能力。

(6) 终止条件。粒子群算法的终止条件根据所求解的具体问题可以选择设定最大迭代数或满足最小误差要求。

4. 带惯性权重的粒子群算法

为了更好地控制算法的探测（exploration）开发（exploitation）能力，Shi 和 Eberhart 在 1998 年的 IEEE 国际进化计算学术会议上发表了题为“A Modified Particle Swarm Optimizer”的论文，在基本粒子群优化算法的速度更新公式（9－9）中引入了惯性权重 w，将式（9－9）改变为：

$$v_{id}^{k+1}=wv_{id}^{k}+c_1r_1^k\ (p_{id}-x_{id}^k)\ =c_2r_2^k\ (p_{gd}-x_{id}^k) \tag{9-11}$$

惯性权重 w 的引入使得 PSO 算法的性能得到了很大提高，也使 PSO 算法应用到了很多实际问题中。在该算法中惯性权重 w 起着权衡 PSO 的全局寻优能力与局部寻优能力的作用，w 值较大，全局寻优能力强，局部寻优能力弱，反之，则局部寻优能力增强，而全局寻优能力减弱。如图 9－14 所示表明粒子如何调整它的位置，图中 v_{pbest} 为基于 $pbest$ 的速度；v_{gbest} 为基于 $gbest$ 的速度。

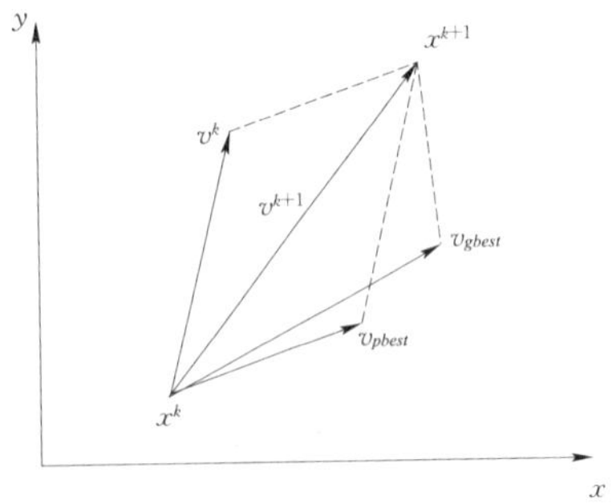

图 9－14　粒子调整位置示意图

刚开始惯性权重为常数，但后来的实验发现，动态惯性权值能够获得比固定值更为好的寻优结果。动态惯性权值可以在 PSO 搜索过程中线性变化，亦可根据 PSO 性能的某个测度而动态改变，比如模糊规则系统等。目前，采用较多的惯性权值是 Shi 建议的线性递减权值（linearly decreasing weight，简称 LDW）策略，将惯性权重设为一个随时间线性减少的函数，惯性权重的函数形式通常为：

$$w^k=w_{ini}=\frac{w_{end}-w_{ini}}{K_{max}}\times\ (K_{max}-k)$$

式中：w_{ini} 为初始惯性权值；w_{end} 为最终惯性权值；$K_{\max}$ 为最大迭代次数；k 为当前迭代次数。

这个函数使得粒子群算法在刚开始的时候倾向于开发，然后逐渐转向于探测，从而在局部区域调整解。典型取值 $w_{ini}=0.7$，$w_{end}=0.4$。如果 $w=0$，则粒子速度只取决于它当前位置 *pbest* 和 *gbest*，速度本身没有记忆。假设一个粒子位于全局最好位置，它将保持静止。而其他粒子则飞向它本身最好位置 *pbest* 和 *gbest* 的加权中心。这种条件下，粒子群将收缩到当前全局最好位置，更像一个局部算法。如果 $w>0$，则粒子有扩展搜索空间的趋势，从而针对不同搜索问题，可调整算法全局和局部搜索能力。

5. 带收缩因子的粒子群算法

Clerc 建议采用收缩因子（constriction factor）来保证粒子群算法收敛，这也是另一个版本的标准算法。收缩因子 χ 是关于参数 c_1 和 c_2 的函数，一个简单的带收缩因子的粒子群算法定义为：

$$v_{id}^{k+1}=\chi\left[v_{id}^{k}+c_1r_1\left(p_{id}^{k}-x_{id}^{k}\right)+c_2r_2\left(p_{gd}^{k}-x_{id}^{k}\right)\right]$$

$$\chi=\frac{2k}{\left|2-\varphi-\sqrt{\varphi-4\varphi}\right|},\quad \varphi=c_1+c_2,\quad \varphi>4 \tag{9-12}$$

在使用 Clerc 的收缩因子方法时，通常取 φ 为 4.1，从而收缩因子 χ 等于 0.729。这相当于在速度更新公式中，使前一次速度乘 0.729，并在其他两项中乘以 $0.729\times2.05=1.49445$（还需乘以 0～1 之间的随机数）。对于 Clerc 设计的收缩因子法，不再需要设置最大速度限制，但是，后来研究发现设定最大速度限制（$V_{\max}=x_{\max}$）可以提高算法的性能。

式（9-12）中的参数 K 控制着种群的开掘和开拓能力。对于 $K\approx1$ 时，局部的开发能力导致快速收敛，种群的行为类似于爬山法。反之，当 $K\approx0$ 时将导致大量的探索行为，致使收敛很慢。通常 K 被赋予一个固定值，但是更好的选择可以使初始时期赋予一个较大的值以利于种群的探索，而在后期逐步降低至一个较小的值以集中于开发。例如初始化 $K\approx1$ 逐步降低至零。

收缩因子法和惯性权重法同样有效，从数学上分析二者是等价的。两种方法都是以平衡开掘—开拓的矛盾为目标，并以此改进算法，获得更快的收敛速度和更精确的解。较小的 w 和 χ 值加强了开发而抑制开掘，反之则增强开掘性，但提高了获得精确解的难度。

9.8.2 粒子群优化算法的拓扑结构

种群的拓扑结构对 PSO 算法性能有很大的影响。邻域结构的首要目的是通过阻止信息在网络中的流动来保持种群多样性，它可控制算法的开掘和开拓能力。每个粒子的行为受其局部邻域影响，这个局部邻域可视为种群拓扑结构中的单个区域，故拓扑结构通过定义粒子的邻域来影响低级搜索。同时，通过定义不同的局部邻域之间的关系来影响高级搜索。PSO 中，在同一邻域内的粒子通过交换自己的成功经验信息来相互交流，所有粒子都会或多或少的朝着它认为更好的位置移动，所以 PSO 的性能非常依赖于拓扑网络的结构。

对于一个高度连接的拓扑网络来说，多数的个体都可以相互交流，导致已发现的最优信息可以快速地传遍网络。从最优化的角度来看，意味着这种网络比连接较少的网络能更快的收敛于一个解，但是高度连接的网络结构快速收敛的代价则是容易陷入局部最优值，这主要是因为高度连接的网络中粒子对于搜索空间的覆盖程度不如较少连接的网络结构。对于稀疏连接的网络来说，如果在一个领域中存在大量聚类，也会导致粒子对于搜索空间覆盖度的不足，从而不能有效地找到最优解，因为在一个非常紧的邻域内的每个聚类都只能覆盖搜索空间中的一个小部分。

目前研究较多的拓扑结构主要有：

(1) 星形（Star）：亦称全局（*gbest*），如图 9-15（a）所示，其中所有粒子都相互连接，并可以互相交流，即整个种群都为个体的邻居。使用这种结构的 PSO 其收敛速度比具有其他网络结构的 PSO 更快，但也更容易陷入局部最优，所以这种星形结构更适合求解单峰问题。

(2) 环形（Ring）：亦称局部（*lbest*），如图 9-15（b）所示，其中每个粒子只与直接邻居进行交流，即种群列队的相邻成员组成邻居。每个粒子系效法相邻粒子中最好的粒子，并向这个粒子靠近。环形结构的重要特点就是相邻粒子相互重叠，这将有利于相邻粒子之间的信息交流并最终使粒子收敛到一个唯一的解。但是这种结构由于信息在整个环形网络中的传递速度较慢，算法的收敛速度会比较慢，但是相对于星形结构，粒子可以覆盖更大部分的搜索空间。因此这种环形拓扑结构比星形拓扑结构更适合使用在解决多模型问题中。

(3) 轮式（Wheel）：如图 9-15（c）所示，这种结构中的相邻粒子之间都是相互孤立的，其中有一个粒子为焦点粒子，所有信息的传递都要经过它来完成。焦点粒子对所有粒子的性能做出比较，然后朝着它最好的邻居移动。如果焦点粒子的新位置导致了更好的性能，则这个改进信息将会传递给相邻的所有粒子。轮式拓扑结构降低了更好解在种群的信息传递速度。

(4) 金字塔（Pyramid）：如图 9-15（d）所示，它形成了一个三维轮廓，是由三维线骨架组成的三角连接。

(5) 四类（Four Clusters）：如图 9-15（e）所示，结构中存在 4 个聚类，聚类内部相互完全连接且连接较少，聚类之内的每个粒子都有 5 个邻居。

(6) 冯·诺依曼（Von Nermann）：如图 9-15（f）所示，所有粒子形成一个四方网格，顶点相连形成环面。冯·诺依曼拓扑结构被应用在很多经验学习问题中，并展现了更好的性能。

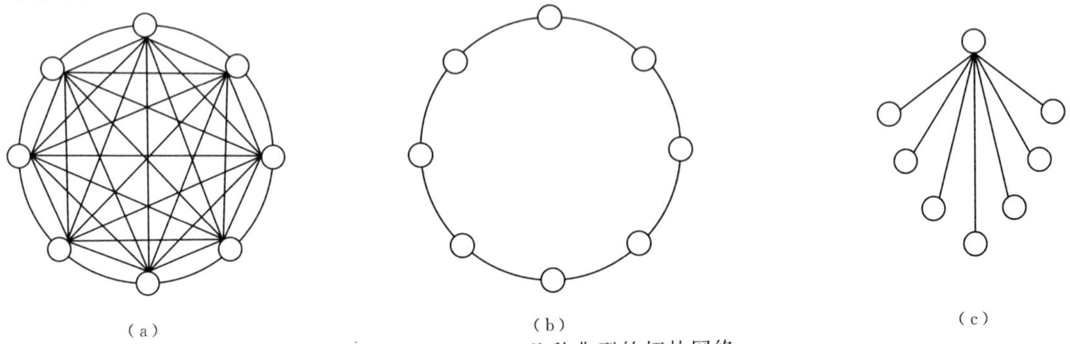

图 9-15（一） 几种典型的拓扑网络

(a) 星形；(b) 环形；(c) 轮式

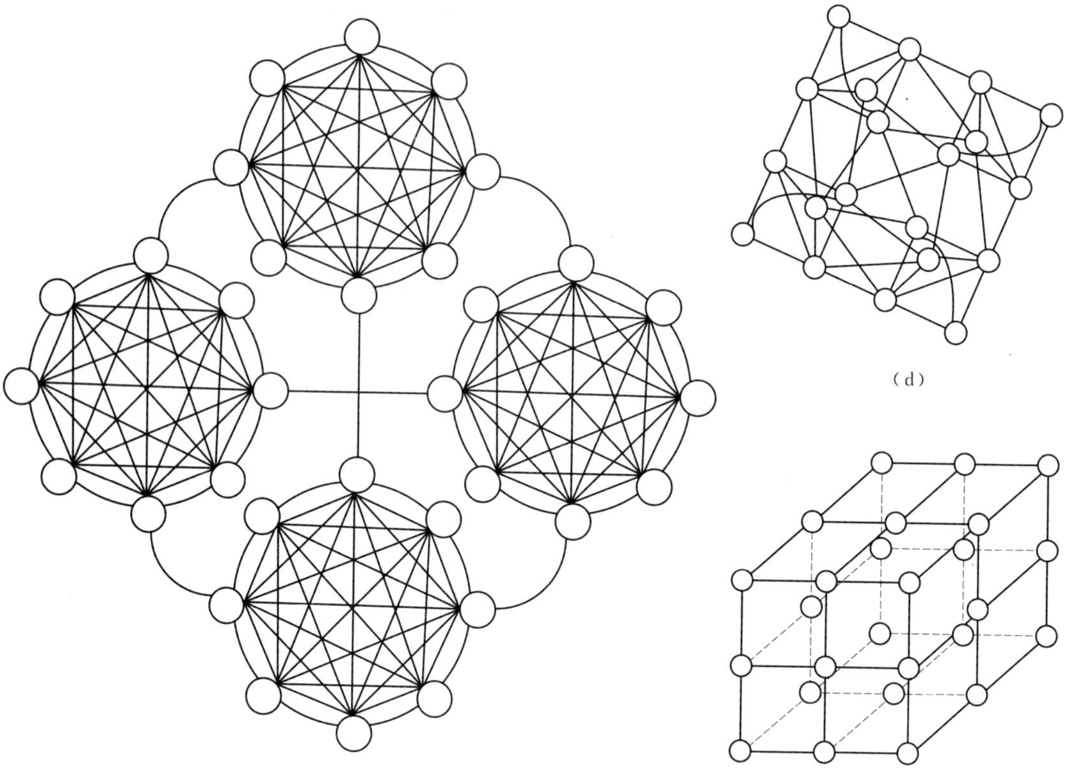

图 9-15（二）　几种典型的拓扑网络

（d）金字塔；（e）四类；（f）冯·诺依曼

尽管人们研究和使用了多种拓扑结构，但是每种结构都有自己的适用范围，没有一种结构能在解决所有的问题上都有最好的表现。在解决具体问题的时候，要根据问题的特征来选择适合的拓扑结构。

9.9　鱼群算法简介

人工鱼群优化算法（Artificial Fish School Algorithm，简称 AFSA）是受鱼群行为的启发，新近提出的一种智能优化算法。该算法具有良好的克服局部极值，取得全局极值的能力，而且该算法具有一些遗传算法和粒子群算法不具备的特点，如使用灵活，收敛速度快。

鱼群算法主要是利用了鱼的觅食，聚群和追尾行为，从构造单条鱼的底层行为做起，通过鱼群中各个体的局部寻优，从而达到全局寻优的目的。

设向量 $X_i=(x_1, x_2, \cdots, x_n)$ 表示人工鱼当前的状态；目标函数值 $Y=f(X)$ 表示人工鱼当前状态的食物浓度；$d_{ij}=\text{Distance}(X_i, X_j)$ 表示人工鱼 X_i 和人工鱼 X_j 之间的距离；Visual 和 δ 分别表示人工鱼的视野范围和拥挤度因子，trynumber 表示人工鱼每次觅食时最大的试探次数。算法描述如下：

（1）觅食行为（prey）。设人工鱼当前状态为 X_i，在其视野范围内（即 $d_{ij} \leqslant \text{Visual}$）随机选择一个状态 X_j，如果 $Y_j > Y_i$，则向该方向前进一步；反之，再重新选择状态 X_j，判断是否满足前进条件；反复 trynumber 后，如果仍不满足前进条件，则随机移动一步。

（2）聚群行为（swarm）。设人工鱼当前状态为 X_i，探索其视野范围内（即 $d_{ij} \leqslant \text{Visual}$）伙伴的数目 nf，如果 $nf \neq 0$，按式（9-13）探索可感知的伙伴的中心位置 X_c：

$$X_c = \text{Center}(X_1, X_2, \cdots, X_M) = \text{Most}(x_i^1, x_i^2, \cdots, x_i^m) \tag{9-13}$$

式中：Most 算子表示取可感知的伙伴中多数共有的位置元素。

计算该中心位置的食物浓度 Y_c，如果 $Y_c/nf > \delta Y_i$，表明伙伴中心的附近有较多的食物并且不太拥挤，则执行式（9-14），否则执行觅食行为。如果 $nf=0$，也执行觅食行为。

$$X_i = X_c \tag{9-14}$$

（3）追尾行为（follow）。设人工鱼当前状态为 X_i，探索其视野范围内（即 $d_{ij} \leqslant \text{Visual}$）伙伴的数目 nf，如果 $nf \neq 0$，则探索当前可感知的伙伴中状态最优的伙伴 $X_{\max}$。如果 $Y_{\max}/nf > \delta Y_i$，表明伙伴 $X_{\max}$ 的附近有较多的食物并且不太拥挤，则执行式（9-15），否则执行觅食行为。如果 $nf=0$，也执行觅食行为。

$$X_i = X_{\max} \tag{9-15}$$

（4）行为的选择。根据所要解决问题的性质，对人工鱼当前所处的环境进行评价，从而选择一种合适的行为。可以按照进步最快的原则或者进步即可的原则进行选择，如先执行追尾行为，如果没有进步再执行觅食行为，如果还没有进步则执行聚群行为，如果依然没有进步就执行随机选择的行为。这里显示了鱼群算法的灵活性。

从上面的介绍可以看出，鱼群算法的觅食行为类似遗传算法中的变异操作，聚群和追尾行为类似遗传算法中的选择操作，其中聚群行为也有潜在的变异操作。

9.10 混合优化计算方法简介

前述各种优化算法都按照各自的机制实现优化问题的求解。由于所用机制不同，不同的优化算法具有不同的寻优策略。为了进一步提高算法的寻优性能，人们经常将两种或两种以上的优化思想结合起来使用，从而产生混合优化策略。例如第 7 章中的暂态混沌神经网络就可看作是 Hopfield 网络的梯度寻优与混沌优化以及退火思想相结合得到的混沌优化算法。各种算法结合的方式多种多样，只要算法思想结合得恰当、有机，通常都可使所得到的混合优化算法同时兼有多种优化算法的优点，从而对寻优性能起到较大的改善。下面介绍两种简单的混合优化算法的思想。

1. 混沌蚁群优化算法

针对函数优化问题，将搜索空间分成若干个子区域。利用混沌序列产生若干个测试点遍历在整个搜索空间，作为初始蚁群位置，初始蚁群根据各区域内的局部最优值确定各区域的初始信息素，然后利用混沌系统产生大量测试点作为工作蚁群，工作蚁群根据不同区域内的信息素的含量，随机地选择不同的区域进行混沌搜索，根据搜索到的各区域内的新的局部最优值，不断更新各区域内的信息素含量，信息素含量越大的区域，混沌搜索的概率越大，也就越容易寻得更优解，从而信息素的含量就会进一步提高，这正是蚁群算法信息素正反馈的思想。将这种思想与混沌搜索相结合，最后利用工作蚁群不断地混沌搜索找到寻优函数的全局最优解。

2. 蚁群鱼群混合优化算法

蚁群算法和鱼群算法都属于种群优化算法。它们的共同特点是，对于单个个体而言（蚂蚁或人工鱼）不存在智能行为，只是遵循某种规律而运动。但当个体数量达到一定程度时，整个种群将会表现出某种智能行为。蚁群算法是利用信息素正反馈的原理寻得最优路径。人工鱼则按照“进步最快的原则”或者“进步即可的原则”从觅食、聚群和追尾3种行为选择一个合适的行为，最终实现寻优。

在两种算法中，由于个体运动的目的不同，因此个体运动的规律也有所区别。蚂蚁寻找食物的目的是要将食物运回巢穴，因此即使某路径上蚂蚁数量很多，但如该路径上食物丰富，则其他蚂蚁也要集结到该路径上来尽快将食物运回巢。因此蚂蚁的运动方向不应受拥挤度的限制。而鱼寻找到食物后即吃掉食物，如果该处食物虽多，但鱼的数量也很多，则人工鱼到达该处后，食物可能也已经被其他个体吃光了，所以拥挤度在决定个体运动方向时起着关键的作用。

由此可见，拥挤度是否在优化过程中起作用是这两种算法的核心区别。也就是说，鱼群算法相当于在蚁群算法中引入了拥挤度的概念，并且拥挤度在算法的寻优过程中始终起作用。拥挤度的引入，在算法的初期，可以避免算法的个体过早地集结到信息素高的路径上来，从而可避免算法出现早熟的现象，提高算法的全局寻优能力。但在算法后期，拥挤度将会对算法的收敛性以及收敛速度造成影响，例如，人工鱼最终不能够全部集结到最优值周围。也就是说，拥挤度在寻优初期可改善算法的寻优性能，在寻优后期则对寻优性能产生一定的负面影响。

这样，针对组合优化问题，可结合鱼群算法和蚁群算法二者的优点，提出一种新的混合优化算法。在蚁群算法的初期，引入鱼群算法拥挤度的概念，限制蚁群算法过早收敛，防止早熟现象的出现，从而增强算法遍历寻优能力。随着迭代次数的增加，逐渐衰减拥挤度的作用，最后算法演变为传统的蚁群算法，路径选择的概率与拥挤度无关，完全由信息素的浓度以及启发信息来决定。蚂蚁更容易选择信息素浓度高且距离短的路径。从而保证算法能够快速的收敛到最优解上。

目前，各种高效的寻优算法不断涌现出来，而当一种新的优化算法提出之后，很快就会出现各种改进算法（或混合优化算法）。这些改进算法的提出对原始算法的理论完善和实际应用都起着积极的促进作用，为智能优化计算的发展提供了源源不断的动力。

参 考 文 献

[1] 廖晓昕．动力系统的稳定性理论和应用．北京：国防工业出版社，2000.

[2] 曾光奇，胡均安，王东，等．模糊控制理论与应用 [M]．武汉：华中科技大学出版社，2000.

[3] 汤兵勇．模糊模型的辨识及应用 [M]．北京：中国环境科学出版社，1994.

[4] 李士勇．模糊控制·神经控制和智能控制论 [M]．哈尔滨：哈尔滨工业大学出版社，1998.

[5] 蔡自兴．智能控制基础与应用 [M]．北京：国防工业出版社，1998.

[6] 诸静．模糊控制理论与系统原理 [M]．北京：机械工业出版社，2005.

[7] 汤兵勇，路林吉，王文杰．模糊控制理论与应用技术 [M]．北京：清华大学出版社，2002.

[8] Kaneko K. Clustering，coding，switching，hierarchical ordering and control in a network of chaotic elements [J]. Physics D，1990，41：137－172.

[9] 诸静．模糊控制原理与应用 [M]．北京：机械工业出版社，2001.

[10] 王耀南．智能控制理论及应用 [M]．北京：机械工业出版社，2008.

[11] 师黎．智能控制理论及应用 [M]．北京：清华大学出版社，2009.

[12] 王凌，郑大钟．一种基于混沌退火策略的混沌神经网络优化算法 [J]．控制理论与应用，2000，17（1）：139－142.

[13] Kaneko K. Clustering，coding，switching，hierarchical ordering and control in a network of chaotic elements [J]. Physics D，1990，41：137－172.

[14] Ishii S，Fukumizu K，Watanabe S. A network of chaotic elements for information processing [J]. Neural Networks，1996，9：25－40.

[15] 靳蕃．神经计算智能基础原理、方法 [M]．成都：西南交通大学出版社，2000.

[16] 王凌．智能优化算法及其应用 [M]．北京：清华大学出版社，2001.

[17] 戴一昊，将铃鸽，何晨．自适应暂态混沌神经网络在 CDMA 多用户检测器中的应用 [J]．上海交通大学学报．2004，38（5）：697－700.

[18] Chen L，Aihara K. Chaotic simulated annealing by a neural network model with transient chaos [J]. Neural Networks，1995，8（6）：915－930.

[19] 翁妙凤，高晶．基于退火策略的混沌神经网络及其在 TSP 中的应用 [J]．小型微型计算机系统，2002，23（5）：574－576.

[20] 任海鹏．混沌控制方法及其应用研究 [D]．西安：西安理工大学，2003.

[21] 牛玉军．混沌控制与同步及其在信息加密中的作用 [D]．大连：大连理工大学，2011.

[22] 修春波，刘向东，张宇河．双混沌机制优化方法及其应用 [J]．控制与决策，2003，18（6）：724－726.

[23] 修春波，刘向东，张宇河．相空间重构延迟时间与嵌入维数的选择 [J]．北京理工大学学报，2003，23（2）：219－224.

[24] 修春波，刘向东，张宇河，等．一种用于求解 TSP 问题的混沌优化算法 [J]．计算机工程与应用，2004，40（10）：20－21.

[25] 修春波，刘向东，张宇河，等．一种新的混沌神经网络及其应用 [J]．电子学报，2005，33（5）．868－870.

[26] 修春波，王金平，刘玉霞．基于混沌算子网络的时间序列一步预测方法 [J]．系统仿真学报，2009，21 (2)：507-509.

[27] 李兵，蒋慰孙．混沌优化方法及其应用 [J]．控制理论与应用，1997，14 (4)：613-615.

[28] 唐巍．基于幂函数载波的混沌优化方法及其应用 [J]．控制与决策，2005，20 (9)：1043-1046.

[29] Xiangdong Liu，Chunbo Xiu. A novel hysteretic chaotic neural network and its application [J]. Neurocomputing，2007，70 (13-15)：2561-2565.

[30] Xiangdong Liu，Chunbo Xiu. Hysteresis modeling based on the hysteretic chaotic neural network [J]. Neural Computing and Applications，2008，17 (5-6)：579-583.

[31] 陆佳佳，方亮，叶玉堂，等．基于脉冲耦合神经网络的红外图像增强 [J]．光电工程，2007，34 (2)：50-54.

[32] 陈铿，韩伯棠．混沌时间序列分析中的相空间重构技术综述 [J]．计算机科学，2005，32 (4)：67-70.

[33] 徐大申，李国东，臧鸿雁．混沌控制理论及研究进展 [J]．青海师范大学学报，2004，4：25-30.

[34] 王耀南，余群明，袁小芳．混沌神经网络模型及其应用研究综述 [J]．控制与决策，2006，21 (2)：121-128.

[35] 韩军海，吴云洁．混沌控制综述 [J]．计算机仿真，2006，23 (6)：6-8.

[36] 黄松．混沌理论在密码学中的应用综述 [J]．重庆教育学院学报，2009，22 (6)：48-52.

[37] 韩力群．人工神经网络教程 [M]．北京：北京邮电大学出版社，2006.

[38] Chin L. Application of neural network in target tracking data fusion [J]. IEEE Transactions on Aerospace and Electronic Systems，1994，30 (1)：281-287.

[39] 廉师友．人工智能技术导论（3版）[M]．西安：西安电子科技大学出版社，2007.

[40] 敖志刚．人工智能与专家系统导论 [M]．合肥：中国科技大学出版社，2004.

[41] 俞洋，殷志锋，田亚菲．基于自适应人工鱼群算法的多用户检测器 [J]．电子与信息学报，2007，29 (1)：121-124.

[42] 王凌，郑大钟，李清生．混沌优化方法的研究进展 [J]．计算技术与自动化，2001，20 (1)：1-5.

[43] 修春波，张雨虹，顾盛娜．基于幂函数载波的混沌退火搜索算法 [J]．控制理论与应用，2007，24 (6)：1021-1024.

[44] 杨建刚．人工神经网络实用教程 [M]．杭州：浙江大学出版社，2001.

[45] （日）沟口理一郎，石田亨编，卢伯英译．人工智能 [M]．北京：科学出版社，2003.

[46] 蔡自兴．智能控制原理与应用 [M]．北京：清华大学出版社，2007.

[47] 肖南峰．智能机器人 [M]．广州：华南理工大学出版社，2008.

[48] 李长青，安葳鹏，郑征．人工智能 [M]．徐州：中国矿业大学出版社，2006.

[49] 夏定纯，徐涛．人工智能技术与方法 [M]．武汉：华中科技大学出版社，2004.

[50] （美）Winston，P. H. 著，崔良沂，赵永昌，译．人工智能 [M]．北京：清华大学出版社，2005.

[51] 修春波，张雨虹，刘玉霞．组合优化问题的混沌搜索策略 [J]．系统仿真学报，2007，19 (5)：61-64.

[52] 张彤，王宏伟，王子才．变尺度混沌优化方法及其应用 [J]．控制与决策，1999，14 (3)：285-288.

[53] 运忠，赵光宙，齐冬莲，等．混沌化控制综述 [J]．2007，35 (3)：313-319.

[54] Nasrabadi N M，Choo C Y. Hopfield network for stereo vision correspondence [J]. IEEE Trans on Neural Network，1992，3 (1)：5-13.

[55] 刘金琨．智能控制 [M]．北京：电子工业出版社，2007.

[56] 张仰森，黄改娟．人工智能教程 [M]．北京：高等教育出版社，2008.

[57] 王万良. 人工智能及其应用 [M]. 北京：高等教育出版社，2005.

[58] 罗兵，甘俊英，张建民. 智能控制技术 [M]. 北京：清华大学出版社，2011.

[59] 李人厚. 智能控制理论和方法 [M]. 西安：西安电子科技大学出版社，1999.

[60] （美）Luger，C. F. 著；史忠植，等译. 人工智能：复杂问题求解的结构和策略 [M]. 北京：机械工业出版社，2004.

[61] 袁曾任. 人工神经元网络及其应用 [M]. 北京：清华大学出版社，1999.

[62] 李祖枢，涂亚庆. 仿人智能控制 [M]. 北京：国防工业出版社，2003.

[63] 孙增圻，张再兴，邓志东. 智能控制理论与技术 [M]. 北京：清华大学出版社，1997.

[64] 张毅，罗元，郑太雄，等. 移动机器人技术及其应用 [M]. 北京：电子工业出版社，2007.